TUSHUGUAN TESE SHUJUKU JIANSHE XIANZHUANG YANJIU

图书馆特色数据库 建设现状研究

金晓林 杨 静 主编

内蒙古科学技术出版社

图书在版编目（CIP）数据

图书馆特色数据库建设现状研究 / 金晓林，杨静主
编. — 赤峰：内蒙古科学技术出版社，2018.1（2022.1重印）
ISBN 978-7-5380-2936-9

Ⅰ. ①图… Ⅱ. ①金… ②杨… Ⅲ. ①图书馆数据库
—文献资源建设—研究 Ⅳ. ①TP392：G253

中国版本图书馆CIP数据核字（2018）第027660号

图书馆特色数据库建设现状研究

主　　编：金晓林　杨静
责任编辑：许占武
封面设计：永　胜
出版发行：内蒙古科学技术出版社
地　　址：赤峰市红山区哈达街南一段4号
网　　址：www.nm-kj.cn
邮购电话：0476-5888903
印　　刷：三河市华东印刷有限公司
字　　数：304千
开　　本：787mm×1092mm　1/16
印　　张：11.875
版　　次：2018年1月第1版
印　　次：2022年1月第4次印刷
书　　号：ISBN 978-7-5380-2936-9
定　　价：68.00元

《图书馆特色数据库建设现状研究》
编写人员名单

主　编

　　　　金晓林　内蒙古医科大学图书馆

　　　　杨　静　内蒙古医科大学图书馆

副主编

　　　　王跃飞　内蒙古医科大学图书馆

　　　　宋红梅　内蒙古医科大学图书馆

　　　　金莉荣　内蒙古医科大学图书馆

　　　　王东泰　内蒙古医科大学图书馆

　　　　陈　媛　内蒙古医科大学图书馆

前　言

　　2004年3月，中国图书馆学会举办了"数字化专题、专藏与特色数据库建设研讨班"，从此我国大部分图书馆都将特色数据库建设正式列为图书馆文献信息资源建设工作的重要内容。特别是教育部高等学校图书情报工作指导委员会在颁布的《普通高等学校图书馆评估指标》中，将"有无自建特色数据库情况、数据库正常维护更新"作为一项重要评估指标之后，我国高校图书馆特色数据库建设工作进入了迅速发展阶段，特色数据库建设的重要性被提高到一个新的高度。

　　特色数据库的建设有利于开展特色信息服务，转变传统被动低层次的服务为主动知识增值的服务，并促进图书馆服务意识和观念的根本转变。树立这种具有时代特色的服务理念是顺应图书馆未来发展趋势的，图书馆特色数据库建设将使分散零乱的特色文献资源得以系统化、有序化整理和深层次挖掘，并通过网络进行传播使用，使传统文献在网络环境下重新体现其知识价值与增值。信息网络打破了图书馆自我封闭的状态，图书馆应加快自动化和网络化建设，加强横向联系与纵向协作。

　　本书主要从特色数据库的概念，知识产权问题及保护，国内不同层次、不同专业类型的图书馆特色数据库建设现状，国外图书馆特色数据库建设情况进行阐述，以期实现各图书馆特色资源的优势互补，实现共享。

目 录

第一章　图书馆特色数据库概述

　　我国图书馆特色数据库的建设起步于20世纪90年代"中国国家试验型数字式图书馆"试验项目。该项目的一项重要内容是建成具有特色的数字化全文数据库,如"中国古籍善本数据库"、"多媒体旅游资源库"等。这一项目拉开了我国特色数据库建设的帷幕。20世纪90年代中后期,在全球信息技术革命和数字图书馆建设热潮的影响下,我国各系统的图书情报机构,特别是高校图书馆都充分认识到特色数据库在本馆文献资源建设和数字图书馆建设中的重要意义,在引进电子资源的同时,纷纷开展了特色数据库的建设。经过十多年的探索和发展,各系统、各类型图书馆已建成了一大批各具学科特色、馆藏特色或地方特色的数据库,并有规模发展的趋势。

一、特色数据库的概念及特征

　　所谓特色数据库,从单纯的字面意思来理解,就是具有独特内容的信息资源库。相关研究文献中,对于特色数据库的概念有着多种表述和提法。

　　例如,范亚芳和郭太敏认为,特色数据库是指图书情报机构针对用户的信息需求,以某一学科、专题、地域特色文化、人物等为研究对象,对信息资源进行收集、分析、评价、整理、存储,并按照一定的标准和规范化要求建立的数字化信息资源数据库。尚越建和张晶认为,特色数据库是指专业图书馆根据本馆服务任务,依靠自身丰富的传统文献做保障,吸收其他类型的文献做补充,围绕固定的用户需求和明确的学科范围所建立的一种在整个网络系统中有着恰当地位,在技术、文献资料的取舍,主页的编辑、管理和维护、服务的手段等方面都有着自身特色和唯一性的数据库。姚琼认为,特色数据库是指充分反映本单位在同行中具有文献和数据资源特色的信息总汇,是图书馆在充分利用自己的馆藏特色基础上建立起来的一种具有本馆特色的可供共享的文献信息资源库。郭春霞和谷爱国认为,特色数据库是指具有中国特色、地区特色、专业特色的数字化信息检索系统。针对高校的特色数据库,大多数人的定义则为:是高校图书馆根据本馆的特色资源、本校的优势学科资源及科研成果,为满足学校教学和科研需求而开发和组建的具有独特内容的信息资源库。刘葵波认为所谓特色数据库,是指图书馆或相关信息机构依托馆藏特色文献信息资源,针对特定用户的信息需求,对某一学科或某一专题的资源(这些资源包括分散的、传统的馆藏文献资源,异构的数字馆藏资源以及互联网上的相关信息资源),进行收集、分析、筛选,再按照一定的标准和规范将其进行加工处理、标引、组织、存储,通过局域网或广域网进行传输和发布,提供检索和全文传递服务,以满足用户个性化需求的文献信息资源库。特色数据库具有特色性、独创性、专指性、自建性、实用性、公益性、简单性、动态性等特征。张婧认为,图书馆特色数据库是为图书馆依托馆藏信息资源,针对用户的需求,根据一定的原则,围绕某一主题或研究范畴(例如某一学科、专题、人物,某一历史时期、地域等),对数字信息资源进行搜集、整理、存储、分析、评价,并按照一定的标准和规范进行组织、管理,形成具有一定规模的、该馆独有或他馆少有的信息资源集合或数据库。

二、特色数据库相关概念辨析

涉及特色数据库及其相关概念的表述和名称有多种,但归纳起来,基本可以分为三大类。其中"特色库"、"专题特色库"、"自建特色数据库"、"特色电子资源"、"特色馆藏数据库"、"特色电子数据库"等均属"特色数据库"范畴;"特色资源"、"特色收藏"、"特藏资源"、"特色馆藏资源"等均属"特色馆藏"范畴;"自建数据库"、"自建资源"、"自建数字化资源"等则属于同一概念类型,均属"自建数据库"范畴。

三、特色数据库研究的总体概况

自1993年6月,英国国家图书馆提出"存取创新"的数字化计划,开创独特资源的数字化道路,首次将馆藏特色资源与数字图书馆建设联系来建设特色数字资源后,各国日益注重对特色数字资源建设的研究投入。相比较而言,我国的特色数字资源建设起步稍晚,但时至今日,特色数字资源的建设也已经如火如荼,截至2012年仅由中国高等教育文献保障体系CALIS支持并在平台上提供服务的高校专题特色数字资源项目就多达96项。面对这种局势,探讨图书馆特色数字资源建设的相关理论与技术、交流特色数字资源建设的经验、总结特色数字资源建设的现状与问题,成为图书情报学领域的又一研究热点。

第二章　图书馆特色数据库的知识产权问题及保护研究

一、特色数据库的知识产权风险规避问题

鉴于特色库是图书馆发展的刚性需求，而且近几年也得到了较快的发展，有必要对其中存在的知识产权风险问题进行分析，尤其是目前对于数字化行为的法律定性还没有明确规定，数据库的版权还没有专门标准的环境下，应规避存在的知识产权风险。

1　特色库采集源选择过程中的侵权风险规避

1.1　公有领域作品的采集

版权法通过专有权利的授予来保障创作者及传播者的权利，但对其保护权利期限也做了规定。有限的保护才有利于广泛意义上的科学、文化事业发展。世界各国对版权期限都有限制，具体的保护期限由各个国家直接作出规定，例如我国《著作权法》第21条规定：公民作品保护期为作者终生及死后第50年的12月31日；法人和非法人单位作品及其享有的职务作品，其保护期为50年，截止于作品自发表后第50年的12月31日。而美国的著作权保护法经过几次修改后，其保护期都逐次延长。虽然各国都有一定程度的差别，但超过保护期的作品即进入公有领域。历史文献大多已超过著作权的保护期自动转入公有领域，任何人都可以免费使用。图书馆可根据馆藏建设的需要，对这些文献进行数字化采集，一般不涉及版权问题。但要注意进入公有领域作品的作者人身权，即署名权、修改权、保护作品完整权等，是不受保护期限限制的，不能侵犯原版权人的这些权利。

1.2　不适用于版权保护的作品采集

在《著作权法》中，不予保护的作品有三类：（1）法律、法规、国家机关的决议、决定、命令和其他具有立法、行政、司法性质的文件，以及其官方正式译文。2008年5月1日起开始实施的《中华人民共和国政府信息公开条例》，公共图书馆还被直接赋予向公众提供政府公开信息的使命。要特别注意的是国家标准，并不是所有国家标准化管理机关组织制定的国家标准都属于法规类文件。一般说来，国家标准可分为推荐性标准和强制性标准，推荐性标准属于自愿采用的技术性规范，并不具有法规性质受版权法保护。（2）时事新闻。根据我国新《著作权法实施条例》第5条（1）的规定："时事新闻是指通过报纸、期刊、广播电台、电视台等媒体报道的单纯事实消息。"若新闻中加入记者的思想观点和评论，如新闻综述，则成为受版权保护的文字作品。（3）历法、通用数表、通用表格和公式。由于《著作权法》不保护上述作品，图书馆可对此类作品进行数字化采集处理，并提供网络传播服务。这类作品或因社会公共利益被排除在版权保护体系外，或表达形式的唯一性而不具备独创性，得不到版权保护。

1.3　尚未进入公有领域的作品采集

文献数字化行为，国内外有关法规都将之视为复制行为的一种。1995年美国国家信息基础设施推进工作组发表的《知识产权与国家信息基础设施》（白皮书）中规定了集中构成复制的情况，将数字化规定为复制行为。此外，1996年世界知识产权组织提出了《关于保护文字和艺术作品若干问题的条约》，明确规定了"作品数字化属于复制"，有关数字化著作权的归属、内容行使及限制可比照复制权的有关规定。我国国家版权局《关于制作数字化制品的著作权规定》第二条也规定，将已有作品制作成数字化制品，不论已有作品以何种形式表现和固定都属于《著作权法》中所称的复制行为。我国新《著作权法》第10条第5款"复制权"中关于复制方式的表述，"复制是指以印刷、复印、拓印、录音、录像、翻录、翻拍等方式将作品制作一份或多份的行为"，从复制行为的属性（主观目的、特定方式、劳动特征）来看，数字化行为完全符合这一界定，也属于复制。《最高人民法院关于审理涉及计算机网络著作权纠纷案件适用法律若干问题的解释》第二条规定"受《著作权法》保护的作品，包括《著作权法》第三条规定的各类作品的数字化形式。在网络环境下无法归于《著作权法》第三条列举的作品范围，但在文学、艺术和科学领域内具有独创性并能以某种有形式复制的其他智力创作成果，人民法院应当予以保护"。也表明数字化行为是复制行为。在采集尚在保护期限的作品过程中尤其要注意版权问题。

不过，这种复制专有权，也是一种受到限制的权利，不可能成为绝对权。按照新《著作权法》第22条（8）"图书馆、档案馆、纪念馆、博物馆、美术馆等为陈列或者保存版本的需要，复制本馆收藏的作品"的规定，可不经过征得版权人的同意，无须支付报酬，但数字化的目的只能是为了"陈列或保存版本的需要"，而且必须注明原作者姓名、名称，不能侵犯著作权人依照本法拥有的其他权利。例如，不能提供无限制的互联网服务，否则就会侵犯版权人的"信息网络传播权"，只能在本馆馆舍内为服务对象提供有限的网络服务，不得直接或者间接获得经济利益。如果馆外大众读者能通过图书馆网络服务器，顺利浏览、阅读、查询，那么数字化的作品在"陈列"中，还扮演"发行行为"的角色。《著作权法》第23条规定，使用他人作品应当同著作权人订立合同或者取得许可；《著作权法》32条规定，除著作权人声明不得转载、摘编外，其他报刊可以转载或者作为文摘、资料刊登，但应按照规定向著作权人支付报酬。这又赋予著作权人两大权利：①是否有数字化的决定权。将作品数字化而伴随的发行行为会影响作品在书业市场的销售，一般来说，作品数字化须征得著作权人同意授权。②有对作品数字化获得补偿的权利。一般而言，数字化行为无论是否出于商业目的，都须与著作权人达成协议并支付相应的费用，保护著作权人的财产权。

为避免非公有领域作品数字化后出现侵权行为，图书馆应在数据源采集过程中采取一定的维权措施。比如与著作权人商谈、签订授权合同，获得许可后支付一定的报酬；许诺公告非营利使用，公告版权声明；许诺著作权人不明确的，要声明一旦确认后即补全授权协议。在网络环境下，自建特色库的"合理使用"总是有一定的限定条件制约，也存在许多困难。例如，图书馆在采集的海量数据面前，要一一与著作权人协商作品使用权，显然存在很大的困难，建议图书馆通过直接和版权集体管理组织（1998年2月成立的中国版权保护中心，原提供版权代理和版权集体管理以及报酬收转等服务，但2008年10月新成立"中国文字著作权协会"后，2009年8月国家版权局下达了新的文件，明确由中国文字著作权协会负责报刊转载、教材法定许可使用费转付工作）就非公有领域作品数字化的问题进行谈判，减轻图书馆自行谈判的负担，获得权利许可后，再组织建设特色库。在立法上，图书馆要争取《著作权法》对图书馆自建特色库的"合理使用"有一定的例外空间，在保护著作权人利益与促进公益事业发展上，寻找适度的平衡界点，使"合理使用"空间适度扩大。比如，如果只是免费方式（非营利）转载可被法定许可转载的原作品就不必支付获得许可后的转载报酬。目前，较受争议的是可称为暂时复制的"深度链接"，虽然各国对"深度链接"是否侵权有不同的司法判断标准和观点，但我国图书馆界曾发生过一起"深度链接"的判例，2007年重庆涪陵区图书馆因"深度链接"被判侵犯著作财产权的案例。有的网络资源如果不想被他人链接，最好采取主动办法，从技术上不允许被他人链接，也可避免引起诉讼，欧盟实施的《数据库指令》也趋向于这种立法精神。

2　自建特色库建成后的版权保护问题

在计算机科学领域，经常要使用数据库这一术语。但目前对数据库的权威界定是《欧盟数据库指令》第一条第七款的规定："在本指令中，数据库是指经系统或有序的安排，并可通过电子或其他手段单独加以访问的独立的作品、数据或其他材料的集合。"而在知识产权研究领域，目前除日本外，大多数国家《版权法》都没有单独设立"数据库"这一作品类型。我国《著作权法》也没有直接提到数据库的著作权保护。从近年来的国内外立法和司法实践来看，数据库可以纳入"汇编作品"中。我国著作权法第14条规定："汇编若干作品、作品的片段或者不构成作品的数据或其他材料，对其内容的选择或者编排体现独创性的作品，为汇编作品，其著作权由汇编人享有，但行使著作权时，不得侵犯原作品的著作权。"《伯尔尼公约》虽没有使用"数据库"或"数据汇编"一词，但与数据库有关的条款通常被认为是公约的第2条（5），它规定："文学或艺术作品的汇编，诸如百科全书和选集，凡是由对材料的选择和编排而构成智力创作的，应得到相应的保护，但不得损害汇编内每一作品的版权的保护。"WTO《与贸易有关的知识产权协议》（TRIPS）第10条（2）规定："数据或其他材料的汇编，无论以机器可读形式还是其他形式，由于其内容的选择或编排构成智力创作的，即应予以保护。这类不延及数据或材料本身的保护，不得损害数据或材料本身已有的版权。"该规定的保护范围涉及由版权材料和非版权材料汇编而成的数据库。这些条例表明，如果没有"数据库"这一专门作品类型的版权保护法规，则可依照其特性，将那些汇集有版权或无版权材料的数据库归入汇编作品予以著作权的法律保护，只要在材料的选取和编排上具有独创性就可以享有著作权。规定汇编作品的编辑人享有著作权，但行使著作权时，不得侵犯原作品的著作权。

图书馆在自行创建特色库时，必然会使用公有领域或非公有领域的版权作品，在多年的实践及理论探讨中，也逐步认识到规范采集过程的行为，避免侵犯他人著作权的问题很重要。但是，当图书馆制定完特色库后，因别人通过现代技术，随意复制，以几乎不需成本核算的方式掠夺，也会伤害到图书馆的利益，如何避免被人侵权也是重要的问题之一。而获得版权保护的基本前提是作品的独创性和可复制性，自建特色库的可复制性是毫无疑问的，如何确定其独创性才是难题。

是否可将自建特色库分为具有独创性的数据库与不具有独创性的数据库？还是一并称为独创性数据库？目前各国的法规对独创性的理解有一定的差异。大陆法系国家所理解的"独创性"要求作品必须是作者独立创作的，体现出作者的个性，并非单凭技巧的劳动，在内容的选择和编排上体现出汇编者的"独创性"。普通法系国家则认为通过刺激人们对作品创作的投资来促进新作品的产生和传播，保护的对象不仅仅是智力创作活动成果，也包括单凭技巧的劳动，甚至劳动直接产生的能够被复制的结果。美国的"额头出汗"（Sweat of Brow）原则，即"辛勤采集"原则，形象地说明了这一点。普通法系对作品"独创性"要求明显低于大陆法系。由于内容选择和编排的独创性是一个伸缩性较强的标准，人们比较难把握，在一定程度上影响版权纠纷案件的审理。

欧盟各国在1996年通过的《数据库法律保护的指令》中规定：在其内容的选择与编排方面，体现了作者自己的智力创作的数据库，均可依据《数据库法律保护的指令》获得版权保护。该指令的立法目的是为了消除各成员国的数据库法律保护的不确定性，推动欧盟一体化市场的形成，促进欧盟数据库产业的发展。该指令为数据库提供了一种特殊的权利保护，使数据库同时获得两种不同性质的法律保护。我国目前对这种特殊权利保护制度，在图书馆界还存在不同意见。

图书馆自建特色库时，作为制作者，会希望版权保护上有明确的可依据的标准，以激励图书馆进一步完善其自建库。但图书馆自建特色资源库是为了促进现代文献信息服务水平的提升，在追求保护自建特色库版权的同时，更多的是考虑保证社会公众能够利用这些信息来为社会创造更多价值，为社会进步作出更大贡献。在法律上对自建特色库版权没有完全达成一致意见的前提下，我们无法准确判断何为独创性的数据库。作为扮演双重角色的图书馆，对数据库的版权保护也往往出现双重标准的看法，不过我们希望图书馆自建的数据库都是独创性的，是蕴涵了图书馆人智慧的版权产品，能有效避免被侵权。

目前，数据库版权保护较为现实的选择就是《反不正当竞争法》。不正当竞争行为是一种具有双重属性的行为，它既是一种侵犯他人民事权利的行为，又是一种破坏正常市场竞争秩序的行为。《反不正当竞争法》是一部兼具公法和私法双重属性的法律，着眼于制止不同市场竞争主体之间的恶性竞争，保证各主体都以平等的法律条件参与市场竞争。由于各知识产权主体的法律权利最终往往以经济利益体现，而《反不正当竞争法》可以弥补《版权法》的不足，保护数据库作者在对材料的收集、整理、编排等方面所付出的劳动和投资，较成功地解决数据库制作者的利益和社会公共利益的兼顾问题。但由于数据库制作者无权禁止他人收集、整理相同的数据来制作仅仅是编排方式不相同的数据库，比如直接利用他人数据库中的数据再编排，也会让早期制作者无可奈何。这也说明图书馆要保护自建特色库版权不仅要在独创性上作出努力，还要在避免拥有版权效力后的被侵权，而且这种规避被侵权的问题也存在一定难度。

3 自建特色库服务过程的侵权风险

汇编作品不需要从事具体的原始创作，仅要求在选择和编排上要投入智力劳动。但从历史上看，优秀的汇编作品一般也会流芳百世，对文化的传播和繁荣起重要的推动作用。如清朝孙洙辑录的《唐诗三百首》、吴楚材和吴调侯辑录的《古文观止》，都是流传至今的佳作。现代特色库作为汇编作品不仅在载体、表现形式上有了跨越式的创新，而且在选题范围、制作效率、使用范围上也有新的发展，对信息资源的文化建设必然是一种重要的推动力。但是如前文所述，汇编人只能就他付出了创造性劳动的那部分成果（如材料的选择或编排等）享有版权，其中可以单独取出的每个被汇编进去的作品，版权仍归原版权人所有。

自建特色库如果获得版权保护，那么其自身与被汇编的作品一起构成具有双重版权的作品。第三方使用此类作品时，有的学者认为只需征得整体版权人即汇编人的同意并支付报酬即可，不必向被汇编的单篇文章作者征得许可。但这将严重侵犯原作品版权人的财产权，违反《伯尔尼公约》和《TRIPS协议》中关于保护汇编作品不损害原作品的版权为前提的原则性规定。从现实情况来考虑，第三方利用汇编作品的手续若太繁杂，不利于作品传播和信息交流。一般认为可通过建立著作权集体管理制度的途径来解决。即法律要规定第三方利用汇编作品只需征得汇编人同意并向其支付报酬,也同时明确规定汇编人应将收取的报酬合理分配给原作品的作者,除非原作品作者与汇编人签订的合同中有明确的相反约定。那么图书馆自建的特色库如何保障原作品人的版权被第三方"合理使用",怎样避免被侵权?

在自建特色库的使用过程中,要在版权上进行时间限制、地域限制和权能限制,自觉维护著作权人的版权。我国现行的《信息网络传播权保护条例(2006)》第七条规定:"图书馆、档案馆、纪念馆、博物馆、美术馆等可以不经著作权人许可,通过信息网络向本馆馆舍内服务对象提供本馆收藏的合法出版的数字作品和依法为陈列或者保存版本的需要以数字化形式复制的作品,不向其支付报酬,但不得直接或者间接获得经济利益。当事人另有约定的除外。前款规定的为陈列或者保存版本需要以数字化形式复制的作品,应当是已经损毁或者濒临损毁、丢失或者失窃,或者其存储格式已经过时,并且在市场上无法购买或者只能以明显高于标定的价格购买的作品。"这是目前对图书馆合理使用数字作品的最直接的规定。

馆藏数字化的目的是将数字化后的信息通过网络进行传播,力求使读者在不同时间、不同地点都能享受到获取数字信息的便利。在给读者带来方便的同时如何使信息所有者的权利得到合法的保护,这要求图书馆必须考虑到著作权人拥有的作品网络传播权利。

图书馆应正确理解《条例》第七条"本馆馆舍内"规定的服务范围。按照物理(或地理的)的方法,如果将"本馆馆舍内"的读者限定为在图书馆馆舍内使用电子文献的读者,那么势必造成本馆读者(包括教师和学生)只能到图书馆上网查阅文献,在其他场所都不行。这样不仅会给读者造成极大的不便,而且也为图书馆提供更多查询机位带来困难,同时也是对网络资源的极大浪费。电子资源具有可实现远程访问的优势,不受图书馆馆舍面积和图书馆拥有计算机数量限制的优势。对服务范围进行严格物理限制不仅不符合网络信息传播的特点,也违背《条例》立法的初衷。因为《条例》是要维护信息网络传播的合法性,即在限定的范围内合法传播信息,而不是要将电子资源限制在一座建筑物内。

此外,由于数字作品极易被复制,为防止用户非法复制数字作品并进行带有商业目的的网络传播,《条例》第十条补充规定:"图书馆应采取技术措施,防止服务对象以外的其他人获得著作权人作品,并防止服务对象的复制行为对著作权人利益造成实质性损害。"因此,图书馆有责任也有义务为防止其提供的作品被非法传播与复制而实施保护措施。

例如,国家图书馆自建的个别数据库资料,读者可通过其无线信号接入自带笔记本电脑进行阅读,但离开了图书馆的物理馆舍则无法查阅。北京林业大学图书馆的数字资源面向本馆馆舍外的读者开放,最初采用的是远程访问IP通系统,服务的对象是本校职工和在读研究生。读者只需到图书馆签订使用协议书,即可获得图书馆系统管理员设置的用户名/口令、证书。在正确安装和配置客户端后,读者就可以在任何地点通过互联网访问图书馆所有的电子资源。北京林业大学图书馆照此做法试行了一个学期,效果显著。但是由于从公网进入校园网的速度较慢,并且需要读者到图书馆签订协议,手续比较繁琐,所以随着校园VPN(Virtual Private Network,虚拟专用网)系统的开通、升级,图书馆用VPN系统取代了IP通系统。VPN系统具有较好的安全性和加密性,能够为本校师生提供安全的数据传输通道,并赋予他们访问校园网内部网络资源的权利。图书馆通过VPN系统提供的电子资源服务,为学校的教学、科研和管理工作搭建了良好的支撑平台,满足了教职员工及学生进行远程电子资源查询与远程教学等非本地化服务的信息需求。但遗憾的是,VPN系统有人数登录限制,其功能的完善还需进一步研究与探讨。

数字图书馆信息资源的传播和利用与知识产权保护是相矛盾的。信息传播的速度越快、传播范围越广、信息产生的规模效益越大，进行知识产权保护的难度就越大。我们应该在保护著作权人权利的前提下探讨数字图书馆建设中的知识产权问题，目的是通过数字图书馆这个平台更快捷、更广泛地促进知识扩散和信息传播，使更多的社会公众从中受益，从而实现社会科技和文化事业的共同繁荣。如果一味地强调知识产权保护并利用技术手段严格控制文献信息的使用，不仅会损坏公众的利益，还会导致数字图书馆建设举步维艰，进而使知识创新和知识扩散受阻，这与知识产权保护的初衷是相违背的。因此，必须进一步协调好著作权人与社会公众的利益，建立一套完善的行之有效的数字图书馆知识产权法律体系，以保证数字图书馆建设与知识产权保护共同发展。

建立特色库过程中，为广泛、全面地搜集全资料，必然不能局限于本馆馆藏，对网上资源、他馆馆藏文献也会涉及利用。为获得被收集的"海量作品"的原始著作权人的授权许可，就足够让图书馆费尽劳力。辛苦建立的非营利数据库，在被第三方使用过程中若出现侵权，致使特色库不能被持续使用或者要赔偿被侵权者的损失，都是对图书馆很不利的。

二、图书馆特色数据库的知识产权问题的应对措施

1 强化知识产权保护意识，充分利用"合理使用"条款

数字图书馆特色数据库的建设过程极易牵涉到知识产权问题，这使图书馆面临承担法律责任的风险。但同时也应该看到，图书馆特色数据库建设有益于促进社会文化和科学事业的发展与繁荣，其建设成果在图书馆信息服务中发挥着积极的作用。图书馆既要建设好特色数据库，又要保护好相关资源的知识产权，并充分利用《著作权法》中的"法定许可"、"合理使用"和"复制行为"条款。图书馆进行特色数据库建设要具备知识产权保护意识，在建设中作出相关的免责声明，并指明资源来源、作品名称、作者姓名、图片摄影者姓名等，以避免承担不必要的法律责任。

2 采用新技术手段加强对知识产权的保护

《信息网络传播权保护条例》第4条规定："权利人可采取技术措施来保护信息网络传播权，任何组织或者个人不允许避开或者破坏技术措施。"图书馆出于保护知识产权的目的，可以应用相关技术来控制用户对资源的使用范围，控制用户对数字信息资源的复制、下载次数等。例如，加强权限管理，进行权限设置，使合法用户通过口令访问数据库；限制用户IP地址，通过限定某IP网段来限制用户的访问；采用数字加密技术，防止网络信息在传输过程中被窃取与破坏；采用数字水印技术，使用户只能在屏幕上阅读，一旦该文本被复制，水印会在文本中央明显地显示版本信息；采用CA（Certification Authority，数字证书认证中心）证书，用户可以通过向著作权管理机构申请获得CA证书，成为合法用户。

3 提高图书馆员及用户的维权意识

图书馆员在进行数字信息资源建设的过程中，应加强对知识产权相关法律法规的学习与理解，避免在资源建设过程中发生侵权行为。另外，图书馆用户也应注意合理利用图书馆提供的数字信息资源，明确出于个人学习与研究目的的浏览范围和下载数量，禁止对数字信息资源进行非法的网络传播。因此，图书馆有必要进行关于知识产权保护的教育与宣传，提高工作

人员及用户的维权意识。

4　充分发挥著作权集体管理制度的作用

著作权集体管理制度是合理平衡作者和使用者利益的机制,它并非新生事物,已有200余年的历史。无论是美国等发达国家还是印度等发展中国家,目前都普遍建立了著作权集体管理制度。我国也于1992年底成立了第一个著作权集体管理组织——中国音乐著作权协会。虽然我国著作权集体管理制度只有20多年的历史,但2001年修订的《著作权法》中增加了有关著作权集体管理组织的规定。因此,图书馆应与各种作品著作权集体管理协会加强沟通与合作,与其进行直接谈判,以获取成批量的作者的授权,降低成本,从而使自己处于合法状态。

总之,一般而言,图书馆特色库向公众传播,只要是指特定的作品内容被特定的读者在特定的时期内,以特定的方式完成阅读,这种有限的传播方式对原作品版权拥有者的权利保护影响非常小,一般不会构成侵权,而且这种服务方式对知识传播、社会文明进步是具有非常重要意义的。但若认为只要是免费使用、是非营利为目的,就可免责、开脱知识产权纠纷,这就是认识误区。例如,中国数字图书馆有限责任公司、浙江科技学院理工学院的网络图书馆曾因扩大作品传播的时间和空间、扩大接触作品的人数与方式,同时没采取有效手段保证作者获得合理的报酬则被上诉侵犯了信息网络传播权。通过对特色库采集源选择、自身版权保护问题、使用问题的解读与分析,可把图书馆特色库的侵权风险来源归纳为两类:即外生与内生风险。外生风险是指对外部环境的法律法规要熟悉,尤其是新的规定要避免因不了解而涉入司法纠纷。内生风险是指对特色库的制作、服务过程要在版权法规的相关文件、精神指导下开展,重视对版权的保护,避免因使用不当而造成侵权。此外,对特色库的版权也要主动自我保护,避免被侵权而间接侵害到被汇编作品的原始版权。自建特色库也要避免采集来源错误的数据资料,造成知识产权外的其他司法纠纷,例如2002年湘潭市图书馆组织编撰《齐白石词典》,2008年法院判决该图书馆在"娄师白"词条上有违事实,侵犯了娄师白的名誉权,被要求重新印刷出版,并支付被告精神损害赔偿费60万元。

第三章　国内党校图书馆特色数据库建设情况分析

　　党校图书馆作为党校信息资源中心,肩负着教学、科研、信息咨询等任务,是集教学、科研、信息咨询为一体的学术性机构,是党校事业发展的有机组成部分。随着改革开放和现代化发展,各级党校图书馆事业有了长足发展,为党校教学、科研等工作提供了良好的服务。但面对党校图书馆数字化建设的新要求,全国各级党校图书馆特色数据库建设与党校各项任务相比,还不是很匹配。因此,有必要对数字化时代党校图书馆特色数据库建设进行研究,以期进一步完善服务功能,提升服务水平。党校图书馆特色数据库建设是用户的迫切需要,也是数字化时代发展的必然要求。在建立特色数据库时,应本着"读者第一,用户至上"和"以人为本"的服务宗旨,结合自身馆藏资源和本地特色文化资源来进行选题,以达到最大化地发挥数据库信息检索功能与信息资源利用效果。

一、党校图书馆特色数据库建设的必要性

1　特色数据库建设是巩固马克思主义阵地的需要

　　马克思主义是我们党建立、发展与壮大的指导思想,无论是革命、建设和改革时期,尤其在弘扬和培育社会主义核心价值观中,党校图书馆都一如既往地把马克思主义理论作为自身建设的核心内容,在拓展丰富马克思主义资源宝库上显示自己的特长。党校图书馆特色数据建设要做到:一要依托中央党校马克思主义文库资源,进一步做好马克思主义经典文献资源数字化建设,并运用马克思主义理论武装头脑、指导实践,在指导党员干部树立正确的世界观、人生观、价值观上,提供思想动力和前进方向。二要大力推进马克思主义哲学、经济学、科学社会主义等学科建设,收录整理集成各学科研究前沿的信息动态,使这几门学科资源成为党校图书馆重要的信息资源,在推进马克思主义中国化进程中显示出党校理论武装的优势。三要把中国特色社会主义理论创新发展成果作为理论武装的重点工程来抓,及时收集整理运用于党校教学、科研及学科建设,用马克思主义文献信息资源充实图书馆的馆藏。

2　特色数据库建设是数字图书馆发展的必然要求

　　数字资源已成为信息社会的核心资源之一,是各国经济社会发展的制高点。正是从这个角度出发,美国于20世纪80年代末提出了"数字图书馆"概念,以后又将它提升为国家级战略。全球互联网在高速发展,但是互联网业务的90%在美国发起,这是我们今天要应对的全球信息化态势。在这种背景之下,从20世纪90年代中后期开始,我国开始数字图书馆问题的研究。图书馆界众多有识之士从我国数字图书馆工程的意义、资源建设、网络建

设、软件设计、经营管理等一系列问题着手进行研究并提出建议。时代在发展,互联网和信息技术所引发的信息革命正深刻地改变着社会生活的各个方面,图书馆建设服务也在飞速发展,迅速向数字化和移动互联网服务方式转型。如今,加快以数字资源建设为重点的数字图书馆建设已成为当代图书馆事业的发展方向。因此,作为党校图书馆也必须加快数字资源建设的步伐,并形成自己的特色优势,以适应党校事业、党校教学、科研和图书馆事业发展的需要。

3　特色数据库建设是完成党校各项工作任务的需要

党校图书馆数据库建设最终目的是服务读者,因此,必须从读者需求出发,针对党校读者群的特点,设计符合当前党校读者需求的人性化数据库。党校是培养党员领导干部和理论干部的学校,是培训、轮训党员领导干部的主渠道,承担着培训公务员、培养公共管理人员和政策研究人员、开展社会科学研究和决策咨询任务。党校教师的主要任务是培训党政领导干部,既担负着教学任务、科研任务,又承担着党委决策部门赋予的决策咨询任务。党校培训教育不同于高校和其他学校,党校的学员大部分是来自各条战线的领导干部和理论骨干,还有一定数量的全日制研究生。他们普遍文化层次高,知识面广,实践经验丰富,其学习阅读需求具有鲜明的多层次、多样化的个性特征。党校图书馆数据库建设不仅要突显党校特色,在数据库建设与利用等方面也需要为党校完成各项工作任务提供全方位优质服务。因此,党校图书馆特色数据库建设就必须围绕党校培训工作的重点,为解决好党校现实问题提供有针对性和实效性的文献信息性资源,从而为党员干部增强拒腐防变意识、提高治国理政能力奠定坚实的思想理论基础。

二、党校特色数据库建设基本原则

1　标准化和规范化原则

数据的完整性、标准性和规范性是衡量数据库质量的重要因素。在构建该数据库时,应严格采用《我国数字图书馆标准与规范建设》项目所推荐的标准、元数据标引和著录规则以及其他相关的国家标准和国际标准,依据《数字资源的加工标准与操作规范》制作数据,文献分类依据《中国图书馆分类法》(第五版)等标准来完成。

2　系统性与可靠性原则

数据是数据库的基石。数据的获取、组织对于数据库的建设至关重要。为此,数据库建设应通过利用本馆馆藏、实时采集网络信息、鼓励用户上传以及与各高校、地方企业、科研机构合作等方式,多途径、多渠道获取信息资源,确保数据库资源的新颖性、专业性、权威性。

3　先进性和教育性原则

党校图书馆特色数据库建设应能够代表本地文化中最先进的、适应社会发展需要的、并能满足人们更高尚精神追求的信息资源。"开发信息资源,进行党性教育",是党校图书馆的一项重要作用。党的优良传统是党在长期革命建设中形成的宝贵精神财富和红色历史资源。

深度挖掘、系统整理、科学收藏、充分运用好这一红色资源，党校图书馆肩负着义不容辞的职责。党校特色数据库选题要与图书馆的社会教育功能相统一，应对广大党员读者起到教育的效果，培养和提高党员读者的文化修养及审美情怀，充分体现党校图书馆数据库的先进性和教育性。

三、党校图书馆特色数据库建设几种模式分析

1 自行开发建库

自行开发建库方式是指党校图书馆利用自身资源优势和技术优势独立建设特色数据库。自行开发建设方式需图书馆自己购买或开发特色数据库平台，从数据库内容、数据加工、数据发布都由党校图书馆自己完成，所需资金也由图书馆自己解决，数据库所有权也是图书馆独立拥有，是一种完全自主建设的数据库。这种方式需要图书馆投入大量的人力、财力，购置相关的服务器、扫描仪及配套软件等。自行开发建库缺点在于，工期长，成本较高。自行开发建库国内外均有实践，国内党校图书馆比较典型的大型数据库主要有：中共湖北省委党校图书馆自建的"中国共产党历史文库"、"马克思主义理论文库"和"中国国情和地方志文库"等三大文库，中共北京市委党校图书馆自建的"党史党建数据库"，中共重庆市委党校图书馆自建的"党史多媒体数据库"等等。

2 共建开发建库

共建开发建库是指两个或两个以上机构共同选题、共同出资或一方出资、共同建设、共同拥有所有权的一种开发数据库的方式，可以是馆与馆合作，馆与其他单位合作等。这种数据库建设方式是将馆藏信息资源与馆外资源协调并加以综合利用，是图书馆在特色资源数字化过程中寻求综合资源共享的一种比较好的方式。共建开发建库，是网络信息时代信息资源发展和用户市场需求发展的必然要求，共建可集中优势资源、取长补短，既节约又高效。共建共享模式有利于党校特色资源的开发和利用。例如：以无锡市委党校图书馆牵头的无锡市"锡商文化特色数据库"建设的主要模式，就是以共享为目的，以共建为手段，联合无锡地方高校图书馆、无锡市图书馆及无锡工商业联合会等部门协同参与，并成立数据库建设管理委员会对数据库的建设以及所有工作进行整体规划、协调和管理，取得了良好的效益。

3 外包开发建库

外包开发建库就是借助服务供应商的专业技术优势达到降低成本，提高质量的目的。随着信息技术的发展，数据加工软件日渐成熟，开展数据加工的公司越来越多，成本也大大降低，图书馆特色数据库建设完全可以采用外包的方式，既能缩短建库的时间、提高建库质量，又能降低成本保证使用效果。例如，中共安徽省委党校图书馆与浙江天宇CCRS集团合作承包开发的"安徽党史党建研究专题数据库"、"科学发展观专题数据库"、"安徽省情研究数据库"等，按照统一标准、提供专业的数据加工软件、数据库平台、数据加工、数据发布和页面设计，而且为日常的数据维护和后期软件发布提供专业的技术保障。图书馆提供数据来源，对数据库质量进行监督、验收，拥有完全独立数据库所有权。该数据库建立，改变了全省党校教研人员利用图书馆信息资源的模式，省及各地区党校教研人员利用党校图书馆信息资源现

状得到了较大改观,达到了降低成本,提高馆藏质量的目的。

四、党校图书馆特色数据库建设的有效措施

1 依据服务对象组建特色数据库

党校的培训对象主要是以县处级领导干部、中青年干部、乡镇领导干部等为主体的领导骨干,大多数学员具有大学本科学历,其中还有一些研究生甚至更高的学历,是社会精英,有扎实的理论基础和丰富的实践经验。他们来党校参加学习培训的目的是更新知识和观念,掌握新技能,进一步提高综合素养,提高落实党的路线方针政策能力,提高决策水平和应对突发事件的能力。党校图书馆数据库建设应针对学员信息需求特点组织文献信息,向学员提供当前社会政治经济建设、深化改革开放、践行群众路线、树立和建设社会主义核心价值观等理论信息,为学员了解和掌握当代中国和世界最新的思想理论成果,提高领导水平和管理能力提供有利帮助。

2 特色数据库建设要彰显为地方党委政府决策服务作用

党校图书馆特色数据库建设,除了做好日常教学、科研信息服务外,还要贴近本地党委政府的中心工作和重点课题,直接参与研究,依靠自身收集、整理的地方数据,为地方党政科学决策提供有价值的信息服务,使党校图书馆真正成为地方党政"智库"的参谋助手。根据地方党委中心工作的需要,数据库应侧重三方面内容:一是文献资源。其中包括本地经济政治文化社会生态文明建设和党的建设方面有关党政部门下发的文件;本地党政领导干部在重大会议上就贯彻党和国家大政方针发表的总体工作思路和具体落实要求,以及自己思想观念的讲稿;本地改革发展稳定等方面的发展规划、经验总结等典型材料。二是统计资源。其中包括本地经济社会发展全面情况的月报、季报、年报资料;本地改革创新的具体工作进展情况的工作简报;本地重大事件、重要活动情况通报以及各类行情动态参考资料等。三是调研资源。包括本地有影响力的重大专题研讨会上未公开发表的论文和党校学员的调研论文等。

3 拓展文献馆藏,展现党校文献的特色

党校图书馆在获取地方文献上具有较大的优势。党校图书馆收藏的地方文献不仅包括当地公开发表的著作、论文、年鉴、史志等,而且还包括本地党政机关、团体或企事业单位的通报、会议文献、统计资料、成果汇编、设计图纸等内部交流资料等。部分学员作为地方决策的制定者和执行者,对本地区、本系统、本部门的相关文献需求较大。党校图书馆应拓展文献馆藏,利用收集整理的地方文献,为正在党校学习或已经毕业的学员服务。为提高地方文献利用率、达到资源共享的目的,满足学员足不出户即可检索与使用地方文献的需求,党校图书馆可以集中技术力量,对收集的地方文献资料进行数字化,建立有党校特色的地方文献数据库。

4 健全完善数据库管理长效机制

一个资源丰富、功能全面的党校图书馆数据库建立与维护,需要强大的管理运营团队的

后台管理和支持。首先,党校图书馆要明确职责,在数据库设计阶段就要设计好相应的功能部门,试运行初期通过培训确定各部门的责任和权限,清除业务管理死角,避免互相推诿的情况产生。其次,确定业务牵头和协调部门,应该由技术部门和咨询部门担任,由馆长总体协调,负责协调一些涉及多个部门的业务。再次,编制规范性文档,推出数据库使用管理手册,确定内容组织规范、内容管理与利用政策、内容维护流程;规定数据库建设工作的资金投入、选题评估、参与人员、后期维护、质量评价和奖惩措施等内容,使特色数据库的建设过程有章可循,增强自觉性。这样不但可以激发数据库建设人员的积极性和创造性,提高建库效率,促进数据库建设工作的顺利开展,而且有利于数据库的更新维护,实现有效管理机制可持续发展。

5 加强人才培养,建设一支高素质的馆员队伍

首先,要明确馆员应有的基本素质:一是政治思想合格。馆员要忠诚于党的教育事业,热爱本职的信息服务工作,特别是要有乐于"为人做嫁衣"的奉献意识,这是对馆员最基本的要求。二是业务本领过硬。馆员不仅要有胜任本职工作的专业本领,而且要有文理兼通的多项才干;不仅有服务的技能,而且有参与科研的能力;努力成为一专多能的复合型人才。三是工作作风务实。馆员要有积极进取的意识,认真负责的态度,团结合作的精神,勤奋务实的作风,真正当好阅读服务的向导和智慧图书馆的舵手。其次,要采取合适的培训途径:一是"走出去"。注重馆员的继续教育,有计划地组织他们外出进修学习,参加专业学术会议和参观学习外面经验等,获取信息服务的各种新知识、新技术,掌握相关学科知识和图书情报专业的前沿。二是"请进来"。邀请有关信息服务专业人士来馆里传授信息服务工作的成功做法和典型经验,分析研讨党校图书馆业务面临的主要问题,提出解决问题的对策措施,从而提高馆员信息服务的实际能力。

五、党校图书馆特色数据库建设现状

截止到2013年,全国党校已经建成专题数据库169个,拟新建约40个。中央党校图书馆数字信息资源库已经拥有大约5TB的数字资源。其中,自建和合作开发了10余个全文影像数据库。在地方党校已经建成的专题数据库中,上海的"中国共产党历史文库·上海子库"、"上海市干部教育系列数据库个子库",北京的"中国共产党北京历史文库"、"北京市情研究与地方志文库"、"北京市情数据手册",江西的"井冈山革命根据地和中央苏区特色数据库",广西的"广西北部湾经济区数据库",四川的"5·12汶川特大地震抗灾救灾专题数据库",山东的"中国共产党历史文库山东部分",辽宁的"东北地方党史数据库"、"辽宁省情数据库",吉林的"马克思列宁主义研究数据库"、"吉林省省情方志数据库"、"吉林省地方党史数据库",重庆的"毛泽东思想研究数据库"、"坚持中国特色社会主义道路的重庆实践数据库"、"重庆市委党校文库",浙江的"浙籍知识分子与党的创建"、"浙东浙南根据地研究"、"改革开放以来浙江个私企业党建史"、"改革开放以来浙江发展的历程与成就"、"宁波天一阁典藏地方文献专题库"、"湖州嘉业堂典藏地方志专题数据库"等已初具规模,并有一定的访问量。通过互联网对全国党校系统的特色数据库建设情况进行统计,结果如表3.1所示。

表3.1　党校图书馆特色数据库建设情况统计表

单位名称	数据库数量	特色数据库名称
贵州省委党校图书馆	1	贵州党史文库
江西省委党校图书馆	3	井冈山革命根据地和中央苏区数据库、江西省情文库、地方领导资料库
陕西省委党校图书馆	2	陕西省情与地方志文库、西部大开发中的陕西
山东省委党校图书馆	4	山东党史文库、沂蒙精神文库、山东地情文献资料库、山东省情
北京市委党校图书馆	2	北京市情研究与地方志文库、党校学术文库
广东省委党校图书馆	2	中共广东党史与人物专题研究数据库、广东省情研究专题数据库
江苏省委党校图书馆	1	江苏法律法规库
杭州市委党校图书馆	4	杭州市情、杭州党史、杭州年鉴、杭州统计
厦门市委党校图书馆	1	厦门市情
安徽省委党校图书馆	3	安徽区域经济与文化发展文库、安徽地方志文库、安徽新四军研究文库

数据来源互联网查询汇总，检索时间2017年7月10日。

第四章　高校图书馆特色数据库
建设情况分析

一、不同专业类型的高校图书馆特色数据库研究

1　体育院校图书馆特色数据库的研究

1.1　特色数据库数量

通过百度等搜索引擎工具浏览各校图书馆网站发现，山东体育院校图书馆没有自建特色数据库，哈尔滨体育学院图书馆的自建库严格意义上讲不能称其为特色数据库，因为这类馆藏资源的目录检索库基本上是高校图书馆网站建设的必备要素。因此，真正拥有自建特色库的体育院校图书馆有12家，数据库数量总计108个。其中，南京体育学院图书馆最多19个，但这19个数据库实际上为"体育特色数据库"的子库。该"体育特色数据库"的网站链接有IP控制，无法在公网访问。这19个子库的信息来源于相关研究文献。北京体育大学图书馆与上海体育学院特色库数量并列排在第二位，为14个。由此看出，体育院校图书馆自建特色库状况呈现两极分化的特点，多的达19个，少的只有1个，甚至有2家体院图书馆的特色库为0。（见表4.1）

表4.1　我国14所体育院校图书馆自建特色数据库一览

单位名称	数据库数量	特色数据库名称
南京体育学院图书馆	19	南京体育学院硕士论文数据库，南京体育学院学报数据库，南京体育学院教学科研论文获奖信息数据库，南京体育学院获全国体院优秀奖学士论文数据库，竞技运动科技信息数据库，江苏体育图片库数据库，南京体育学院专家学者信息数据库，中国及江苏省体育机构社团名录数据库，体育综合报道数据库，南京体育学院英文原版图书馆目录数据库，中国2000年以来出版体育学科专著目录数据库，中国公开发行体育学科期刊目录数据库，江苏省优秀运动队信息库数据库，国内体育院校订购外文期刊目录数据库，南京体育学院科研课题名录数据库，南京体育学院教学科研管理文件汇编库数据库，江苏世界冠军信息库数据库，南京体育学院教师、教练、科研人员公开发表学术论文信息数据库，南京体育学院教师、教练、科研人员出版专著数据库
北京体育大学图书馆	14	中国体育报刊数据库，体育硕博士学位论文数据库，中国优秀运动员数据库，竞技体育数据库，中国优秀教练员数据库，中国运动队数据库，体育图书馆全文数据库，北京体育大学教师论著数据库，北京体育大学文库数据库，馆藏外文体育期刊数据库，馆藏民国期刊，馆藏民国图书，奥林匹克NEW，北京奥运会文献数据库

续表

单位名称	数据库数量	特色数据库名称
上海体育学院图书馆	14	体育视频数据库,体育珍藏文献数据库,本院研究生论文数据库,学科导航,体育外文期刊篇名目录数据库,《上海体育学院学报》全文数据库,"体院人"著作数据库,F1专题网站,《国外体育之窗》数据库,力量训练文献数据库,休闲与体育专题数据库,少数民族体育特色资源库,Questel-Orbit专利数据库(馆员内部使用),TRS竞争情报系统(馆员内部使用)
广州体育学院图书馆	12	南粤体育名将数据库,本院学位论文数据库,体育资源数据库,本院科研成果数据库,休闲体育数据库,专题信息网数据库,天河九校免费全文数据库,天河九校创新参考数据库,本馆附书光盘数据库,本馆非书资料数据库,专题资料汇编《北京奥运专题、广州亚运/亚残运专题、深圳大运专题、全运专题、运动专项(篮球、龙舟、田径、网球、游泳、羽毛球)图书馆专题(图书馆相关资料)、2012伦敦奥运会专题、十八届三中全会》,外刊篇名目录数据库
西安体育学院图书馆	11	馆藏外文图书全文数据库,西安体育学院学报全文数据库,西安体育学院硕士论文全文数据库,西安体育学院优秀学士学位论文全文数据库,外文体育期刊全文数据库,随书光盘下载数据库,西安体育学院本科教学评估资料数据库,历届奥林匹克运动会资料数据库,历届奥运会奖牌查询数据库,历届奥运会运动成绩大全数据库,体育运动成绩数据库
成都体育学院图书馆	8	馆藏郑怀贤图书馆数据库,中国体育年鉴数据库,学科经典图书馆数据库,体育学学科信息门户,新闻学学科信息门户,医学学科信息门户,本院博硕论文全文数据库,本院优秀学士论文数据库
吉林体育学院图书馆	8	研究生论文数据库,体育教学参考书书目数据库,民族传统体育书目数据库,"体院人"著作数据库,体育外文期刊篇名目录数据库,吉林体育学院学报全文,长春亚冬会赛事数据库,体质监测数据库
武汉体育学院图书馆	7	馆藏体育期刊题录数据库,人体解剖图库,体育竞赛规则数据库,《武汉体育学院学报》全文数据库,武汉体育学院硕士学位论文数据库,体育专家文库,武汉体育学院文库
首都体育学院图书馆	5	本院硕士学位论文数据库,本院奥运图书馆外文图书馆数据库,本院运动视频数据库,本院体育及相关专业图书馆数据库,首都体育学院体育类文献数据库
沈阳体育学院图书馆	5	沈阳体育学院精品课程专题数据库,沈阳体育学院硕士研究生学位论文数据库,全运会信息数据库,国际体育信息数据库,冬季项目文献资料数据库
河北体育学院图书馆	4	随书光盘数据库,河北体育学院精品课程,《河北体育学院学报》数据库,河北体育学院文库
天津体育学院图书馆	1	本院硕士学位论文数据库

续表

单位名称	数据库数量	特色数据库名称
哈尔滨体育学院 图书馆	0	—
山东体育学院 图书馆	0	—

1.2 特色数据库公网访问权

通过从公网逐个点击相关数据库链接, 发现只有北京体育大学图书馆、广州体育学院图书馆部分数据库可以直接打开, 所涉数据库资源多为网上的免费信息, 其他学校的特色库均有IP限制, 只允许校园网用户使用, 即使在体育院校间也没有实现资源共享。

1.3 特色数据库类型

1.3.1 地域特色资源数据库

指以集中反映本地特有体育项目、本地体育组织、运动队、运动员、知名人士等地域体育资源为对象而建的数据库。如广州体育学院的"南粤体育名将库"、沈阳体育学院的"冬季项目文献资料库"、南京体育学院的"江苏体育图片库"、"中国及江苏省体育机构社团名录"、"江苏省优秀运动队信息库"、"江苏省世界冠军信息库"等。这些特色库多关注竞技体育领域的人物和组织等信息, 鲜有涉及地域特色文化、民族传统体育文化等方面的数据库。

1.3.2 体育学学科或研究专题数据库

根据体育学学科特点或本校学科特色开展某一领域的信息收集。如上海体育学院的"力量文献数据库"、"休闲与体育专题库"、"少数民族体育特色资源库"; 武汉体育学院的"人体解剖图库"、"体育竞赛规则库"。在这类数据库中, 没有发现与地域体育特色文化研究学科相关的特色库。

1.3.3 利用本校教学资源建设的特色资源数据库

主要包含教师教学科研成果和学位论文、本校出版的学报等。因为资源获取相对便捷, 所以此类数据库是体育院校图书馆普遍建设的特色数据库。

1.3.4 体育书刊资源数据库

主要由体育图书、随书光盘、报刊等建成的篇名、题录、文摘库。在这类数据库中, 也没有发现与地域特色体育文化主题相关的图书类数据库。

1.3.5 图片、音像资料等多媒体资源数据库

如首都体育学院的"本院运动视频库"、南京体育学院的"江苏体育图片库"、上海体育学院的"体育视频库"等。

1.3.6 热点型数据库

如上海体育学院的"F1专题网站"、北京体育大学的"北京奥运会文献数据库"、沈阳体育学院的"全运会信息"等特色库都是借助某一具有影响力的国内外重大体育赛事在当地举办的契机建设的数据库。这类数据库既有建设院校图书馆自建库的特点, 也起到了为相关重要赛事开展体育信息服务的作用, 但这类特色数据库建设是和院校所在地域经济社会发展水平和历史机遇等诸因素息息相关的。

1.4 其他机构体育特色库概况

1.4.1 国家体育总局信息中心系列数据库

发表于《南京体育学院学报》(社科版)2011年第6期的《数字化环境下体育特色信息数据库开发与应用研究》一文中罗列了国家体育总局信息中心的系列数据库:体育声像数据库(比赛等录像目录)、体育图书数据库(书目)、中外文体育文献数据库(篇名)、期刊馆藏数据库。但登录相关网站后,没有发现上述数据库,推测可能为内部使用。作为政府部门,国家体育总局信息中心具有获取、集中、整合各类体育信息资源的天然优势,只是截止到本研究调查时还没有开发体现某一体育学研究方向或专题的数据库,其自建库更多地体现了对部门已有资源的揭示和整理。

1.4.2 广州体育职业技术学院图书馆——"广州体育信息资源专题数据库"

发表于《图书馆学研究》2011年第5期的研究文献《广州体育信息资源专题数据库建设与实践》所称的"广州体育信息资源专题数据库",涉及体育类期刊论文库、体育类图书库、大赛成绩数据库、专题成果数据库、奥运知识、亚运知识、体育百科、国际体育组织、运动员训练与保健数据库、运动员伤病防护与医疗数据库和体育摄影12个子库。进入该学院图书馆网站后,没有发现该名称的数据库,只有如下特色库:馆藏体育期刊题录数据库、体育视频库、本院教职著作文库、体育资源库、特色资源下载库。各库虽可公网访问,但链接进入后发现内容条目较少、陈旧,基本为2010年时的信息。由此推测该库可能在建设中,其所涉内容广泛,集结的文献类型多样,但基本都还是常规型的资源整合。

1.4.3 郑州大学体育学院武术研究中心——"中原武术特色数据库"

发表于《图书馆学研究》2011年第24期的研究文献《中原武术特色数据库建设研究》所称的"中原武术特色数据库"对中原武术信息资源的内涵与外延进行了界定,并提出了文献书目数据库、重要图书全文数据库、研究论文数据库和图片、视频资料库4个子库和相关内容建设的框架。进入相关网站后,发现郑州大学体育学院图书馆没有这个数据库,而郑州大学体育学院武术研究中心的官方网站更多地承载了建库规划中的部分内容,但体现的是门户网站的功能,文献中涉及的部分数据库内容没有实现。但该数据库是最为接近天津体育学院图书馆拟建特色库的类型,只是其建设对象更专注于地域传统武术部分。

1.5 体育院校图书馆特色数据库存在的若干问题

1.5.1 特色数据库内容芜杂且存在侵权风险

特色数据库选题非常关键,本着与众不同的原则,选题应该符合不同体育院校所涉学科特色和地域特色进行选题。但对12所体育院校图书馆特色数据库的主题分析考察表明,建库时以体育硕博士学位论文、教师科研成果、学报刊发的论文等作为首选。这些资源使用权属于体育院校所有,不存在知识产权问题,也较为容易收集与整理。但是,特色性不强,因为这些业已发表的论文,与重庆维普、万方、中国知网等商业数据库的内容相互重叠。自建资源内容深度不够,个别体育院校仅罗列名称,如哈尔滨体育学院图书馆名义上为自建数据库,事实上仅显示数据库名称与类型,即中文图书数据库、中文期刊数据库、外文期刊数据库等,无法打开使用,从字面上理解,这些数据库足以囊括一切知识点、知识单元,存在摆设之嫌疑。天津体育学院图书馆特色资源库中光盘数据库、本馆光盘数据、学科导航、论文提交缺少个性化、独特性,也只是简单呈现在所谓的特色资源库中,其特色资源库中特色数据库直接通过资源导航链接到天津市高校特色资源数据库,该数据库未能检索到天津体育学院图书馆所建的资源,但可以共享天津区域其他高校图书馆的自建资源。也有体育院校对主题揭示较深入的,如沈阳体育学院图书馆与河北体育学院图书馆自建资源中均有精品课程专题数据库。西安体育学院图书馆有西安体育学院本科教学评估资料数据库。

1.5.2 特色数据库数量大,缺少统一标准,合作意识差

特色数据库贵在精、专、特。过多追求数量,必然降低质量,等同于常有电子资源。例如西安体育学院图书馆自建数据库达11种,北京体育大学图书馆自建资源为14种。缺乏特色资源建设标准化、规范化。例如西安体育学院图书馆自建数据关于历届奥林匹克运动会的数据库分别为历届奥林匹克运动会资料数据库、历届奥运会奖牌查询数据库、历届奥运会运动成绩大全数据库。存在明显的前者包含后两者的内容,可以三合一,归纳为历届奥林匹克运动会资料数据库即可。个别体育院校图书馆谈不上数量,例如山东体育学院图书馆根本没有自建资源。14所体育院校图书馆中仅有广州体育学院图书馆自建资源中天河九校创新参考库属于合作共享典型范例,隶属于广东地区高校图书馆联盟创新参考数据库,形成了有效区域合作,例如合作院校协调订购贵重文献、在现代技术应用方面的协作、联合举办学术研讨会等。天津体育学院图书馆特色资源库中特色数据库,可以分享天津市高校特色资源数据库,属于"搭便车"行为。其他体育院校图书馆自建资源缺乏统一的标准规范,相互模仿、复制,各个建库标准各异,各自为战,自由发展,造成新技术难以引入或升级换代不兼容,彼此之间无法协调与合作,妨碍体育院校自建资源共享与共知。

1.5.3 特色数据库未能形成统一的检索平台,服务对象单一,管理滞后

检索方式通常划分为简单检索、高级检索与跨库检索。其中跨库检索指以同一检索条件同时检索多个库。这些库结构可能相同(同构),也可能不相同(异构)。跨库检索功能在检索首页提供数据库选择、跨库快速检索两项功能:在跨库检索页,设有跨库初级检索、高级检索、专业检索、查看检索历史的页面。在调查中发现,大部分自建特色数据库没有简介或使用帮助,检索功能简单,具有高级检索和跨库检索功能的数据库只有北京体育大学图书馆,首都体育学院图书馆为综合资源检索。大部分自建特色数据库只能进行简单检索,甚至有的数据库根本没有检索功能,只能进行浏览。总体上,特色资源检索方式没有形成统一的标准,不利于读者选择不同类型的检索方式。服务对象过于单一,访问方式一般区分为馆内访问和馆外访问,例如北京体育大学图书馆、首都体育学院图书馆。个别仅限于馆内访问,例如上海体育学院图书馆、天津体育学院图书馆、成都体育学院图书馆,而西安体育学院图书馆使用Calis认证与本地认证登录,仅限于本校读者免费使用。这与自建资源的初衷与目的相违背,不利于提供社会化服务。自建资源建设和服务重在有效的管理。14所体育院校未能设置专门岗位负责自建资源管理,尤其是后期维护管理滞后,例如西安体育学院图书馆自建数据库10种皆在2009年3月30日建成,2010年3月25日建成了馆藏外文图书全文数据库。至今未进行过更新,造成设备更新维护缓慢,忽略后期维护工作。此外,现实中14所体育院校图书馆特色数据库缺乏推广应用和培训工作,热衷于商业数据库培训与营销宣传,对本馆所建资源很少会采取有效方式开展读者培训工作。

1.6 提升国内体育院校图书馆特色数据库整体发展的方略

1.6.1 以科学发展观统领特色数据库的建设与服务

发展是第一要素。体育院校图书馆特色数据库建设的前提条件是,必须改变观念,牢固树立科学发展观,围绕着本校实际与发展趋势,认真选题,突出自建资源的独特性。本着"人无我有、人有我优、人优我精"原则,以读者的知识需求为中心,在分析本馆馆藏特色的基础上,遴选本校具有较强专业特色的重点学科,或是具有明显地方地域特色的内容,并注意排查是否与其他高校选题相同,避免重复建设,造成资源的浪费。同时,保证数据资源的完整性

与连续性。例如成都体育学院图书馆特色资源中学院竞赛视频库，图文并茂，形式多样，内容不间断地更新、充实。特色数据库的建设不是单纯的摆设，而是注重外延的拓展，内涵的深度挖掘，为特色数据库建设方案设计、专项资金、技术、设备、人员、合作模式等留出充分的发展余地。体育院校图书馆特色数据库应充分发挥各自特色，馆际联合，共建共享，避免特色数据库重复建设。体育院校图书馆特色数据库可以选择区域内不同类型高校图书馆在省高校图工委指导下，开展馆际合作，共建共享，具有相同专业特色的图书馆可以走联合共建道路，资源不同的馆也可以考虑在技术或资金等方面进行合作，也可以14所体育院校图书馆结合各自资源优势，成立协调小组，就联合办馆问题进行充分的讨论，探索体育院校图书馆特色数据库合作模式。

1.6.2　设置专门岗位，负责特色数据库管理工作

只有设置专门岗位，责任明确到人，严格按照统一标准规范建库，进行后期维护与管理，才能够发挥体育院校图书馆特色数据库的效力。体育院校图书馆配置若干岗位，可以采取专职或兼职，由具体岗位负责人员召集相关人员一起建库，同时建库时必须遵循《国际标准书目著录》、《UNI—MARC格式和手册》等数据库管理系统的标准化和数据库数据著录的标准化，包括技术标准、数据标引标准、质量控制标准、约定协议和合作性跨平台媒介的信息交换标准等标准规范。对于参与自建资源的岗位人员，需要开展定期或不定期的教育培训，例如上岗强化培训、积极地参与特色数据库涉及的建设、服务、工具以及政策、规范、流程的培训。特色数据库可持续的管理之一即是更新与维护，岗位职责方面须明确规定，具体包括特色数据库维护周期、系统的日志备份、更新日期登记、监督考核等，并由专人负责特色数据库的日常业务工作正常开展，保障特色数据库高效的运行。

1.6.3　引进新技术，构建有效的特色数据库统一检索平台

特色数据库建设不是简单的加工与应付，也需要引进新技术软件，进行深层次组织、规范，与其他数据库厂商一样，提供科学有效的各类电子资源。体育院校图书馆自建资源可以采取先进的异构资源整合技术、利用虚拟专用网络（Virtual Private Network，VPN）技术，建立馆内馆外仓储式在线统一检索平台，最大限度地满足本校或其他远程读者访问的需要。该平台整合了清华同方、万方、维普等多家商用数据库和本馆自建数据库，供读者检索查询。例如首都体育学院图书馆特色数据库使用综合资源检索，点击数据库地图，可以链接到自建数据库，按类型排序或按学科排序，选择不同的自建资源，包括数据库名称、资源介绍等，清楚、方便、快捷地获取相关知识。体育院校图书馆在建设自建资源时，应考虑到服务平台要符合既定主题特点及读者使用习惯，以及人性化的服务功能及较强的可操作性和实用性。在图书馆主页一级目录的显著位置指向自建资源，并统一称呼，及时显示主题。设计友好的界面，检索路径应简便迅捷、直观、便于操作、切换灵活。通常情况下，体育院校特色数据库的使用均受权限限制，绝大部分限制为本校读者使用，校外读者很少使用，个别的体育院校如北京体育大学图书馆允许外部读者使用，外部读者可以通过VPN网络，登录自建资源的远程访问系统。毋庸置疑，在线统一检索平台内部访问更为实用、方便、快捷，可以使用简单检索、高级检索、跨库检索，以及许多特色功能，例如划词有道、引文服务、跨语言检索、检索词扩展、原始检索等，极大地实现多种检索功能和特色功能的快速连接，满足读者的知识需求。

此外，体育院校图书馆还需要加大宣传推广工作，重视特色数据库的营销整合，采取正确的营销策略，积极主动地推广宣传自建资源，扩大自建资源的影响力，培育体育院校图书馆具

有竞争力的品牌。诚然,也不可忽视知识产权问题,体育院校图书馆遵循相关法律法规,准确处理合理使用问题,规避特色数据库建设与服务过程中存在的知识产权侵权风险。

2 民族院校图书馆特色数据库的研究

2.1 建设民族特色数据库的必要性

21世纪,信息技术、通信技术和网络技术的高速发展和有机结合,使人类步入信息网络时代。在网络环境下,馆藏概念不再只是各馆的文献收藏,而是图书馆获取文献、信息的选择和存取能力;馆藏结构突破了传统的局限,由物理馆藏发展到虚拟馆藏,由物质载体扩展到网络信息;图书馆的服务则由只服务于本单位、本系统的特定读者转为面向不同地区、不同层次的社会用户。多层面的用户必然带来多元化的信息需求。为满足用户的多元化需求,切实实现馆际间和网络上的资源共享,各种数据库应运而生。但资源共享的一个重要前提就是馆藏资源特色化。因为,只有形成特色,人们检索该学科、领域的文献信息时才非你莫属,缺你不可;也只有形成特色,图书馆才有吸引力、凝聚力和竞争力。但目前一些民族院校图书馆已经或正在建设的数据库中,一个突出的问题就是缺少民族特色,"千馆一面"的数据库相当于在网上只有一个数据库,或者犹如一个数据库的多个"镜像点",何况民族文献信息自身的分散性和隐含性(指一些资料信息隐含在其他学科领域的文献信息中)及各民族院校图书馆信息搜集的区域性和单一性(指侧重某个民族或某个方面的文献信息),更增加了网上检索与利用民族文献的难度。因此,民族院校图书馆要为用户提供系统、完整的民族文献和信息,就必须建设具有民族特色的文献信息数据库。

2.2 建设民族特色数据库的作用

对民族院校而言,第一,建设具有民族特色的信息数据库,不仅可突出民族院校的馆藏优势和特色,形成合理的文献资源布局,而且能及时挽救和保存稍纵即逝的互联网上有关民族问题的虚拟信息;第二,建设具有民族特色的数据库,在同行业中形成差别优势,并在网上推出自己具有鲜明特色的信息资源和信息服务,是网络环境下激烈竞争中民族院校图书馆保持独立地位和求生存、图发展的制胜法宝;第三,建设有民族特色的数据库,方向明确,主题清晰,资料丰富、系统,既有广度,又有深度,十分有利于各民族院校和民族地区开展民族教育、文化交流、科学研究,也为所在图书馆的参考、咨询、定题、跟踪、检索等信息服务注入了新的生机和活力;第四,建设有民族特色的数据库能真实、系统地反映各兄弟民族的政治、经济、历史、文化、地理、资源和科学技术,利于图书馆开发信息"拳头"产品,打入市场,推动和促进各民族地区的经济及文化教育事业的发展;第五,民族特色数据库一旦建成并送上网络,便可以多媒体和网状方式向各地进行发送、传播,从而能最大限度地实现网上优势互补和资源共享,满足各地区各层次用户检索民族文献广、快、精、准的需求。

2.3 建设具有民族特色数据库的可行性

2.3.1 历史悠久的各民族发展史为民族文献数据库提供了丰富的资源

在中华民族发展史上,各民族及其相互间的关系源远流长。早在2000年前西汉史学家司马迁编撰的我国第一部纪传体史书《史记》中就有介绍西南少数民族的《西南夷列传》。各民族在其发展过程中,在文学、艺术、宗教、经济、医学、科技等各个领域中涌现了一批批光彩夺目的璀璨明珠。诸如:藏族长诗《格萨尔王传》,是世界上最长的史诗巨著,并被誉为"亚洲民族民间文艺宝库";《永乐南藏》是迄今国内保存最完整的一部大型佛教典籍;敦煌石窟的艺术成就为世界所折服……所有这些珍贵史料为建设民族特色数据库提供了丰富的资源。

2.3.2 多姿多彩的民族文化极大地丰富了民族特色数据库

我国有55个少数民族,人口为10643万,占全国总人口的8.41%。各民族在长期的发展过程中逐渐形成了各自特定的生活、风俗和习惯,这些各领风骚、各具特色的民族文化生活或用汉文反映,或用本民族文字记载,或用图符记录,或用语言相传。发掘、搜集、整理各民族文化生活资料,不仅可为民族特色数据库提供生动的素材,也是建库工作必不可少的前期劳动。

2.3.3 各民族文献信息中心的成立为民族特色数据库奠定了坚实基础

全国民族高校图工委自1991年成立以来,极为重视民族高校图书馆的资源共享和自动化建设。在其倡议和协调下,各民族院校和民族地区院校根据自己的馆藏优势和特色陆续组建了一批民族文献信息中心。如中南民族大学图书馆成立了女书研究中心,正努力把图书馆建成中南、华东地区最大的民族文献信息中心;湖北民族学院成立了土家族文献中心;西南民族大学成立了羌学研究文献资料中心;西藏民族大学成立了藏学文献资料中心;贵州民族大学建立了全国傩文化研究中心;广西民族大学设立了壮学文献资料中心;云南民族大学建立了傣、彝学文献资料研究和协调中心;新疆大学建立了维吾尔学及哈萨克学文献信息中心;内蒙古大学成立了蒙古学研究文献信息中心。这些文献信息中心的建立不仅为民族学科高层次人才培养及科学研究提供了文献信息保障,也为民族学科文献信息的系统化、网络化和特色化奠定了坚实基础。

2.3.4 先进的技术、设备为建设民族特色数据库提供了有力的保障

随着民族教育事业的发展,各民族院校加快了图书馆自动化建设的步伐,也加大了投资力度。以中南民族大学图书馆为例,1997年学校拨款30万建成了图书馆局域网,1998年始建书目数据库,1999年图书馆作为主要节点与校园网联通并建成一流的电子阅览室,2000年建立中国学术期刊光盘镜像站点,2002年4月又开通了数字图书馆。图书馆的自动化建设和网络的开通,特别是数字图书馆的出现,为民族特色数据库的建设提供了有力的技术和资源保障,使特色数据库建设更为切实可行。

2.4 建设民族特色数据库的原则

特色数据库建设是一项复杂的系统工程,涉及策划选题、采集开发、推广应用等方面的工作,但特色数据库的特点和功能决定了建设特色数据库必须牢牢把握准、全、专、精四个原则。所谓准,就是要把握时代的脉络,切合教学科研和市场需要,立足于实用,创建出名牌,以利于促进民族教育和民族经济的发展。所谓专,就是要有深度并与专题方向一致,不能盲目追求数据库的规模和数量;要突出民族特色,确保每个数据的信息含量。所谓全,就是要系统、完整地收录各种类型、各种载体、各种途径来源中有关"民族"的文献和信息;对数据的著录,内容要全,要尽可能为用户提供完整的信息和多途径检索;对文献信息的揭示和利用,既要提供经筛选加工的二次文献,也要提供全文数据图片资料,并尽可能提供集文字、声像、动画于一体的多媒体信息。所谓精,是指对数据库的类型、选题各民族院校图书馆要统筹规划,协调发展,避免重复建设;对采取到的信息数据要分析、选择、加工处理,剔除无用信息和有害信息;对选取的关键字、词、段要精练、准确、有针对性,力求反映文献的本质特征;数据库的检索要简化程序,方便利用。总之,建设具有民族特色的数据库必须做到"人无我有,人有我优,人优我特",只有这样,才能充分有效地发挥特色数据库的价值和作用。

2.5　如何建设民族特色数据库

2.5.1　大力开发信息资源

从浩如烟海的知识海洋中系统、详尽地搜集有关民族特色的文献和信息,是建设民族特色数据库的基础和前提。为此,必须选好信息源,建立起方便、快捷获取信息的方式。民族文献和信息的来源一是Internet网和有关院校、图书馆、机构、团体网站,二是各种有关数据库及电子出版物,三是公开出版发行的民族文献及相关文献,四是各民族地区的地方文献、内部资料及各民族流传和隐含的灰色文献。密切关注并大力开发这些信息资源会使民族特色数据库内容丰富,并不断充实更新。

2.5.2　规范操作,保证质量

数据库建设必须严格遵循建库程序,规范操作,确保质量。首先,要选好主题词或关键词,科学编排数据库的体系结构,制定合理的检索策略。其次,要确定检索范围,明确适用对象,增设检索途径,努力提高检全率和检准率。第三,对搜集的信息和数据要进行分析、选择、分类、转换,以增加信息的价值含量并达到一定的深度。第四,要完善数据内容,并按统一格式,规范著录,以利数据交换和上网方便。第五,要及时对数据库进行更新、追加和清理,以保证数据库的实用性和时效性。

2.5.3　重视网上信息的再加工

网上信息数量多、范围广、内容全,是当今图书馆的主要信息源,但网上信息分散、杂乱、无序且处于动态的变化中,稍纵即逝,因此,对网上有用信息必须下载、加工,使之固定化、条理化、规范化。如对零星信息要积累并集中处理;对一次文献要编制与之匹配的题录或文摘;二次文献要规范著录,正确标引;多媒体信息要下载存储,转换处理。当网上有关民族特色的信息经积累和整理后,要尽快纳入规范、标准的数据库,使之成为数据库资源的有机构成。

2.5.4　统筹规划,资源共建

建立具有民族特色的信息数据库,不能只凭一个或少数几个馆的力量,必须统筹规范,分工协调,采取自我建设与联合共建相结合。即先由各民族院校和民族地区院校图书馆根据各自的学科重点、馆藏和服务特色,利用特定学科或专题和所在地区的资源优势,建立起该学科或专题数据库,然后各专题数据库再通过联网的方式形成系统、有机的具有民族特色的资源共享网络体系,以达到最大限度地实现资源互补和资源共享的目的。

2.6　民族高校图书馆特色数据库建设现状与思考

在信息时代,如何能为读者提供有特色而又专业的资源是高校图书馆的努力方向。与大部分图书馆一样,近年来,民族高校图书馆在购买一定数量中外文数据库的同时,也根据本馆馆藏特点、读者特点、学校特色学科和所处的地域特色,组织人员创建了各自富有特色的数据库。如西北民族大学图书馆自建的数据库有"民族研究篇名数据库"、"甘肃特有民族研究数据库"、"民族研究题录数据库"、"藏文古籍文献书目数据库"、"研究生学位论文库"等;中南民族大学图书馆自建的数据库有"民族文献库"、"流媒体库"、"学科导航库"等。但是,综观国内民族高校的特色数据库建设,尚未真正体现出"专、精、全"的特点。因此,分析民族高校图书馆特色数据库建设现状,深入研究关于提高民族高校图书馆特色数据库建设对策,就显得尤为重要。

2.6.1　民族高校图书馆创建特色数据库的背景

其一,民族高校图书馆专题特色数据库的创建,是网络时代的任务和要求,也是民族高校图书馆发展的使命和责任;其二,作为馆藏独具特色的民族高校图书馆而言,建立特色数

据库可以使"藏在深闺人未识"的特色馆藏得到更多、更好地利用,实现文献资源的共享;其三,民族高校图书馆通过自建数据库平台,可以进一步整合少数民族文献资源,弘扬和传承民族文化,进而全面服务民族地区经济社会发展。

2.6.2　民族高校图书馆自建特色数据库的现状

2.6.2.1　民族高校图书馆自建数据库的类型

通过对国家民委委属的6所民族高校图书馆及云南民族大学、贵州民族学院、广西民族大学等9所其他民族高校图书馆自建数据库的分析,发现民族高校图书馆自建数据库大致可以划分为5种类型。

(1)以学校教学、科研成果为主的特色馆藏数据库。典型案例是:中南民族大学图书馆通过对吴泽霖、岑家梧、严学窘(3人均为在中南民族大学工作过的全国知名学者)著作和相关研究文献的整合,分别建立了3人的个人学术研究数据库,为有关学科领域的研究者提供了详尽的资料,在对学校传统优势学科进行宣传的基础上,提升了学校的知名度。

(2)突出重点学科、凸显学校办学特色的特色馆藏数据库。长期以来西南民族大学在羌族文化研究、畜牧兽医理论与技术在学术界有着一定的影响。西北民族大学在民族问题研究方面具有一定优势,学校设有专门的西北少数民族文学研究中心、西北少数民族宗教研究中心、民族文献研究基地等。为了使学校的重点学科研究得到进一步发展,提高学校的知名度,西南民族大学图书馆自建了羌族研究文献数据库、康区兽医信息资源数据库。西北民族大学图书馆自建了"民族研究篇名数据库""民族研究题录数据库"等。这些数据库依托学校的优势学科和特色学科,整合相关研究文献,服务于学校的教学和科研,能够进一步提升这些专业的科研水平。

(3)与学校所处地理位置相关的特色馆藏数据库。这类数据库从学校所处地理位置出发,建立有关地方特色、地方文化的数据库,对整合地区资源,传承地域文化有着积极作用。如广西民族大学图书馆的"广西作家库"、西南民族大学图书馆的"康区藏族文献数据库"、西北民族大学图书馆的"甘肃特有少数民族研究数据库"等。

(4)突出地域特色和人文环境特色馆藏数据库。这类数据库以介绍和宣传某一地区、某一民族的本土文化为出发点,挖掘整合相关文献,通过多种载体形式(图片、影像、音频)建立数据库。比较典型的有贵州民族学院图书馆的"民族文化图片资料数据库"、广西民族大学图书馆的"东盟文献数据库""壮语侗语文献数据库",以及西南民族大学图书馆的"羌族文献研究数据库(图片)"等。

(5)结合馆藏特色开发的特色馆藏数据库。这类数据库多依托特色馆藏数字化进行建设,如中央民族大学图书馆的"馆藏民族音像资料数据库",它将本馆馆藏的民族音像资料进行搜集整理,形成民族舞蹈、民族美术、民族音乐、民族风俗的视频、音频数据库;再如中南民族大学图书馆的"古籍文献特色数据库"、西北民族大学图书馆的"藏文古籍文献书目数据库"等,这些数据库都是通过将馆藏古籍数字化后建立的数据库。

2.6.3　民族高校图书馆自建特色数据库的特点

民族高校图书馆自建数据库,经过一段时间的发展,在各馆充裕的经费、人力、物力保障下,形成了一定的规模,同时也具备了自身特点。

(1)民族特色浓厚。各民族高校图书馆依托学校的地缘优势和学科优势,纷纷创建与"少数民族"这一主题相关的自建数据库。这对保护和发扬少数民族优秀文化、提升少数民族研究水平都有积极的作用。

（2）内容形式比较丰富。从早期单一的纯文本数据库发展到现在的许多数据库，不再单纯只有文献的信息，还包括图像、图片、视频等内容。说明民族高校图书馆已经意识到应该建立包含多媒体信息在内的全方位数据库。

（3）特色馆藏较为突出。总的来看，民族高校图书馆自建特色数据库大部分是通过挖掘、开发现有馆藏资源中的特色馆藏而形成的。这种将特色馆藏数字化，不仅可以有效地保护特色馆藏，实现文献资源共享，还可以起到宣传图书馆的作用。

2.6.4 民族高校图书馆自建特色数据库存在的问题

虽然民族高校图书馆在自建数据库方面取得了一定成绩，也形成了一定规模，并产生了一定的影响力，但就自建特色数据库长远发展的角度来看，仍然存在一些问题。

（1）数据库内容单一，覆盖面不够广，学术深度欠缺。由于自建数据库没有严格按照统一的标准来做，使自建数据库的内容过于随意；有些取材太泛，信息质量良莠不齐，有些覆盖面小，没有将一些相关的重要文献收录进去；一些民族高校图书馆受人力、财力、物力等因素制约，多立足于本馆资源，没能广泛地利用其他图书馆的馆藏，覆盖面不够广，从而学术深度不够。

（2）各自为政、重复建设现象严重。目前，民族高校图书馆自建数据库的发展基本上处于散兵游勇、各自为政的状态，忽略了与其他兄弟院校图书馆之间的合作与交流。因为交流不够，数据库的重复建设现象尤为突出。如中央民族大学图书馆的"民族相关信息文献数据库"与西北民族大学图书馆的"民族文献题录数据库"存在重复建设的问题。近年来，各民族高校图书馆在做好兄弟院校之间的交流上做了不少工作，如2007年，由西北民族大学图书馆牵头召开的"全国民族院校藏文文献整理研讨会"；2009年在中南民族大学召开的"委属院校民族文献资源共建共享问题座谈会"等。

（3）数据库内容更新工作滞后，发展速度缓慢，利用率低。笔者通过一段时间的观察，发现部分民族高校图书馆自建数据库存在更新速度缓慢的问题，有些数据库甚至自创建之后就再也没有补充新内容，形同虚设。还有些数据库开建后，对数据的质量控制把关不够，用户关注度不高，导致所建数据库利用率很低。

（4）面向社会服务的意识和能力不强。各民族高校图书馆创建的自建特色数据库虽然在数量、规模、类型上取得了长足的进展，但一些数据库用户仅限本校师生，并处于"自建自用"的状态，校外读者想要访问一些感兴趣的数据库，却弹出一个"您没有访问该系统的权限"的窗口。一些可以从校外访问的数据库，由于没有做好应用推广，利用率很低。

（5）由于自建数据库平台和元数据标准多元化，各馆之间难以实现共享。由于建库初期，各民族高校图书馆缺乏统一指导，图书馆在设计和建设数据库时，都是自主建库，采用的标准不一致，所以各个馆开发数据库的平台不统一。此外，元数据标引的标准也不统一，这给民族高校图书馆特色资源的共享带来困难。

2.6.5 民族高校图书馆自建特色数据库的思考

民族高校图书馆自建数据库要达到"专、精、全"，并能产生一定的学术效应和社会效益，需要做到以下几点：

2.6.5.1 应走联合建库之路

为了最大限度避免自建数据库的重复建设，各民族高校图书馆应增强彼此之间的合作和交流，包括地区之间的合作，各部门各系统之间的合作，不同系统之间的合作等，互相借鉴经验，以少走弯路。这样不仅能节省大量的资源和时间，而且还能以较小的物质消耗，实现信息效益的最大化。

（1）充分发挥全国民族高校图工委的职能，进一步加强民族院校之间的业务联系与合作。业务水平较强的馆要帮助和指导业务水平较弱的馆进行数据库建设，各个馆之间要互通有无，取长补短。

（2）将国家民委委属院校资源共建共享座谈会以及全国藏文文献整理研讨会的会议成果推广开去，以吸纳更多的民族高校图书馆加入到资源共建共享的队伍中来。

（3）由一个馆牵头制定统一的信息资源建设标准。数据的标准化与规范化比建立数据库本身更为重要，绝不能带有任何的随意性，否则，所建数据库就会失去存在的价值。因此，民族高校图书馆在自建数据库时，在这方面要更加谨慎，一定要采取统一著录、统一标引，为实现民族高校图书馆资源共享打下坚实基础。

2.6.5.2　保证一定的人力、财力和物力支持

（1）打造一支业务精湛、信息素养高的建库队伍。自建特色数据库不是主观上的随意安排与制定，要有规划性、科学性，它是一项持续的系统工程。因此，这就需要民族高校图书馆要建好特色数据库就必须先打造一支结构合理，素质较高的建库队伍。这支队伍的组成人员不仅要熟悉图书馆业务，还要具备数据库开发和维护的能力，还要对与特色数据库有关的文献有较为全面的了解，这样才能保证特色数据库的高质量。

（2）要做好特色数据库后期运行阶段的工作。特色数据库建成后，要在后期运行阶段及时收集相关专题信息，不断扩充其内容；定期进行数据库的维护和升级工作，通过各种宣传手段增加用户数量，根据用户反馈信息，不断改进特色数据库。

2.6.5.3　注重特色数据库的学术性和社会价值

民族高校图书馆的特色数据库建设要注意营造学术服务社会需要、社会支持学术发展的两种氛围。只有兼顾服务于学校使命和社会需要，特色数据库才能永葆生命力。

（1）引入专家指导建库机制，力求数据库的权威性。民族高校图书馆特色数据库的建设要具备一定的学术权威性。这就需要制定出台专家指导建库机制，以保证这项工作的顺利进行。各民族高校图书馆根据特色学科，可以聘任学校在特色数据库主题方面的专家、学者，让他们对数据库建设提出指导性意见，并始终关注特色数据库的建设，向数据库提供最新的研究成果。努力形成特色数据库与学校重点学科、特色专业建设之间的良性互动。

（2）加强与地方的联系，充实特色数据库内容，不断壮大特色数据库的读者群。民族高校图书馆在自建数据库过程中，有许多特色数据库是围绕地方文化这一主题而创建的。因此，加强与地方有关部门的联系尤为重要。比如，要经常走访当地的地方志办公室、文化馆以及一些团体（地方文化研究会/学会等），吸纳这些人加入到特色数据库的建设中来，他们不仅是特色数据库数据的重要提供源，同时也是特色数据库的读者。此外，富有地方文化和民族特色的数据库要注意培育社会读者群，要做大量的互动性宣讲、普及工作，引导当地群众形成认知、产生兴趣，以壮大社会读者群，提高特色数据库的社会影响力。

总之，特色数据库建设是图书馆数字化建设的一项重要工作之一。民族高校图书馆只有将自身的特色资源与读者的特定需求很好地结合起来，大范围、深层次地开发文献资源，加强与兄弟馆之间的合作，特色数据库必定能得到持续、良性的发展，更好、更便捷地为读者开展服务。

3　林业院校图书馆特色数据库的研究

3.1　林业院校图书馆自建特色数据库的现状、特点及存在问题

3.1.1　自建林业特色数据库的现状

从20世纪90年代至今,各林业高校馆以服务教学和科研为重点,建设了一大批特色数据库,详见表4.2。

表4.2　我国10所林业院校图书馆自建特色数据库一览

单位名称	数据库数量	特色数据库名称
南京林业大学图书馆	2	本校博硕论文数据库,园林与园林植物特色库
东北林业大学图书馆	9	国内主要报纸导航库,全球重要信息导航,国家级重点学科导航库,学位论文全文库,专家学者库,濒危和保护动物图片库,西文期刊导航库,多媒体资源库,中国珍稀植物图片库
浙江农林大学图书馆	4	华东地区国外科技期刊联合目录,浙江水利档案库,关注长三角,竹类专题特色库
西北农林科技大学图书馆	4	本校学位论文全文库,植物标本库,黄土高原水土保持库,地球系统科学数据共享平台
北华大学图书馆	2	本校硕士学位论文库,本校教学参考专题库
西南林业大学图书馆	2	西林文库,研究生学位论文数据库
中南林业科技大学图书馆	0	—
福建农林大学图书馆	0	—
南京森林警察学院图书馆	6	图书馆视频点播系统,网络光盘系统,专业期刊目录库,外文期刊目库,消防科学专题库,森林公安教育资源库
北京林业大学图书馆	6	本校光盘库,本校教学参考书库,蝴蝶库,花卉库,馆藏图片库,本校教职工文库

3.1.2　自建林业特色数据库的特点及存在问题

3.1.2.1　特点

(1)整合资源,发挥优势。各林业高校图书馆整合馆藏资源,研建出馆藏中外文书目库、期刊库、参考书库、光盘库、硕博士学位论文库、教职工文库等。各校还利用其优势专业和优势资源,研建出各具特色的数据库。例如:西北农林科技大学图书馆的植物标本库、黄土高原水土保持库、地球系统科学数据共享平台,浙江农林大学图书馆的浙江水利档案库、关注长三角、竹类专题特色库,东北林业大学图书馆的濒危和保护动物图片库、中国珍稀植物图片库,南京林业大学图书馆的园林与园林植物特色库,南京森林警察学院图书馆的消防科学专题库、森林公安教育资源库等。这些数据库很好地填补了各馆引进和购买数字资源的不足,保障了教学和科研的需要。

(2)类型丰富,初具规模。自建数据库不仅包括全文数据库(如博硕士学位论文库),而且还有图像、图片数据库(如南京森林警察学院图书馆的视频点播系统、网络光盘系统,北京林业大学图书馆的蝴蝶库、花卉库等),但大多是以文献型数据库为主。一些数据库研建时间较长,影响较大。如西北农林科技大学图书馆的黄土高原水土保持库,研建于20世纪90年代,回溯建库时间长,规模较大,在我国西北水土保持建设中发挥了重要作用。

3.1.2.2　存在的问题

　　（1）观念落后，故步自封。从表4.2可以看出，林业高校馆自建的特色库数量还比较少，有些馆甚至没有自建库。很多自建库虽然建库时间较长，但数据更新不及时，利用率较低。究其原因，主要缘于很多林业高校馆研建特色库的动力不足，将大部分精力放于引进与购买数据库上，只愿意使用，不愿意投入。

　　（2）缺乏协调，各自为政。从总体上看，各林业高校馆特色库建设长期缺乏统一和协调，特色库在项目选择、建设方案、技术标准等方面由各馆自行选择。目前只有浙江农林大学图书馆的特色库建设纳入了浙江省科技文献共建共享平台，而其他高校呈现出各自为政的局面。在林业系统内部的特色库建设上，长期以来缺乏统一领导和协调，科技信息研究所、林业高校馆之间互不往来，其结果是形成一个个的"信息孤岛"，难以实现共享，造成了林业特色库利用效率低下和资源浪费。

3.2　林业高校馆自建特色库与资源共享的必要性

3.2.1　林业高校馆自建特色库并实现林业资源共享是我国林业信息化建设的需要

　　林业是我国重要的基础产业和公益事业。林业信息化建设已成为推动林业经济与林业科技发展的主要动力。而自建特色库与资源共享是我国林业信息化建设的一项重要内容和发展方向。我国林业系统自建数据库始于20世纪80年代初，到目前为止，中国林业科学院科技信息研究所（简称"科信所"）已建成99个林业科技基础数据库，数据累计达到2980810条，各省、市林科院（所）也都研建了一批特色库，这些数据库均为我国林业科技发展提供了重要的信息支持。林业高校馆作为林业信息化建设的一支骨干力量，至今数据库建设已成规模。在当前的转型期，林业高校馆更应以林业信息化建设为己任，不断研建适合林业教学、科研和生产的特色库，并与科信所和各省市林业科研院所一起共同搭建信息平台，实现林业资源的共建与共享。

3.2.2　林业高校馆自建特色库能够弥补一般引进和购买数据库资源的不足，满足林业科研的特殊需求

　　目前，引进和购买数据库已占据我国高校图书馆的大半"江山"，各高校图书馆自建数据库数量有限，为此很多业内人士感到图书馆有被"边缘化"的趋势。在信息社会和市场经济为背景的社会转型期，图书馆一定要确定自己的发展平台，发挥自身的优势，真正有所作为，才能获得良好的发展机遇与空间。而研建专业特色数据库，就是转型期高校图书馆的一个重要发展战略。对林业高校馆而言，在转型期自建特色库是非常必要和可行的。尽管目前各林业高校引进和购买的数据库数量很多，但只能满足大众需求，却很难满足林业高校师生对特定区域、专业和领域（如土地荒漠化、生物质能源、林权制度改革、湿地研究等学科和领域）的信息需求。而研建这些学科和领域的特色库必须有林业领域的专业研究人员参与，一般数据库商是无法做到的。凭借得天独厚的人才和资源优势，各林业高校图书馆已研建了一些林业特色数据库，这对于建立完善的林业信息保障体系，满足我国当代林业教学、科研和建设的需要都是极为重要的。

3.3　林业高校馆自建特色库的举措

　　今后应将林业高校馆自建特色库纳入林业信息建设和信息资源共建共享的整体规划中，这是林业高校馆自建库未来的发展方向。同时还应与国家林业局信息中心、科信所、各省市林科院所在国家林业局的统一领导下，进行统一规划、统一部署，制定统一的技术标准和规范，为研建林业特色数据库搭建高起点、高质量的信息平台。

3.3.1　整合资源，促进资源共建共享

　　整合林业数据库资源是解决林业系统特色库资源分散、重复建设、信息难以共建共享的

重要举措。林业高校馆应按照统一部署将整合后的特色库放在林业信息平台上,以实现林业系统资源的共建共享。林业高校馆还应整合图书馆丰富的馆藏信息,整合校内人力资源和信息资源,组织校内外林业专业科技人才参与研建关系国民经济建设和生态环境建设的特色数据库。东北林业大学图书馆的一部分特色库就是通过整合资源获得的,如国内主要报纸导航库、全球重要信息导航、国家级重点学科导航库、专家学者数据库、濒危和保护动物图片库、西文期刊导航库、多媒体资源库、中国珍稀植物图片库等。

3.3.2 推进服务创新,提升自主创新能力

以往各林业高校馆研建特色库,与各学院、各学科以及各课题组联系不多,这样不利于特色库的研建与维护。而这种联系实际上是非常必要的,它能够开阔眼界,提升研建特色库的自主创新能力。实践证明,图书馆人必须主动深入院系和课题组了解需求,嵌入课题研究,才能使特色库研建紧密联系各学科的难点和重点科研课题,直接为一线教学和科研服务。

3.3.3 结合地方优势资源,保持动态研究态势

各林业高校馆在研建特色库时必须突出其地方优势资源。如东北林业大学的特色专业之一是野生动物保护,他们因此研建了"濒危和保护动物图片库",突出了学校的专业特色。再如浙江农林大学图书馆研建的"浙江水利档案库""关注长三角""竹类专题特色库"等都是结合当地资源特点研建的数据库,它们可以直接为地方科研和生产服务。在这个方面,一些高校图书馆可以借鉴他们的经验研建特色库。如西南林业大学所处的云南省是我国著名的"植物王国",因此西南林业大学图书馆可以和当地林业科研院所等科研单位联合研发特色库,为保护和利用我国独特的种质资源做出贡献。为提高林业特色库的研究质量和水平,林业高校馆研建特色库还应保持动态的研究态势,与时俱进地不断追踪和解决社会发展和林业科研所面临的热点、难点问题,通过内容丰富、检索便捷的信息,为科研人员提供最佳的解决方案。

3.3.4 提高林业特色库的市场显示度

长期以来,林业高校图书馆特色库的推广力度不够,它们一般都把特色库放在图书馆主页上,仅供校内有权限的师生使用。但随着我国信息市场的形成和信息技术的迅速发展,数据库竞争亦愈演愈烈,因此这些特色库必须走出"闺阁",与林业系统的其他特色库放在一个统一的平台上为国家、社会和行业做出贡献。林业高校图书馆特色库要想在信息市场占据一席之地,首先必须全面提升竞争实力;其次,还要加强宣传、培训和发展用户,使林业特色库在转型期实现跨越发展,最终走上产业化发展的道路。

4 财经院校图书馆特色数据库的研究

2014年10月17日至2014年10月18日,在天津财经大学召开了"中国高教学会财经分会图书资料协作委员会2014年年会",来自教育部高教司、全国37所高等财经院校图书馆的馆长及业务骨干参加了会议,本届年会围绕"阅读推广和特色数据库建设"两个方面探讨了如何拓展财经院校图书馆的社会价值,会议达成特色数据库共建共享协议:"加强财经院校图书馆之间的紧密合作,共建共享一批具有财经专业特色和地域特色的数据库,努力为全国财经院校师生打造一个高质量的财经特色资源共享平台"。特色数据库是依托馆藏信息资源,针对用户的信息需求,对某一学科或专题的信息进行收集、分析、评价、处理、存储,并按照一定标准和规范建立起来的具有馆藏特色的文献信息资源库。特色数据库建设是财经院校图书数字化资源建设的核心和发展方向,为翔实掌握全国财经院校图书馆特色数据库建设情况,对国内47所财经类本科高校图书馆所建特色数据库进行了调研。(见表4.3)

表4.3　我国47所财经院校图书馆自建特色数据库一览

单位名称	数据库数量	特色数据库名称
上海财经大学	5	500强企业文献资料,世界银行资料,国际货币基金组织资料,瑞士再保险精算资料,联合国贸易和发展会议资料
中南财经政法大学	3	随书光盘发布系统,多媒体资源应用平台,中南财经政法大学博硕论文库
中央财经大学	3	中财教师文库,中财教学参考书资源库,中财学位论文库
西南财经大学	4	经济类篇名数据库,中国金融信息港,货币证券博物馆,学科特色数据库
对外经济贸易大学	1	海关文献特色馆藏库
东北财经大学	3	产业经济文献数据库,学位论文数据库,随书光盘数据库
江西财经大学	7	博士学位论文全文库,硕士学位论文全文库,江西经济数据库,论文收录（查收查引）数据库,经济管理信息专刊数据库,教学研究参考信息数据库,随书光盘数据库
首都经济贸易大学		无法访问
浙江工商大学	2	浙商大文库,随书光盘数据库
天津财经大学	2	中国钱币研究与鉴赏数据库,天财文库
北京工商大学	5	广告系获奖作品库,导师论文数据库,导师论著数据库,硕士学位论文库,学士学位优选论文数据库
重庆工商大学	1	硕士学位论文库
云南财经大学	5	学位论文库,云财文库,云南地方经济文库,东盟数据库,工商管理学科图书资源库
浙江财经大学	4	财苑文库,诺贝尔经济学奖文献信息数据库,浙商文化特色数据库,ZADL特色数据库平台
河南财经政法大学	0	未建
安徽财经大学	3	学位论文提交系统,经济信息,图书馆学科服务平台
山西财经大学	5	山西财经科技文献资源平台,学位论文数据库,山西票号文献资源数据库,山西旅游资源与休闲经济资源数据库,党建资源数据库
哈尔滨商业大学	3	教师《复印报刊资料》收录数据库,教师CSSCI收录数据库,优秀硕士论文库
南京财经大学江	2	食品资源库,随书光盘
河北经贸大学	3	经贸文库,非书资源管理系统,硕士学位论文库
天津商业大学	12	生物食品文献信息中心,旅游管理信息中心,制冷文献信息中心,诺贝尔经济学奖获奖者特色资源库,经济学经典名著文库,学位论文检索平台,天津近代工商文化网,产业经济学数据库,天津市滨海新区数字资源中心,大学生通识教育与经典导读网,天津地域文化网,会展文献信息中心
广州工商学院	0	未建

续表

单位名称	数据库数量	特色数据库名称
上海对外经贸大学	6	WTO 研究资料库,本校硕士论文库,中东欧研究数据库,非关税措施协定专题库,商务英语专题库,贸易文献数据库
贵州财经大学	3	贵州财经大学图书馆图片特色数据库,贵州省情文献篇名数据库,贵州财经大学教学辅助用多媒体数据库
湖南商学院	2	经济管理文献信息集萃,学科信息导航
吉林财经大学	3	研究生硕士论文数据库,国家税务总局青年干部培训班论文数据库,非书资料(书后光盘)
山东财经大学	1	山东财经大学学位论文库
山东工商学院	1	随书光盘
南京审计学院	1	审计信息资源平台
新疆财经大学	5	财大文库,学科理论信息动态,新疆区情信息库,经济专题数据库,剪报信息库
兰州商学院	2	随书光盘系统,兰商硕士论文数据库
郑州航空工业管理学院		无法访问
湖北经济学院	6	钱币数据库,金融工具数据库,考试参考资料数据库,优秀学士学位论文全文数据库,核心期刊信息数据库,教师学术成果数据库
石家庄经济学院	3	随书光盘,中外图书大全,英文名著3 000
广西财经学院	1	CKI网络信息定向建设系统
内蒙古财经大学		无法访问
西安财经学院		无法访问
上海金融学院		随书光盘数据库
广东金融学院	0	未建
上海立信会计学院	3	会计学信息资源平台,中国立信风险管理研究院·信息资源平台,开放经济与贸易研究中心
北京物资学院	0	未建
铜陵学院	2	青铜文化特色库,皖江经济特色库
河北金融学院		无法访问
湖南财经经济学院	1	湖南财政经济学院学科服务平台(会计学、财政学)
吉林工商学院	0	未建
上海商学院	1	随书光盘系统
哈尔滨金融学院		无法访问

4.1 全国财经院校图书馆特色数据库建设现状

以中国教育在线(WWW.EOL.CN) 提供的全国47所财经类本科高校为调查对象,通过名单对应的链接,逐一访问汇总各高校图书馆网站所列特色数据库、自建数据库、馆藏特色资源、特色电子资源、学位论文库、非书资料库等栏目,对各馆所建特色数据库进行了调研。此次调研访问到47所财经类本科高校图书馆都建有独立的图书馆网站,但各网站在校园网的链接位置不尽相同,多数图书馆非常醒目地在学校首页上作了链接,另外一些图书馆网站链接隐藏在校园网的二级甚至三级页面中,47所图书馆中有41所网站可以正常访问,占87%,另6所图书馆网站,由于是内网IP地址无法访问;在41所能正常访问的图书馆中,有36所建有特色数据库,占88%,有5所图书馆未建特色数据库,本次调研的47所财经类本科高校图书馆共建有各类特色数据库114个。

4.2　财经类本科高校图书馆特色数据库分析

4.2.1　特色数据库储存内容类型

财经类高校图书馆所建特色库,按储存的资源内容划分,可归为以下4类:

4.2.1.1　高校特色数据库

这类特色库主要是各高校依托本校的办学特色及服务对象,收集储存教学科研中产生的文献资源,包括本校师生撰写的著作、文章、硕(博)士毕业论文等。如:中南财经政法大学博硕论文库、东北财经大学学位论文数据库。

4.2.1.2　学科特色数据库

这类特色库主要依托本校的学科和专业特色,整理汇编本校重点学科和优势专业文献资源建设而成的特色数据库。如:对外经济贸易大学建设的海关文献特色馆藏库、上海对外经贸大学所建WTO研究资料库、上海财经大学的500强企业文献资料库、铜陵学院建设的青铜文化特色库。

4.2.1.3　地域特色数据库

地域特色数据库反映特定地域和历史传统文化,或与地方政治、经济和文化发展有密切相关的独特资源,此类特色库带有鲜明的地域特征。国内财经院校图书馆也非常重视建设能反映学校所在地的经济、文化、地理情况的特色数据库。如:铜陵学院的皖江经济特色库、山西财经大学的山西票号文献资源数据库、新疆财经大学的新疆区情信息库、江西财经大学的江西经济数据库。

4.2.1.4　其他特色数据库

此类特色库主要包括图书馆建设的随书光盘数据库、教学参考书数据库等。例如:江西财经大学图书馆建设的教学研究参考信息数据库、浙江工商大学图书馆的随书光盘数据库。

分类统计显示,47所财经本科高校图书馆所建特色库中,高校特色库和学科特色库所占比重较大,两者占到总量的69%,反映出财经院校图书馆特色数据库的建设重点还是围绕本校馆藏资源和学科专业特色而建,多数高校还建有本校的硕(博)士论文库,个别高校还建有本科生论文库,学位论文是学校完全拥有知识版权,能直接反映教学科研水平的特色资源,有极高的学术价值,图书馆建立本校的学位论文库,对加强自身文献资源建设,深化学科信息服务意义重大,而地域特色库相对较少,反映出财经类院校在与地方的人文地理融合上,还有拓展空间。

4.3　财经院校图书馆特色数据库建设存在的问题

4.3.1　缺乏整合,重复建设

此次调研的47所财经类本科高校专业设置集中于金融学、经济学、会计学、统计学,国际贸易、财政税务、工商管理、法学等专业,相同的学科门类和专业设置,形成了相近的财经特色资源。在已建成的115个财经特色库中，上海财经大学的联合国贸易和发展会议资料库，对外经济贸易大学的海关文献特色馆藏库，上海对外经贸大学的WTO研究资料库、非关税措施协定专题库、贸易文献数据库，上海立信会计学院的开放经济与贸易研究库等特色库之间有很强的学术关联性，若将它们统筹规划，整合建设，能产生巨大科研学术价值。另外中央财经大学等7所图书馆围绕各校教师学术论文建设了各校"文库"，西南财经大学等4所图书馆建设有与"货币"有关的特色库，浙江财经大学等2所图书馆建有诺贝尔经济学奖数据库，上述特色库虽然命名略有差异，但特色库资源内容有很大的重叠和相似性。我国财经院校特色库缺乏整合，重复建设现象突出。

4.3.2　建库缺乏后劲，难以可持续发展

在本次调研中发现，由于特色库建设周期长，重建库、轻维护是财经特色库建设中较严重的问题。比如：西南财经大学图书馆建设的"中国金融信息港"，该特色库是西南财经大学图书馆"十五"、"211工程"建设的重点项目，是西南财经大学创建以金融学为重点、经济学和管理学科为主体的信息资源共建共享平台，此项目于2004年4月，选用清华同方TPI系统作为项目建设平台，通过2年多的建设，于2006年结项验收，随即课题组解散，核心成员调离图书馆，加上馆领导连续换届，"中国金融信息港"目前已停止数据更新。此种现象绝非个例，上海对外经贸大学图书馆的WTO研究资料库、非关税措施协定专题库的最新数据截止到2009年，可见这两个特色库都已停止更新。数据及时更新是特色库生命力的体现，而持续维护是特色库可持续发展的重要保障，特色库的建设与维护是一项长期性工程，特色库的数据量需要时间来累积，而特色库只有发展到一定规模，才能体现出价值和效益。CALIS管理中心在专题特色数据库建设方面，就非常重视特色库的持续性建设，在CALIS三期特色库项目建设方案中就明确规定："所有立项项目必须承诺永久运行，持续服务，如果遇到特殊情况不能再继续运行，须移交CALIS，允许CALIS进行维护或将该数据库委托其他单位进行维护"。教育部在公布的《国家中长期教育改革和发展规划纲要》中提出，"要加强网络教育资源库建设，建立开放灵活的教育资源公共服务平台，促进优质教育资源普及共享"。

4.4　共建共享是解决财经特色库建设可持续发展的有效途径

对于国内47所财经类本科院校而言，学科和专业设置相近，馆藏资源相似度高，学校特色资源和师生需求互补性强，可以通过整合共建：财经院校贸易文献研究库、财经院校教师文库、财经院校货币票券库、财经院校学位论文库等一批专题特色库，打造财经特色文献信息资源的共建共享平台，充分发挥财经特色资源整体优势。

4.4.1　构建财经院校图书馆联盟，制定财经特色库共建共享的保障制度

2005年7月《图书馆合作与信息资源共享武汉宣言》提出我国应建立不同类型的图书馆联盟。目前国内较大规模的图书馆联盟有CALIS、CASHL、NSTL，图书馆联盟强调互助合作、共建共享，构建财经院校图书馆联盟，既能够实现跨区域的优质财经教育资源共享，又充分发挥联盟成员馆特色资源的集约优势，提升财经院校图书馆的整体核心价值。财经院校图书馆联盟应建立常设的管理机构，管理中心要与成员馆签订入会协议，明确各成员馆的权利与义务，还要制定完善财经院校图书馆联盟的规章制度，确定联盟的总体任务和发展规划，制定数据规范及服务标准，对成员馆特色资源共建共享统筹管理，监督实施。值得欣慰的是，以中央财经大学为代表的北京5所财经高校图书馆已经在2010年创建了"北京财经类院校资源共享平台"，着手推进北京市财经类高校间的资源共知、共建、共享。此平台的成立对全国财经类院校图书馆联盟的构建，共建共享财经特色库具有极大的参考价值。

4.4.2 统一财经特色库数据标准，规范数据著录格式

长期以来，国内财经院校图书馆缺乏对数字资源建设的统一标准，数据标准和规范的缺失导致各馆所采用的技术路径和业务平台大相径庭。比如：西南财经大学图书馆的经济类篇名数据库，采用的是北京拓尔思信息技术有限公司TRS大数据管理系统，底层使用TRS全文数据库，该库只支持基于Hadoop标准的NoSQL数据库，仅提供HTTP方式的数据库接口，想要对数据库进行二次开发利用非常困难，而贵州财经大学的贵州省情文献篇名数据库则采用的微软Access数据库，Access存储方式单一，安全性差，这两种异构篇名库无法共享数据。因此，在建立财经特色库资源共享平台时，首先要分析盘点各馆已建特色库的信息资源和既有业务的技术系统，制定财经特色库共享平台的技术标准和数据著录格式，利用共享平台对各馆原有特色资源整合时，应遵循国际通用的网络技术和数据标准，详细细则可以参照科技部《中国数字图书馆标准规范建设》制定。

4.4.3 完善财经特色库质量评价制度，建立利益平衡补偿机制

构建利益平衡补偿机制是财经特色库平台共建共享高效运作的重要保证，对推进财经特色库共建共享可持续发展具有极其重要的作用。国内47所财经类本科高校由于在特色资源和师生信息需求有差异，容易出现成员馆投入与回报不成比例的现象，如果缺乏利益平衡补偿机制会严重影响各馆共建共享特色库的积极性，当然利益平衡补偿要以特色库质量评价为前提，财经院校图书馆联盟可以根据特色库共建和受益状况，提出明确的共建量化指标，明确各馆特色资源建设与利益回报方案，规范完善特色库质量评价体系，对特色库共建情况进行考核，对那些共建数量大、质量好的成员馆给予适当的补偿和奖励，以激发各馆参与共建共享的积极性，使特色库共建共享获得可持续发展的动力。目前，我国财经院校图书馆的特色库建设和维护经费主要依靠各校自主投入，部分来自各级基金课题的经费补贴，未来财经特色库共建要改变单一资金来源现状，尝试特色库的商业运作、社会赞助以及对外服务性收费等，形成多元化的筹资渠道，为财经特色库共建共享的可持续发展提供充足的经费保障。合作共赢是未来图书馆的发展趋势，共建共享财经特色数据库是财经图书馆开展馆际合作、资源共享的有效途径，也是财经图书馆联盟开展深层次信息服务的重要依托。在财经特色库共建共享平台建设中，成员馆要秉持开放理念，免费提供全部元数据及文摘级数据，对特色库中不涉及知识产权的内容直接提供全文，涉及知识产权的内容以文献传递方式提供全文，以实现真正意义上的财经资源共享，为全国财经院校师生打造一个高质量的财经特色资源信息平台。

5 音乐院校图书馆特色数据库的研究

5.1 音乐院校图书馆自建特色数据库的发展现状

目前，在全国31所独立设置的艺术院校中，专业音乐院校共有9所，即华北地区的中央音乐学院、中国音乐学院和天津音乐学院，华东地区的上海音乐学院，华中地区的武汉音乐学院，华南地区的星海音乐学院，西北地区的西安音乐学院，西南地区的四川音乐学院和东北地区的沈阳音乐学院。其中，除了中央音乐学院为教育部直属"211工程"院校，其他院校都是省属或直辖市市属院校。截至2013年10月，9所音乐院校图书馆共建有特色数据库66个。由于各院校地理位置不同，且学科专业设置也略有差异，所以各院校图书馆馆藏结构也不尽相同，各馆在特色数据库的开发上各有侧重、各具特色。通过对9所音乐院校图书馆特色数据库有关资料的调查和整理，并结合CALIS专题特色库项目成果"音乐艺术院校特色资源共享平台"，根据数据库所反映的馆藏特色、学科专业特色、地方人文特色等内容主题特征，将各图

书馆的特色数据库进行分类统计，如表4.4所示。

表4.4　9所音乐院校图书馆特色数据库分类统计

图书馆	馆藏特色	学科专业特色	地域人文特色	教学参考和科研成果
中央音乐学院	新中国成立前音乐期刊全库，音乐期刊全文检索阅览，音乐核心期刊全文阅览，音乐社科书籍全文阅览，钢琴乐谱全文阅览，音视频资料网上点播	中国歌曲全文库，外国声乐作品库	马思聪专题文献及作品库	音院学位论文
上海音乐学院	中国现当代音乐研究，华人作曲家手稿	—	—	—
中国音乐学院	—	多媒体音乐资源库，世界民族音乐多媒体数据库，中国民族民间音乐展演采录实况数据库，中国现代风格音乐多媒体数据库	中国音乐学院专家学者数据库，耿生廉老师剪报数据库，中国当代民族器乐表演艺术家数据库	学位论文库
武汉音乐学院	道教音乐	—	曾侯乙编钟学术研究及其乐舞艺术实践数据库，湖北民歌民器集成	武音创作作品
天津音乐学院	老唱片，北方曲艺资源库，中国京剧音配像，上海东方电视台京剧绝版赏析，维吾尔十二木卡姆，电子书数据库，外国音乐百科全书词条精选，电子乐谱库	中外舞剧数字资源库	中国近现代音乐先驱李叔同，赵元任音乐文献数据库，二十世纪伟大钢琴家，河北梆子名家王玉磬专辑数据库，孟小冬唱腔及为钱培荣说戏录音集萃	随书光盘数据库，硕士学位论文，音乐美学史教学辅助库
星海音乐学院	—	—	岭南音乐资源数据库（含电子图书，期刊论文，学位论文，乐谱，音频，视频，名人和乐器图片8个子库）	—
西安音乐学院	西安音乐学院馆藏声乐曲目数据库	歌剧《唐璜》专题数据库，秦派二胡资源数据库	赵季平音乐数据库，专家教授数据库，陕北民歌数据库，西安鼓乐数据库，西北民族音乐学术资源数据库，饶余燕音乐数据库	学位论文数据库，基本乐科教学资源数据库

续表

图书馆	馆藏特色	学科专业特色	地域人文特色	教学参考和科研成果
四川音乐学院	—	—	王光祈研究，羌族民间音乐数据库	—
沈阳音乐学院	京剧老唱片数据库，评剧老唱片数据库，滇剧曲牌及伴奏音频库，乐亭大鼓视频数据库，说唱珍品音乐数据库	现代音乐乐谱数据库，现代音乐音频数据库，音乐理论书籍数据库，古典音乐乐谱数据库	劫夫全文数据库，劫夫视频数据库，东北二人	—

5.2　音乐院校图书馆特色数据库的比较

从表4.4可知，9所院校图书馆都建设有自己的特色数据库，但在数据库的数量分布、主题特色、文献类型、内容丰富程度等方面还存在很大的差异。

5.2.1　数据库数量分布不均

虽然各图书馆特色数据库的总数达到66个，平均数也达到7.3个，但由于各图书馆在特色数据库开发建设的起步早晚和发展速度上不同，直接导致了各馆特色数据库在数量上呈现出分布不均、多寡悬殊的特点。特色数据库数量最多的天津音乐学院图书馆共建有16个特色库，而相对较少的星海音乐学院图书馆、上海音乐学院图书馆和四川音乐学院图书馆，仅建有1或2个数据库。

5.2.2　数据库内容特色各有侧重

从总体上来讲，各院校图书馆在馆藏资源数字化和地方人文特色数据库建设两个方面比较突出，分别占总量的1/3左右，其他如学科专业特色、教学和科研特色方面略显不足。同时各图书馆之间的侧重点也各不相同，如中央音乐学院和上海音乐学院着重加强了馆藏资源的数字化建设；武汉音乐学院、星海音乐学院、西安音乐学院和四川音乐学院则侧重地方与人文特色数据库的开发建设；中国音乐学院将注意力集中在学科专业特色和地方人文特色上；天津音乐学院主要是突出馆藏特色和地域人文特色；而沈阳音乐学院在馆藏特色、学科专业特色和地方人文特色三方面大体相当，但教学科研成果方面则为空白。

5.2.3　数据库类型多种多样

各馆的特色数据库汇集了各院校的特色、珍稀资源，内容十分丰富，包括了各类音视频、电子书、图片及文档等多种资源。根据各数据库的主要文献类型，笔者对各馆数据库进行了数量统计，见表4.5。

表4.5.9　所音乐院校图书馆特色数据库类型统计表

数据库类型	中央音乐学院	上海音乐学院	中国音乐学院	武汉音乐学院	天津音乐学院	星海音乐学院	西安音乐学院	四川音乐学院	沈阳音乐学院	总计
乐谱	3	1	0	0	1	0	1	0	2	8
电子书（除乐谱外）	1	0	0	0	3	0	2	1	2	9

续表

数据库类型	中央音乐学院	上海音乐学院	中国音乐学院	武汉音乐学院	天津音乐学院	星海音乐学院	西安音乐学院	四川音乐学院	沈阳音乐学院	总计
期刊、学术论文	3	0	1	0	0	0	0	0	0	4
多媒体（音视频）	1	0	4	2	10	0	7	0	8	32
学位论文	1	0	1	0	1	0	1	0	0	4
综合	1	1	2	2	1	1	0	1	0	9

从表4.5可知，音视频等多媒体资源占特色库的比重很大，已达总数的48.5%。值得注意的是，综合性的特色数据库汇集了多种类型的资源，其中也包含有大量的音视频等多媒体资源。因此，多媒体资源占整个数据库资源的比重达到60%以上。究其原因，这与音乐院校的学科专业多为表演专业密不可分。音乐院校图书馆的音频、视频等多媒体资源相对丰富，同时，多媒体资源在学科专业教学中也最为直观，教学效果更好，往往起到了事半功倍的作用。

5.2.4　特色数据库标识不同

在9所音乐院校图书馆中，除了中央音乐学院和上海音乐学院以外，其余7所院校图书馆都在其网站首页设置了专栏，并提供了相关数据库的链接。如中国音乐学院、武汉音乐学院、星海音乐学院、西安音乐学院的图书馆设置了"特色资源库"或"特色资源"的专栏，而天津音乐学院和沈阳音乐学院的图书馆将专栏定名为"自建数据库"，四川音乐学院图书馆则称其为"专题类资源"。虽然这些专栏的标识名称不同，但都突出了"特色"或"自建"的特征，并且专栏位于网站首页显著位置，能有效提示读者阅读利用，对提高数据库利用率和读者满意率都大有裨益。

5.2.5　数据库开发系统平台不同

近些年来，国内外出现了许多数据库系统平台开发商，如国内的清华同方、重庆维普、万方、超星、方正、书生，国外的有Blackwell、Springer、Swets、SAGE、Gale、Thomson Reuters等。各院校图书馆在建设特色库时选择的系统平台也不尽相同，如中央音乐学院的学位论文数据库应用的是TRS，中国音乐学院则自行开发了特色库发布软件，天津音乐学院、星海音乐学院和沈阳音乐学院3所院校图书馆则应用了清华同方TPI信息资源建设与管理系统。虽然这些平台都达到了一定的标准，但由于没有统一的接口，在元数据的录入、关键词的提取等方面都存在一定的差异，这些都给数据库的资源共享带来一定困难。

5.2.6　访问权限和开放程度不同

由于存在版权保护的问题，目前9所院校图书馆的自建特色库基本都仅限在其校园网内使用，校外用户根本无法访问，只有武汉音乐学院、天津音乐学院和沈阳音乐学院3所院校图书馆对其数据库提供了题名、责任者、出版单位等题录信息，如武汉音乐学院图书馆的"编钟研究"所涉及的艺术实践、论文研究、学术著作和视听欣赏4个板块。此外，天津音乐学院图书馆的个别数据库可以通过其特色资源共享平台进行在线浏览和下载，如"北方曲艺资源库"等。我国《信息网络传播权保护条例》的第七条规定：图书馆、档案馆、纪念馆、博物馆、美术馆等可以不经著作权人许可，通过信息网络向本馆馆舍内服务对象提供本馆收藏的合法出版的数字作品和依法为陈列或者保存版本的需要以数字化形式复制的作品，不向其支付报酬，但不得直接或间接获得经济利益。这些法规对图书馆数字资源及其传播范围都加以限制。如何在保护文献版权的前提下, 实现数据库资源共享, 将成为今后一个时期图书馆界和法律界人士亟待探讨和解决的课题。

5.2.7　数据库质量存在差异

数据库之所以称为"库", 是能为读者提供较为丰富的数据资源, 因此数据库的内容含量在一定程度上体现了数据库质量的高低优劣。通过访问"音乐艺术院校特色资源共享平台"及相关院校图书馆网站, 对部分特色数据库的记录数量进行了抽样调查。这些特色库的记录数, 少则成百上千, 多则过万, 在音乐专业的教学和科研上起到了很大的辅助作用。但同时, 尚有个别特色库的数据量不足百条, 如天津音乐学院图书馆的"上海东方电视台京剧绝版赏析"、"外国音乐百科全书词条精选"、"孟小冬唱腔及为钱培荣说戏录音集萃" 3个数据库以及沈阳音乐学院的"劫夫全文数据库"和"劫夫视频数据库"。这些特色数据库的数据容量相对较少, 没有形成规模, 难以满足读者特色化的服务需求。

5.3　特色数据库开发的相关建议

5.3.1　统一平台, 规范标准

搭建统一的系统平台, 按照统一的标准开发建设, 是实现特色库最大范围共享的前提和基础。如前文所述, 目前的特色库开发的软件系统如雨后春笋层出不穷, 仅经过CALIS认证的系统就有TRS、TPI、方正德赛、快威、义华、中数创新和杭州麦达等7种。同时也有部分单位自行开发设计了相关的数据库发布软件。这些系统软件, 虽然彼此间能够实现一定程度的兼容, 但是实现所有数据库间的跨库检索与全文共享还存在各种各样的困难。目前, CALIS正在建设基于SaaS技术的CALIS本地特色数据库系统共享版和CALIS特色库中心门户系统, 可以为成员馆特色数据库的开发建设提供低成本的服务。另外, 科技部《中国数字图书馆标准规范建设》项目所推荐的相关标准, 可以作为特色库开发的基本标准和规范, 进一步完善描述元数据规范、对象数据加工规范、特色库组织规范、存储规范、发布规范等。

5.3.2　着力解决版权问题

根据我国《著作权法》的有关规定, 各院校图书馆从保护知识产权的角度, 都将特色库的访问权限限定在本校校园网范围内, 很大程度上限制了本校读者以及校外读者的使用, 降低了数据库的利用率。在某种程度上, 未能实现数据库开发建设的初衷和意义, 即实现资源的共享。因此, 一方面, 各图书馆要积极推动相关立法单位进一步完善相关法律、法规, 为图书馆的资源共享创造宽松、便利的条件; 另一方面, 因为《著作权法》对作者著作权的保护期一般为作者终生及其死亡后50年, 所以各馆可以将馆藏的古籍等一些古旧资料进行数字加工并建立数据库, 以避免侵犯著作权人的有关权利。

5.3.3　组建联盟, 实现"分散建设, 资源共享"

音乐院校, 作为学科专业相同或相近的高等院校, 其图书馆馆藏资源的相关性很强, 容易形成资源的有机整合, 能够发挥有限资源的最大潜能。因此, 各音乐院校图书馆可以在结成资源联盟的基础上, 采取集团购买版权、分散开发建设、统一系统平台等一系列措施和策略, 进一步扩大数据库的使用范围, 实现特色资源的共建和共享。

5.4　西北地区音乐艺术特色数据库建设与研究

5.4.1　西北地区音乐艺术特色数据库建设概况

5.4.1.1　基本情况

自20世纪90年代起, 西北地区许多图书馆和研究机构即开始尝试建设特色数据库。通过多年努力, 围绕西北地方文献、敦煌文献、丝路文献、少数民族文献资源开发以及地矿、水

文、沙漠化、盐湖、高原生态、干旱生态、干旱农业、黄土和水土保持等独特领域，西北地区特色数据库建设获得飞速发展。

相对于其他学科和专业门类，西北地区音乐艺术类特色数据库建设起步稍晚。2002年以来，随着"全国文化信息资源共享工程"的实施，特色数据库建设工作受到了各地的高度重视。在工程建设资金的支持下，陕西、新疆、甘肃等省级分中心利用省图书馆的馆藏资源优势和专业力量，建成了一系列综合水平较高、质量优良的音乐艺术特色数据库。2008年以来，作为高校系统的西安音乐学院图书馆也发挥着自身资源优势，积极投入特色数据库建设工作。目前已陆续建成一批具有音乐学科特色、地域人文特色或馆藏资源特色的数据库，取得了不俗的业绩；新疆艺术学院也立项建设有关木卡姆艺术数据库。据不完全统计，目前，西北地区共建设音乐艺术特色数据库20个（见表4.6），其中包括少数正在建设中的数据库。

此外，考察中还发现，围绕西北地区音乐资源，中国音乐学院建设了"维吾尔族音乐资源库"，天津音乐学院图书馆建设了"维吾尔十二木卡姆数据库"等。

表4.6　我国西北地区音乐艺术类特色数据库一览

单位名称	数据库数量	特色数据库名称
西安音乐学院图书馆	12	西安鼓乐数据库，赵季平音乐资源数据库，陕北民间音乐资源数据库，馆藏声乐教学曲目数据库，歌剧《唐璜》专题数据库，基本乐科教学资源数据库，"秦派二胡"数据库，西安音院专家教授数据库，西安音乐学院学位论文数据库，西北民族音乐学术资源数据库，馆藏声乐教学曲目音频数据库，饶余燕音乐数据库
西安音乐学院视唱练耳教研室	1	视唱练耳教学平台数据库
陕西省图书馆/共享工程陕西分中心	3	秦腔秦韵专题数据库，陕西非物质文化遗产专题数据库，音乐厅
甘肃省图书馆/共享工程甘肃分中心	1	西北地方文献资源数据库
自新疆维吾尔治区图书馆/共享工程新疆分中心	2	新疆少数民族表演艺术库；新疆非物质文化遗产资源库
新疆艺术学院图书馆	1	新疆民族艺术——十二木卡姆

5.4.1.2　数据库的类型

分析表4.6中数据库，以主题内容划分，主要有以下类型：

（1）基于地域音乐文化特色资源的数据库。这类数据库以反映特定地域和历史人文特色或与地方文化发展密切相关的音乐艺术资源为基础构建。由于其鲜明的地域特色，成为各馆建设特色数据库的首选。如西安音乐学院图书馆的西安鼓乐数据库、陕北民间音乐资源数据库；陕西省图书馆和共享工程陕西分中心的秦腔秦韵专题数据库，以及陕西、新疆非物质文化遗产数据库中的各个子库等。

（2）基于音乐艺术领域代表性人物的数据库。这类数据库以西北地区在音乐创作、教学、表演、民间传承等领域做出突出贡献的人物为基础，整合相关的文字、图片、手稿、出版物、音频、视频资料，形成本地、本馆独特的专题数字音乐资源。如西安音乐学院图书馆的赵季平音乐资源数据库、专家教授数据库、建设中的饶余燕音乐数据库，陕西非物质文化遗产数据库中的"传承人"子库、秦腔秦韵专题数据库中的"秦腔名家"子库,新疆少数民族表演艺术库子库"少数民族音乐"、"少数民族戏剧"中的"个人专题"子库等。

（3）基于馆藏资源整合、开发的曲目或全文数据库。这类数据库以本馆原始收藏为支撑,结合用户需求,将资源信息进行整合、开发形成特色数据库,直接服务于专业教学。如西安音乐学院图书馆的馆藏声乐教学曲目数据库,以及建设中的馆藏声乐教学曲目音频数据库、西北民族音乐学术资源数据库等。

（4）基于学科特色的数据库。学科特色体现一所高校的办学特色和办学重点,因此音乐艺术院校注重围绕学科特色与重点建设特色数据库,服务学科建设。如西安音乐学院图书馆的歌剧专题数据库之子库歌剧《唐璜》专题数据库、基本乐科教学资源数据库、"秦派二胡"数据库,视唱练耳教研室的视唱练耳教学平台数据库等。此外,还有一类以学位论文为基础,集中展示本院研究生教育成果的学位论文数据库,如西安音乐学院学位论文数据库。

5.4.1.3 数据库建设特点

（1）数据库地理分布。西北地区包括陕西、甘肃、宁夏、青海、新疆5个省、自治区。由于各地区经济、文化发展水平不同,数据库建设也有较大差异。从表4.6中可以看出,西北地区音乐艺术特色数据库主要分布在陕西、甘肃和新疆,青海、宁夏两地暂未发现有音乐艺术特色库。陕西省有16个特色库,占西北地区总量的80%。其中西安音乐学院作为西北地区唯一的高等音乐学府,拥有资源、人员和技术优势,共建设和在建特色库14个。新疆地区特色库总数虽不多,但子库内容非常丰富,且建库质量较高。

（2）数据库的选题。综观西北地区音乐艺术特色数据库,其选题大都体现出本地、本馆的资源特色,如地域特色、馆藏特色或学科特色。特色就是优势,选题立足特色也就把握住了本地、本馆的优势所在。

（3）数据库收录范围。西北地区音乐艺术特色数据库建设充分体现出音乐艺术的专业特色,其涉及的文献信息类型除了传统的图书、报刊类文字资料和图片资料外,大量音频、视频、乐谱资料成为数据库的亮点,体现出音乐数据库的多媒体资源特点。

（4）数据库建设目标。分析西北地区音乐艺术特色数据库的建设目标,公共图书馆系统的特色库主要偏重于抢救珍贵历史资料、保护传承音乐文化资源。而作为高校系统的西安音乐学院图书馆的多个数据库则重点围绕本院教学、科研和艺术实践提供数字化服务,同时兼顾馆藏资源的开发利用以及音乐文化资源的保护与传承。

（5）数据库检索应用。考察西北地区音乐艺术特色数据库,由于内容、性质因素,其技术架构多数为网站式数据库,无专门检索功能。部分数据库如秦腔秦韵专题库,陕西、新疆非遗数据库等,有简单的站内检索功能。个别库如西安音乐学院的学位论文数据库,可实现篇名、专业方向、研究生及导师姓名等多途径检索。馆藏声乐教学曲目数据库以及在建的声乐教学曲目音频数据库、西北民族音乐学术资源数据库,在多途径一次检索的基础上,还可以进行二次检索。综上所述,西北地区音乐艺术特色库建设起步虽晚,但是起点较高,势头良好,显示出相当大的发展潜力。

5.4.2 西北地区音乐艺术类特色数据库建设发展的驱动力

西北地区音乐艺术特色数据库经过多年建设发展,取得了较为丰硕的成果,无论数据库的数量还是质量,都令业内看好。而与之相关的资源、政策、技术条件以及用户需求、服务理念等因素,无疑起到重要的推动作用。

5.4.2.1 得天独厚的音乐资源

西北地区是我国民族音乐文化的重要集散地，有数十个少数民族在这里繁衍生息，丝绸之路从这里穿过，留下了极为丰富的音乐文化遗产——木卡姆、花儿、信天游、秦腔、老腔、西安鼓乐、敦煌乐舞、西域音乐、龟兹古乐以及对于新中国的文艺和文化生活产生了重要影响的延安革命文艺和陕北红色歌谣等都出自这里。陕西作为中华文明的发祥地之一，有数千年的丰厚历史积淀；西安是周、秦、汉、唐等10多个王朝的故都，音乐文化传统之发达，为世人瞩目。悠久的历史、深厚的文化底蕴和独特的地理位置，孕育产生了西北地区源远流长、丰富多彩、特色鲜明的民族民间音乐文化，成为数据库建设得天独厚的资源和优势，推动着西北地区音乐艺术特色数据库的建设与发展。

5.4.2.2 国家政策和资金的支持

特色数据库建设是信息时代文献资源建设的重要内容，国家在政策和项目资金方面均给予极大支持。在公共图书馆系统方面，由国家倡导的全国文化信息资源共享工程受到各地政府高度重视，该工程项目与资金的支持为数字资源建设注入了新的活力，一批体现西北音乐资源优势、凝聚西北音乐文化特色、质量优良的数据库脱颖而出。在高校系统方面，中国高等教育文献保障系统管理中（CALIS）"十五"建设专设"全国高校专题特色数据库"子项目，大力提倡特色数据库建设。例如，由天津音乐学院图书馆牵头、全国9所音乐学院参与的"音乐艺术院校特色资源共享平台"即是CALIS三期专题特色库子项目成果。此外，西安音乐学院及其他音乐艺术院校多个数据库建设成果，也得到省级、院级科研项目和经费的支持。上述事实说明，政策、资金、科研项目支持与建库工作相结合可以富有成效地推进数据库建设工作。

5.4.2.3 技术条件的支撑

数据库，简单讲就是将某一专题或内容的信息资源按照一定标准和规范进行数字化加工组织而形成的信息集合。数据库的建设，必须依靠计算机网络技术、通讯技术、数据库技术、多媒体技术、文献检索等技术手段，实现音乐文化资源的科学整合与管理利用，达到记录、存贮、传承、传播、利用、保护、发展音乐文化艺术的目的。当今信息技术迅速发展的大环境为数据库的建设铺平了道路，也为西北地区音乐特色数据库的建设提供了有力的技术保障。

5.4.2.4 用户需求的变化

在数字环境下，用户对文献信息服务提出了更高的要求，相应地要求图书馆必须在服务意识、服务方式、服务内容、服务手段、服务范围等方面作出较大的调整和转变。特色数据库建设与服务突破传统服务模式，以主动化、集成化、个性化、网络化、远程化的方式，较好地满足了数字时代用户的新需求。

5.4.2.5 服务理念的创新

数据库作为信息时代的产物，给人们的工作、学习与研究带来极大的便利，已逐步发展成为人们获取信息的主要来源之一。因此，以数据库为基础的文献信息服务，已经越来越多地在图书馆知识服务中发挥着主导作用，而这种基于知识服务的新理念也必将越来越成为一种时代要求。西北地区音乐艺术特色库的建设发展，顺应时代要求，体现出与时俱进、服务创新的理念和精神，必将进一步推动该地区音乐艺术特色库的建设发展。

5.4.3 西北地区音乐艺术类特色数据库建设的问题、意见与建议

5.4.3.1 关于整体发展不平衡问题

首先是区域间的不平衡。西北5省区中，陕西音乐特色库数量最多，新疆次之，甘肃有一个地方戏曲音乐子库，宁夏、青海两地未发现有音乐特色库。因此，甘、宁、青三地应发挥资源优势，充分利用"共享工程"项目支持，加快建设。有条件的高校图书馆也要积极加入到数据

库建设行列。其次,在数据库选题方面,西北地区一些优势资源,如享誉国内外的周秦汉唐音乐、敦煌音乐、西域音乐、龟兹古乐等仍然留有空白,应注重这类选题的特色库建设。

5.4.3.2　关于重复建设问题

"共享工程"的指导思想之一是统一规划,共建共享,不搞重复建设。但是,就全国范围来看,重复建设问题仍不同程度地存在。例如,木卡姆主题的数据库,除了新疆分中心的"新疆维吾尔木卡姆艺术"子库、新疆艺术学院立项建设的"新疆民族艺术——十二木卡姆数据库"以外,天津音乐学院图书馆亦建有"维吾尔十二木卡姆数据库",中国音乐学院"维吾尔族音乐资源库"也有"木卡姆"子库等等。因此,特色库立项过程中,公共图书馆系统和高校系统要加强联系和沟通,避免重复建设。

5.4.3.3　关于联合建库问题

西北地区丰厚的音乐文化资源中,诸如"丝绸之路音乐"、"花儿"等主题,其涉及的地域几乎遍及整个西北地区。因此,对于此类主题的数据库建设,可以采取联合建库的方式。关于联合建库的必要性与可行性问题,有同行专家已做过专门论证,在此不再赘述。

5.4.3.4　关于系统间的交流问题

考察中发现,西北音乐特色库的建设,公共图书馆系统多由共享工程项目牵头,充分体现统一规划、统一标准等原则,建设的特色库综合水平较高,质量优良;而作为高校系统的西安音乐学院图书馆多个数据库均为自主建库,围绕本院教学科研与艺术实践,注重资源开发和应用,突出学术性与服务性。目前,高校系统有CALIS"全国高校专题特色数据库"子项目,积极倡导特色数据库建设。音乐高校也建立了图书馆联盟,其任务之一是领导和监管全国音乐艺术院校的特色数据库建设工作。建议系统间应加强交流,相互借鉴,取长补短。

5.4.3.5　关于数据库建设研究问题

文献检索中发现,有关西北音乐艺术特色库建设的理论研究相对比较薄弱。数据库建设是一项综合性工作,实践性、理论性、技术性兼备,同时涉及图书馆学、文献学、计算机科学、音乐学等多个专业知识。因此,建库过程中相关人员应注重理论上的总结、研究、讨论,以促进建库工作,全面提升建库水平。

6　医药类院校图书馆特色数据库的研究

对144所医学类高校(包括医学院系的综合性大学)图书馆的特色数据库建设情况,通过网络进行调研,去除网站无法打开和网页上没有自建特色资源链接的图书馆,实际调查有自建特色数据库的图书馆为125个,建库总数为599个。调查数据反映了我国医学高等院校图书馆特色数据库的建设情况。各校图书馆在建库数量上差别很大,自建数据库数量在5个以上的图书馆有47家,共建库389个。自建数据库在5个以下的图书馆78家,共建库210个,具体情况见表4.7。

表4.7　我国医学院校图书馆建设特色数据库统计表

建库数量(个)	图书馆数量(个)	百分比(%)
≥15	5	4
10~14	8	6.4
5~9	34	27.2
3~4	43	34.4
1~2	35	28

6.1 医学高等院校图书馆自建特色数据库分类

将高校自建特色数据库分为医学专业资源库、本校博硕士生学位论文库、多媒体资源库（含光盘、课件、视听资料等）、学科导航库、古籍库、教学参考库、师生文库（含本校论文成果被收被引及本校专家资料库等内容）、综合数据库（含联合目录、收刊目录、本校或本馆刊物库等）、综合院校的其他专业库进行分类统计，见表4.8。

表4.8　我国医学院校图书馆建设特色数据库统计表

种类	数量（个）	百分比（%）
医学专题	63	10.52
学位论文	82	13.69
多媒体	132	22.04
学科导航	36	6.01
古籍	26	4.34
教学参考	34	5.68
师生文库	55	9.18
综合	61	10.18
其他专业专题	110	18.36

6.2 医学高等院校图书馆自建特色数据库的选题

在参加CALIS"十五"全国高校特色库立项的75个项目中，仅有2家高等医学院校，比例仅为2.7%。除了少部分院校没有参加到这个项目之外，大部分的医学院校是因为选题方面的问题，而无缘该项目。在《CALIS"十五"期间专题特色数据库建设方案》中对选题有明确的规定，选题要求具有学科特色、地方特色、馆藏特色等特点。

6.2.1 选题的学科特色

（1）专业特色

高等医学院校具有很明确的专业特色，医学的学科背景是医学院图书馆良好的依托。一般某一所医学院校都有自己特色的专业或者是某一个专业在国内的学术水平是名列前茅的，那么这样的专业就能成为一个突破点，在图书馆特色库建设中成为一个切入点。

（2）学术特色

高等医学院另外一个特色就是其学术与临床实践的结合，该特点是国内学术研究与产业化结合比较好的实例。一般医科院校都有自己的附属医院，医学基础与临床实践的完美结合，不仅促进了临床的科学理论性，也促进了基础医学的实际应用性。那么如何把基础应用于临床，而临床实践又是如何反作用于基础研究，医学的学术特色如何体现出来，这一系列的问题与探索就成为了图书馆工作人员的研究方向。因此对于相关资料的收集、整理、分析，则能明确地反映出其中必然的联系。这样不仅为临床与基础的相关教师提供素材与学术发展方向，也为特色库的建设提供了一个良好的学术平台。

6.2.2 选题的地方特色

中国幅员辽阔，南北的各种条件差异很大，因此造成了疾病发生具有明显的地域性。一个地区的医学院校及其附属临床医院，都会针对本地区的高发疾病做出理论性的研究，从而指导临床诊断与临床治疗。图书馆的工作人员可以根据本学校的地方特色，对相关教师与临床医生的研究成果进行汇总，以此为基础进行信息源的查询，逐层次地扩大信息的范围，建立一个具有地方特色的专题资源数据库,这样一个特色资源库可以为科研人员提供信息资源的保障,节约科研人员大量用在查询资料上的时间,促进当地对地方病种的深入研究,亦可以借助互联网的影响力扩大合作范围。

6.2.3　选题的馆藏特色

(1)馆藏资源的特色

图书馆在资源建设方面都有自己的标准与原则,一般情况下都会在本专业的基础之上侧重某一个方面。那么工作人员在进行特色库建设时,就可以根据本馆的特色资源来进行,这样做有两个作用:第一,如果项目被CALIS采用,可以达到资源的共享;第二,可以使资源得到深层次的利用。

(2)馆藏资源形式的特色

在国内一些医学院校的图书馆中,收藏着一些珍贵的医学古籍、善本、孤本,这些资源不仅具有很高的收藏价值,而且还具有无与伦比的学术价值。但是,如果这些资源拿出来让大家传阅以体现其价值,显然是不可行的。那么图书馆如何让这些锁在保险柜里的珍贵资源既可以让医学学术界充分利用,又不破坏这些书籍?很显然,通过图书馆自建的特色资源库可以从根本上解决这个问题。

6.3　高等医学院校专题特色数据库建设中数据的准备

6.3.1　数据源的选择

(1)二次文献资源

该种文献类型是特色数据库的基础。

(2)全文资源

在进行学术研究时,获得部分全文资源是必不可少的,而且该部分资源在语种上应该得到合理的分配,不能只是收集容易获取的资源,应该注重资源的质量与数量的平衡。

(3)网络资源

网络自从其产生至今,越来越显示了其巨大的魅力与价值。如何选择和利用网络资源,是图书馆工作人员应该思考与探索的,网络资源是特色库中不可或缺的部分。

(4)其他形式的资源

在特色数据库中,除了以上几种数据资源外,还需要其他形式资源的补充,包括医学专业比较有特色的博硕士论文、多媒体视频资源、纸制资源、胶片资源等。

6.3.2　数据源的选择

在进行数据收集前,应该根据制定的数据选择类型,确定数据的来源。在医学领域中,比较权威的数据资源有SCI、Pub Med(medline)、BP、EM、CA、OVID、CBM、CMCC、《中草药》、wiley、elsevier、Blaekwell、springer、EBSCO等。

6.3.3　数据资源搜索技术标准的制定

(1)二次文献查找标准

①二次文献收集的标准:参加CALIS"十五"特色专题数据库建设的项目——"行为科学专题数据库",在进行二次文献收集时即制定了如下的标准,主题词、副主题词优先,逻辑关系先行,由自由词(文本词)作为补充。②主题词的选择:特色库的建设所选择的研究对象的大小应该适宜,不宜太大也不宜太小,如果主题词的选择不合适,则会造成数据库整体的失衡。对于有学科特色的主题词,只对主题词进行部分扩展检索,而对于研究内容过少不能单独成库的内容,则根据学科内部联系把几个概念组合在一起统一建库。

（2）其他类型数据查找标准

①原文查找：按照CALIS特色库建设的要求，原文型数据不应少于20%，有的馆在进行原文数据处理时要求中文原文与英文原文的比例要保持在1:1，而且要注重原文数据的质量。质量标准中文主要参照北大的核心期刊目录，西文参照SCI收录目录。②网络资源：网络资源虽然丰富，但是良莠不齐，对于网络资源的收集要求工作人员认真审核。

6.4 建立专题特色数据库的技术支持

6.4.1 元数据的制定

元数据是描述一个具体的资源对象并能对这个对象进行定位管理且有助于它的发现与获取的数据。一个元数据由许多完成不同功能的具体数据描述项构成，对于CALIS各个参加单位，为了最终实现统一平台，资源共享，则要实现数据的可移植性，使其不仅适用于本馆的平台系统，而且可以对接其他软件系统。大连医科大学图书馆在进行"行为科学专题数据库"项目之前，首先对来自不同数据源的数据对象进行比较，找出其中的共性与区别，遵照数据对象本身的描述信息进行基本标准设置，对于特有的参数信息作为辅助标准，由此构成一个比较通用的元数据结构。

6.4.2 数据的加工

（1）初期

工作人员利用office自带的"替换"功能进行数据的转换。这种方法的优点是简单易学，但是随之产生的问题也很多，因为数据量很大，这样的转换工作非常占内存，而且速度很慢。在遇到源数据的格式不标准时，就无法处理。

（2）中期

利用C语言编了个小程序，解决了一部分问题，但是由于数据来源的不同，该程序的通用性比较差，加之工作人员的编程能力有限，即放弃了这个看似最好的途径。

（3）后期

经过摸索，工作人员利用office自带的"宏"的功能，经过反复实践，找到了很简单的方法，解决了遇到的种种困难，从而也使数据的处理正常地进行下去。

6.4.3 特色库建设平台

软件是特色库建设的支撑骨架，根据现有软硬件环境，大连医科大学图书馆使用的是北京易宝北信信息技术有限公司的Text Retrieval System（TRS）系统，利用该平台进行数据参数的标准设置，实现批量数据的转换，后台处理数据结束后，利用TRS内容发布应用服务器（TRS WAS）进行数据发布。为维护数据的安全性，实现单机每日备份。

设置与图书馆网站风格统一的友好界面。利用TRS的功能，实现特色库资源"简单检索"、"高级检索"、"跨库检索"等服务，尽可能达到"一站式"服务模式。

6.5 医学特色专题数据库建设中遇到的问题

6.5.1 版权问题

（1）特色库建设及使用的目的

建立特色数据库不是以盈利为目的，所选特色库课题均为比较有特色的学科。经过深度加工图书馆已有的该方面的各种资源，建设专题特色数据库，一方面可以使学校用大量经费购置的各种信息资源得到充分的利用，另一方面也可以促进学校学术水平的良性发展。

（2）特色库发布的范围及访问方式

特色专题库数据库经过IP限定，在校园网范围内可以免费访问，只允许本校师生用于学术方面, 从而尽量避免有人把部分资源用于其他用途。

6.5.2 数据质量的衡量

由于图书馆工作人员多为图书情报专业背景, 对于各个医学专科的理解与认识不会太深。那么如何保证所建数据的质量? 可采用与相应教研室合作的方式, 由专门的任课教师与图书馆工作人员合作, 负责特色库数据质量把关工作。随着各种资源费用逐渐上涨, 任何一个高等医学院校图书馆都不可能拥有全部的资源, 那么走一条合作与共享的道路是最好的选择。通过每一所医学院校把自己的特色资源数字化, 最终达到统一平台、统一服务, 只有这样才能有效地、最大限度地利用资源, 服务于科研, 服务于社会。

7 军事院校图书馆特色数据库的研究

随着军队现代化建设向纵深推进, 军事院校教育改革的不断深化, 各类军事院校都相应调整了专业结构, 加快了学科建设。构建了以特色专业学科为主体的学科群, 形成了以军内重点学科为龙头的多方向、宽领域的新型学科专业体系。军校图书馆的主要任务就是为军事教学和科研服务, 为军队院校建设和发展服务, 为培养高素质新型军事人才服务。因此加速军校数字图书馆全面建设, 特别是契合学院培养模式和培养特色, 增加与学院优势专业相关的特色数据库的建设也是军事院校图书馆发展自身特色的必然趋势。

7.1 军事高等教育特色数据库建设的意义与目的

随着现代科学技术特别是信息技术的发展, 世界新军事变革将在更大范围和更深层次上加速推进。军事教育与训练转型既是新军事变革的重要组成部分, 也是新军事变革深入发展的动力之一, 其本质是围绕建设信息化军队、打赢信息化战争的根本目标, 全面变革军事教育与训练的观念、体制、内容和方式方法, 提高人才培养质量和军队作战能力。加强军事高等教育研究, 对于科学谋划我军军事高等教育的发展, 促进人才战略工程的实施, 培养高素质的新型军事人才具有重要而深远的意义。目前, 世界高等教育研究与政策咨询正逐渐由定性向定性与定量相结合的方向发展, 日益重视定量研究, 不断加强高水平教育研究数据库及其相应网络设施的建设, 提升高等教育研究品质。信息化时代的到来, 使高等教育数据库建设已成为科学研究的必需, 是提高科学研究水平的重要保障。现阶段我军所使用的教育训练数据库还比较单一, 主要是一些教学内容数据库(如课件、电子教案、WEB教材等)和教学管理信息系统(教员档案管理系统、学员学籍管理系统、成绩管理系统、考试系统、排课系统、教学质量评估系统、日常办公自动化系统等), 尤其是缺乏与军事高等教育研究相关的数据库资源, 给从事军事高等教育工作的广大教学科研人员带来极大不便。因此, 军事高等教育特色数据库的建设, 将为教学科研人员提供丰富的高等教育学科领域的信息资源和先进的研究手段, 促进军事高等教育学科的发展和研究水平的提高, 对于军队院校的建设与发展和高素质新型军事人才培养具有重要的意义。

7.2 军事高等教育特色数据库建设的内容

军事高等教育特色数据库主要由以下部分组成: 高等教育数据库(包括与高等教育理论、高等教育管理、高等教育评估、综合大学研究相关的硕博学位论文、学术期刊论文), 外军院校教育数据库(包括外军院校研究、外军院校资料、外军院校网站镜像), 军事高等教育学科数据库(包括军事教育硕博学位论文、军事教育学术期刊论文, 教育理论创新、任职教育、研究生教育等军事教育论文集、军事教育理论创新与发展等学术会议论文集、本校高等教育学硕士点学位论文、发表的文章、课题研究报告、教学课件及网络课程等), 学校专题研究数据库(包括学校教学管理、科研管理、人才培养、学科建设等专题研究数据)。

近年来随着网络技术和现代通讯技术的迅猛发展,特别是Internet网络的发展,网上信息资源已经成为情报资源的重要来源。Internet网络是世界上规模最大、用户最多、影响最广泛的网络互联系统,它给我们创造了一个崭新的信息网络环境,提供了便利的信息获取与传输的渠道和工具,是信息资源查询和共享的最大的信息超级市场。在特色数据库建设中,还要考虑从Internet网上实时采集高等教育和军事高等教育相关的信息,并存储在本地数据库,及时提高数据库信息资源的容量和保证研究人员及时跟踪与掌握最新的高等教育研究动态与政策变化。

7.3 军事高等教育特色数据库建设的原则

7.3.1 突出馆藏特色

军事院校图书馆馆藏要想突出特色,数字资源具有特色是很重要的一方面。而建设专业特色数据库则是数字资源最核心的内容之一。军事类院校图书馆在长期的资源建设中,基本已经形成了独具特色的馆藏文献体系,这种已形成的特色,正是军事类院校图书馆的优势所在。加强馆藏中已有的重点资源和优势资源的专题数据库建设,保证重点专题数据库建设的连续性、一贯性,契合学院人才培养目标和方向,形成专业学科特色是军事类院校图书馆的发展方向,如现在大多数的军事类院校都会有以某些专业为主体特色学科专业群。那么在建设专业特色数据库时,就应以学校重点发展的学科群为切入点对与其相关的文献资源进行重点收藏和建设,以保证特色学科专业群系统的完整,突出军事类学院图书馆馆藏专业特色数据库的馆藏特色。

7.3.2 数据库建设的规范化和标准化

特色资源建设的规范化和标准化是数据库建设的重要基本原则,是建设高质量特色数据库的关键。只有规范化和标准化才能保证数据库建设的可靠性、系统性、连续性、完整性和兼容性,才能实现真正意义上的网络信息资源共享。为保证军事院校图书馆专题特色数据库建设的标准化,我们目前应用的手段就是依托TPI建设图书馆的专题特色数据库。该系统平台现已在各军队院校图书馆广泛使用,运行安全可靠。由该系统生成的数据库文件,具有较高的移植性,可以顺利地其他单位进行对接,达到高度的共享,最大程度地发挥该系统的文献信息价值。

7.4 军事高等教育特色数据库建设的文献资源的采集和整理

7.4.1 馆藏电子资源的遴选

特色文献库采集最主要的途径之一就是利用馆内现有的电子图书、电子期刊、专题数据库等各类电子资源,从中遴选与专业学科相关的信息与数据,充实到专业特色数据库中。

7.4.2 纸质文献的二次加工

对传统印刷型特色专业文献进行数字化处理,依据TPI提供的一系列标准,对采集的信息进行标准化、规范化的分类管理。主要是按照专业学科分类体系的各级子学科来进行。

7.4.3 原生资源的保存和整理

原生资源主要指来自学校教员、干部、学员等人员的著作、教材、学术论文、学位论文、管理文件、科研报告、学报等连续出版物方面的信息资源。原生资源是军事院校在长期的教学、管理实践过程中积累的宝贵财富,也应该是最具学院特色的文献资源,对原生数字资源的采集、保存和整理是特色数据库建设的重要内容。原生资源的采集和整理包括以下几个步骤:首先,要重视对原生资源的采集和保存,对于源源不断产生的原生资源要进行实时的收录。其次对采集来的原生资源进行数字化处理,将普通的文档格式转换成PDF或其他电子资源通用格式。然后将数字化后的原生数字资源进行分类、标引和提交，提交的内容保存在资源数据库中。其中分类、标引以"军事信息资源分类法"为基础进行，实现基于内容的自动分类处理。最后，由负责信息采集的人员及时对新增信息资源记录，重点对用户提交的资源的分类和标引情况进行检查和调整。

7.5　注重开发特色数据库的增值服务

图书馆的最基本也是最核心的功能就是为广大读者提供服务，提升图书馆的管理水平最重要的途径就是提供优质的、具有专业特色的服务。建设专业特色数据库的最本质的目的也是为了更好地服务于读者。而要将特色数据库的服务功能最大化，就要注重开发特色数据库的增值服务，这将进一步丰富特色数据库的服务功能的内涵，促进特色数据库的建设与发展。特色数据库建成后，应做好宣传工作，以提高其利用率。应充分利用各种渠道和方式进行专业化服务。

7.5.1　开展实时跟进服务

实时跟进服务具有主动性、针对性强的特点，是效益较高的一种信息服务方式。军事院校图书馆首先应与重点学科、特色专业挂钩，与负责院校专业人才培养的系部建立联系，掌握各学科科研立项的最新动态，各特色专业学科领域的专家建立联系，了解他们对数据库建设、文献服务的要求，有的放矢地提供针对性服务。

7.5.2　开展特色学科学术交流服务

创造良好的文化氛围，提供广泛的学术交流平台是现代图书馆很重要的一个基础职能之一，我们在开发特色数据库的同时也要很好地与学科专业特色建设相结合，使这一功能得到延伸。图书馆可以定期组织邀请院校特色专业学科领域的专家定期就该专业的学术问题开展知识讲座，也可以通过图书馆网站建立BBS等多种方式让学员、同行们在此平台上进行学术探讨和交流。同时，将讲座的视频资料、学术交流的成果等制作成数字资源一并收录到特色数据库中，作为特色文献库的重要组成部分。

7.6　培养特色数据库建设的专业队伍

军事院校专业特色数据库建设是一项集信息管理、数据库、图书情报以及相关学科专业的综合性的工作，必须培养一支既懂得图书馆专业知识，又要对军事学科专业知识有一定了解，还懂得计算机信息、数据管理技术的复合型馆员队伍。因此要对图书馆员加强教育培训，使其掌握军事院校特色数据库建设相关业务知识和技术。同时对于图书情报专业知识也要加强教育培训，使其能够胜任数据的编目、检索等信息处理工作；对于计算机技术、数据库技术、网络技术，都要有较强的运用能力；熟练应用高级扫描、复印等数字化处理设备；加强基本的军事类特色专业学科的知识培训，使图书馆员能成为建设军事特色数据库的专业队伍。军事院校图书馆特色数据库的建设是一项任重而道远的系统工程，将图书馆的信息服务和自身军事院校的特色学科专业相结合，建设有自己学科专业特色的专题数据库，必然是未来军事院校建设现代化图书馆的发展趋势。也只有这样才能真正实现最大限度的信息资源共享，才能更好地为培养高素质的军事人才而服务。

7.7　利用TPI系统建设军事高等教育特色数据库

军事高等教育特色数据库必须具备以下功能：①高性能的全文数据库服务器、检索服务器以及管理系统；②先进的传统信息采集、加工工具；③高效、准确的信息检索系统；④Internet网络情报采集系统；⑤先进的容发布系统；⑥支持标准的检索协议，可以实现资源共享。因此选择优秀的制作平台就显得尤为关键。

在经过对各个软件制作平台的考察和评价之后,清华同方TPI软件制作平台被选择作为许多军事高等教育特色数据库的管理系统。其优势表现在:①它是一套集数据预处理、数据装载、索引建立、检索、用户管理和资源管理于一体的通用信息管理系统,用户可以方便地使用建库工具建立一个空数据库结构后装入数据、建立索引,无须二次开发即可直接使用,检索界面和管理界面均以浏览器方式进行;②该系统针对数字信息资源建设中的三个基本要素提出了全面解决的方案。如制成的电子图书,利用网络或光盘、磁盘载体进行发布,实现资源共享;③TPI为高效地完成全文检索及分类标引,方便读者并向读者提供原文副本等,提供了一条方便快捷的解决途径,同时能够实现军事高等教育数据库各库之间的相互关联,最终达到跨库检索的目的;④它同时还可以和清华同方的《中国期刊全文数据库》兼容;⑤可同时采用TPI同一个公司开发的网络情报采集与监控系统进行网络信息采集,能较好实现与TPI系统的兼容,并不需要再单独购买数据库管理系统,节省费用。整个系统总体结构如图4.1所示。

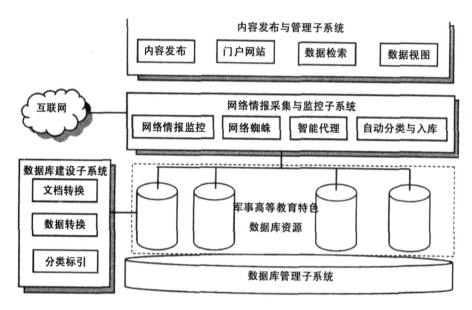

图4.1　系统总体结构

系统将由数据库建设子系统、数据库管理子系统、网络情报采集与监控子系统、内容发布与管理子系统四个子系统组成。整个系统由清华同方的TPI系统和网络情报与监控系统搭建完成。

7.7.1　数据库建设子系统

该子系统完成数据库资源的建设。主要包括采用电子图书制作工具实现对纸质文档的数字化;对各种现有数据库电子资源的数据转换;把各种通用文档转换成统一格式;最后实现对数字对象的分类、标引,把这些数字对象加工成数据库电子资源。

7.7.2　数据库管理子系统

该子系统以管理大容量非结构化数据对象为主,具备智能信息处理能力,支持高速全文检索,可以统一访问和管理各种异构资源。数据库管理子系统主要包括两个方面的内核,一个是数据库内核(包括数据字典、查询分析、查询优化等),另一个是智能文本挖掘内核(包括文本分类、文本聚类、自动文摘等)。

7.7.3　网络情报采集与监控子系统

该子系统监视与军事高等教育相关的重点网站,获得最新的信息资源。它可根据用户需求,及时、准确地从互联网上定向采集用户需要的信息,并存储在本地,向用户提供服务。该子系统的模块包括:①信息采集:通过网络蜘蛛,可以多线程地抓起多个相关网站的内容;可以实现灵活的采集策略,实时动态监控特定目标,实现信息的自动采集。②智能代理模块:进行浅层语义分析,对所有抓取的网络数据进行全面的分析过滤,识别出所需要的信息;系统将采集到的有用信息导入到底层数据库中,并可通过内容管理与发布子系统将相关的内容展现给用户。

7.7.4　内容管理与发布子系统

内容管理与发布子系统完成数据的分布式采编入库,实现网站信息的发布与管理,实现动态实时发布,及时生效,方便管理员对数据库进行远程维护,为用户提供统一的全文检索、数据下载、数据分析等功能,帮助研究人员更好地使用信息资源。系统提供不同层面的数据安全控制,对不同的用户组赋予不同的权限,使得不同的用户有不同的视图,不同级别的管理员有不同的操作权限,从而保证系统的安全和使用的方便性。

7.8　TPI系统的使用和体会

7.8.1　系统运行平台

整个系统的硬件结构如图4.2所示。

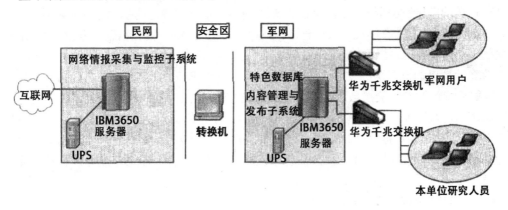

图4.2　系统运行平台

系统采用如下的硬件配置:①采集服务器IBM3650:在一台IBM服务器上部署信息采集系统,并与Internet网相连接,负责对重点网站进行监视和信息搜集;②数据库服务器IBM3650:在一台IBM服务器部署数据库管理系统,并通过两台交换机分别与军网和本单位局域网连接,通过设置不同权限供军网和本单位人员使用特色数据库资源;③安全机:使用一台PC机,该机不与任何网络相连接。对采集的资源,使用非保密移动硬盘,将互联网上采集的系统导入到安全机,并进行查毒、杀毒等操作;然后使用一个保密移动硬盘,将这些资料存储到内网的特色数据库服务器上。

7.8.2　TPI系统使用与体会

TPI系统与本单位局域网相连后,研究人员在使用过程中系统运行良好,界面友好易用,通过从各种资料数据库中搜索需要的资料,真正方便了研究人员。但在使用过程中也发现一些问题,如元数据的标引中对文件的质量要求较高,尤其在标引过程中就会出现乱码,错误较多；网络监控下载的信息也存在一些无关冗余信息等等。相信在今后软件开发过程中这些问题与不足将会得到解决。

8 公安院校图书馆特色数据库的研究

馆藏信息资源是图书馆开展一切服务的基石。数字信息时代，随着用户个性化、多元化信息需求的不断发展，特色资源也已经日益成为国内高校图书馆馆藏资源建设的重要组成部分。新时期公安部提出了科教强警的战略，明确提出"向教育要素质，向素质要警力和战斗力"。公安教育事业的迅速发展对公安科学文献信息资源的建设与管理工作也提出了更高的要求。近年来，随着图书馆数字化建设进程的不断推进，国内各公安院校图书馆依托自身的学科优势和馆藏特色，结合学院的专业设置、办学方向，对馆藏的印刷型及其他类型载体的文献信息分类整理，并进行数字化加工及网络发布，建立了一些具有学校特色、学科特色、地方特色的数据库，有效提高了馆藏文献资源的易用性和共享性，在一定程度上满足了广大用户对于公安特色信息资源的需求。

8.1 建立公安特色专题数据库的意义及其作用

所谓特色数据库是指图书馆依托馆藏信息资源，针对用户的信息需求，对某一学科或某一专题有利用价值的信息进行收集、分析、评价、处理、存储，并按照一定标准和规范将本馆特色资源数字化，以满足用户个性化需求的信息资源库。特色数据库充分反映本单位在同行中具有特色的信息数据资源，是图书馆在充分利用本馆馆藏特色的基础上建立起来的、可共享的信息数据库。它具有体现馆藏信息资源特色，为用户提供个性化信息服务、按照一定标准和规范建设而成并可共享等特征。

随着计算机通讯技术的发展，我国的数据库建设也迅速发展起来，各高校图书馆纷纷将自己馆藏有特色的文献资源数字化，并不断地发挥着自身的优势。这充分显示了大力建设特色数据库已是大势所趋，我们必须认识其重要意义。而在公安系统内，除了业务应用的数据库如人口数据库、车辆数据库等建设得比较好外，其他综合信息系统数据库建设还不能适应形势的发展。公安高校图书馆作为社会信息系统的组成部分，有责任也有优势进行数据库开发和建设。

8.1.1 顺应网络时代发展的要求

面对现代信息技术的发展，图书馆要在信息化建设的潮流中抓住机遇，从中寻求自身发展的契机，数据库建设便成为图书馆数字化的首要任务，必须从建设某一专题特色数据库做起。公安特色数据库指的是公安院校图书馆在Web上提供的特殊馆藏，一般包括馆藏书目数据库、专业特色数据库、教学和科研成果数据库、学位论文数据库和地方资源数据库等。每个院校都有自己的办学特点和不同的重点学科，而图书馆长期以来也会在相应的学科方向上形成较为丰富的文献馆藏。针对这类重点学科进行特色数据库建设既能发挥图书馆信息资源广博的优势，又能体现该学科在专业上出类拔萃的教学、科研实力；既能借图书馆之力对该学科的教学、科研进行信息资源方面的重点扶持，又能依靠该学科的专业特色促进图书馆对信息进行深加工，提高服务的含金量；既能使图书馆更开放性地面向社会，提高馆藏资源利用率，又能增强该学科在国内及行业中的影响力。这无疑是一个双赢的选择。因此，公安院校图书馆在文献信息的采集、收藏和数据库建设等方面，都要突出重点，形成特色，做到"人无我有，人有我优，人优我特"，只有这样，才能立足于信息飞速增长的网络时代。

8.1.2　有利于加快公安院校图书馆自动化、数字化建设

图书馆自动化、数字化建设需要耗费大量人力、物力和财力,技术含量高,需要很长的时间。因全国各公安院校图书馆资金都十分缺乏,无法保证专门拨款建设数据库,在此种情况下,如果各公安院校图书馆在进行自动化、数字化建设时,追求"大而全"、"小而全",那么势必进展缓慢,还会因重复建设而造成浪费。目前,全国部分公安院校图书馆虽然建立了一些数据库,但主要是书目数据库,实用性不强。而且,各馆的数据库又大都处于封闭、分散的状态,从而影响了公安院校图书馆数据库建设的进程和质量,使用效率也大大降低。因此,公安院校图书馆在进行数据库建设时,要统一规划,分工协作,集中有限的人力、物力、财力,根据各馆的具体情况,以建设特色数据库为突破口,推动公安院校图书馆自动化、数字化建设快速、健康地发展。

8.1.3　为公安教育教学提供专业化服务

作为高等职业学院如何培养出社会所需人才,这是一个很值得重视的问题,是我国高等职业教育面临的重要课题。据调查,经常利用图书馆且获取信息能力强的教师,他们的教学效果普遍良好,学生评价高。因此,图书馆要主动向教师提供特色服务,建立公安、法学特色资源数据库向教师提供有关专题信息资料,及时传播学科的发展、变化等动态信息,提高他们获取、利用信息的能力,丰富他们的教学内容,改进他们的教学方法,从而提高他们的教育教学质量。

8.1.4　为学科建设和科研项目提供重点服务

我国的公安、法学职业教育还处在一个探索阶段,建设专业特色资源数据库能够为学科建设提供大量针对性强、内容全面、相对完整的资料,促进公安教育事业的发展。学院教育教学工作要实现跨越式的发展,需要科学研究工作的支持,数据库的建设也为科研项目提供了重点服务。

8.2　公安特色专题数据库建设的基本要求

服务是目的,馆藏是基础,建库是发展。公安院校图书馆要想突出特色,数据库建设必须特色化,而专业化服务则是特色专题数据库建设中最基本、最核心、最具代表性的内容。建立公安特色专题数据库的精华就在于专业化服务,特色专题数据库资源建设必须立足于专业化服务,这也是图书馆信息资源特色化的特征之一,不求齐全,但求重点鲜明,即所谓的"独优"和"独有"。因此,公安特色数据库建设不应该一味追求数量,关键在质量,而质量则要表现在特色上。

8.2.1　突出学科特色

公安院校图书馆在长期的文献资源建设中,已逐步形成了独具特色的馆藏文献体系,这种已形成的特色,正是公安院校图书馆的优势所在。加强馆藏中已有的重点项目和优势项目的专题数据库建设,集中有限资金保证重点学科专题数据库的连续性、全面性,强化与突出原有馆藏的特色,进而形成学科特色是公安院校图书馆的发展方向。如在建设专题数据库时侦查学是学校重点发展的一门学科,我们就应对侦查学进行重点收藏和建设,并优先投入,以保证侦查学学科的系统完整,突出公安院校图书馆馆藏专题数据库的学科特色。

8.2.2　体现专业特色

公安院校图书馆因其专业设置的不同而形成了各不相同的馆藏结构,建设专题数据库始终与其专业特色相一致。文献信息浩如烟海,任何一个公安院校图书馆都无法收集所有专业的文献信息。各图书馆只有根据本馆实际,围绕本校的专业设置,重点保证特色专业和重点专

业的需求,建立起自己的馆藏文献保障体系,才是建设专题数据库馆藏的前提条件。公安专业是广东警官学院的特色专业,其中,刑事侦查学专业、治安学专业、刑事技术学专业以及法学专业是重点专业,学院图书馆的专题数据库建设就要突出公安专业特色,并紧紧围绕其中的重点专业,切实保障和逐年提高公安专题数据库在整体馆藏文献中所占的比例。

8.2.3 通过开展专业化服务促进专题数据库的建设

建设图书馆专题数据库是为了更好地服务用户,同时,图书馆通过为用户开展专业化服务,也必将有助于促进图书馆专题数据库建设与发展,促进图书馆的服务创新,只有如此,才能将学院图书馆的专题数据库资源优势转化为资源强势,为图书馆生存拓展空间,并提供进一步发展的保障。

图书馆专业化服务是指图书馆员利用图书馆显在资源,包括网上虚拟资源和学科馆员潜在资本(知识),运用图书馆学专业的基本技能和对口学科专业的基本知识,主动、及时、正确地对特定读者(用户)提供专业文献信息知识服务。公安院校图书馆提供专业化服务,对于加快公安院校的学科建设,提高学校的教学科研水平,提高办学层次,显得十分重要和必要。图书馆专题数据库建成后,应做好宣传报道和读者培训工作,以提高其利用率。应充分利用各种渠道和方式进行服务。

(1)开展定题跟踪服务。定题服务又叫"对口服务"、跟踪服务,它具有主动服务、针对性强等特点,是效益最高的一种信息服务方式。公安院校图书馆首先应与重点学科、特色专业挂钩,与公安院校科研管理机构建立联系,掌握各学科科研立项的最新动态,与相关院系的教授、专家联系,了解他们对学科建设、文献服务的要求,及时掌握教学和科研工作的进展情况,摸清各学科的内容和方向,有的放矢地确定针对性服务的内容。比如通过发放重点学科文献服务调查问卷的形式,从中分析、了解重点学科用户在某一研究课题中的特定文献需求,根据调查内容建立用户专业内容档案和重点学科、科研项目主题词档案,从而有针对性地搜集最新的科研信息动态,从中筛选出针对性强的资料和信息,加工成"综述"、"述评"、"研究报告"等规范的信息产品,定期定向地提供给用户使用,一直跟踪服务到课题结束。此外,还可以采用代查、代译文献信息,科研立项,课题论证,最新信息报道等服务方式,落实跟踪服务的内容。

(2)开展个性化定制服务。开展专业化服务特别要重视做好个性化定制服务。这就要求高校图书馆建立重点学科的电子资源导航系统,实现重点学科的文献资源网络化检索,开发网络专题数据库信息资源,做好重点学科参考咨询服务工作。学科馆员应主动及时地了解用户的科研情况,针对用户研究的不同课题,或同一课题的不同侧面的专题数据库信息需求,制订专题数据库情报服务策略,搜集、整理、提炼、浓缩文献信息,开展原始文献的复制传送服务、课题文献目录参考以及部分原文网络推送服务,课题追溯、课题跟踪文献信息服务,课题查新信息服务,课题前沿的学术动态分析服务等。总之,建设专题数据库要针对用户不同的学术研究内容,主动及时准确地提供不同内容的公安文献信息知识服务,让用户各取所需,各得其所。

8.3 立足公安信息资源优势和公安院校图书馆实际,建设公安特色专题数据库

网络环境下,高校图书馆已由传统意义上的藏书楼演变成适应高校教育信息需求而建立的动态发展的信息资源系统,加快和扩大信息资源开发利用的规模和效益是其责无旁贷的任务。公安院校图书馆应全面掌握公安业务信息,密切关注公安教育、教学改革的动态和发展趋势,深入了解公安学科专业设置状况,在与其他公安院校合作的基础上,依托本校学科建

设的优势和馆藏特色资源,建立起具有鲜明学科、专业特色的数据库体系。

8.3.1　以馆藏特色化为基础,大力开发各种特色数据库

数据库建设是以丰富的图书馆馆藏文献信息资源为基础的。要建设特色数据库,必须实现馆藏特色化。比如,公安院校图书馆要注重各类内部文献资料的收藏及开发、利用。因为内部文献资料专业突出、业务指导作用明显,能极大地丰富公安院校图书馆的特色馆藏,为充实公安院校特色专题数据库提供有力的保障。公安院校图书馆还要加强地方文献信息的收藏、开发和利用,为建设具有地方特色的数据库做重要准备。因为地方文献信息是研究地区政治、经济、文化等方面的重要信息源,而且公安院校还担负着培养地方法律人才建设的重任。此外,公安院校图书馆要重视收藏非纸质文献信息。如湖北警官学院图书馆制作的《公安案例数据库》、北京人民警察学院图书馆制作的《公安法律法规全文数据库》、江苏警官学院图书馆制作的《中文公安期刊全文数据库》,以及广东警官学院独立或与有关单位合作开发的系列专题教学视频资源库(包括《电视媒体中的广东警察》视频资源库、禁毒专题教学视频资源库、经济犯罪侦查(金融犯罪)专题视频资源库、婚姻家庭专题教学视频资源库、《廉洁修身》专题教学视频资源库等)等,改变馆藏结构,以适应时代要求。为便于资源共享,各馆在建设特色数据库时,要尽量采用统一的图书馆集成系统,采用统一标准,书目数据的著录要符合国际标准,一般中文书目要符合CNMARC格式(中国机读目录格式),西文书目应符合LCMARC格式(美国国会图书馆机读目录格式)。

8.3.2　统一规划,分工协作,联合共建数据库

当今国际数据库业朝着大型化、规模化、网络化发展,我国高校特色数据库建设在顺应国际潮流的同时,也受到社会信息化整体进程的制约,数据库建设要达到大型化、规模化、网络化的建设目标,各院校间必须加强协同配合、取长补短、优势互补。目前,由于缺乏全国性的宏观规划,各个图书馆各自为政,文献资源建设重复。为了充分利用各公安院校图书馆的人力、物力、财力和信息资源优势,各公安院校图书馆应作好统一规划,通力合作,建立馆际合作和资源共享的动力机制,走联合建库的路子。在加强彼此间协同配合的前提下,做好长远规划,整体论证设计,分阶段实施,每一阶段定出明确的建设目标和资金投入比例。树立精品意识,确立建设高水平数据库的工作目标。避免盲目开发、一哄而上,应积极争取将自建数据库项目纳入到规划的系统中,通过若干能代表本校学科专业特色的品牌数据库的建立及输出,扩大数据库覆盖范围,获得成功的社会效益和经济效益。比如,目前,各公安院校图书馆可以做到:

(1)联合采购,联合存储。各图书馆从全局出发,根据各自收藏和服务特色,在制定本馆的采购政策时,相互协调,尽可能减少重复采购,力争以有限的经费采购更多的文献,并加以开发利用,建设自己的特色数据库。

(2)联机编目,联机检索。各图书馆在建设特色数据库时,利用设在北京的中国人民公安大学图书馆的数据,来完成各自的编目工作,并向其提供各自馆藏信息;同时还可从网上获取其他馆的特色数据库中的文献信息,实现真正意义上的资源共享。

8.3.3　加强人员培训,提高数据库工作人员的技术水平和业务素质

公安特色数据库建设是一项技术性高、综合性强的工作,必须培养一支既懂得图书馆专业知识,又了解公安业务和公安学科专业知识,还懂得现代技术的高素质的复合型馆员队伍。因此要对图书馆员加强教育培训,使其掌握公安特色数据库建设相关业务知识和技术。如加强图书情报专业知识教育培训,能够胜任数据的编目、检索等信息处理工作;加强新技术教

育,使其掌握信息技术、计算机技术、网络技术,具有较强的运用技术捕捉、分析、整理信息的能力和利用自动扫描和光字符阅读、自动核对、自动标引等先进的技术的能力;以及加强基本的公安业务和公安学科专业知识教育,使图书馆员在公安特色数据库建设、维护和提供服务中成为名副其实的行家里手。

总之,公安院校图书馆只有结合公安业务信息和本校的优势,在对信息资源进行深度开发的基础上,建设有自己学科专业特色的专题数据库,才能发展自己的品牌,才能实现优势互补和最大限度地实现信息资源的共享,才能利用特色数据库真正地为公安实战服务。

8.4 公安特色专题数据库调查对象和调查方法

调查中的公安院校指的是中央部署或省级公安机关管理的培养公安机关人民警察的普通本科类院校,不包括高职类院校、司法警察院校等其他政法类院校及列入武警部队战斗序列的公安现役部队院校。依据教育部发布的公安类院校目录,我们选择了21所公安本科院校:中国人民公安大学、中国刑事警察学院、江苏警官学院、南京森林警察学院、山东警察学院、湖北警官学院、四川警察学院、广东警官学院、河南警察学院、吉林警察学院、湖南警察学院、北京警察学院、江西警察学院、浙江警察学院、广西警察学院、福建警察学院、新疆警察学院、铁道警察学院、云南警官学院、辽宁警察学院、重庆警察学院,以这21所公安院校的图书馆为调查对象。

调查方法是网络调查法和访谈法相结合,以网络调查法为主,访谈法为辅。在2015年12月10日至12月15日期间对所选择的21所公安院校的网站及图书馆网站进行了访问,并就若干不明事宜对相关院校的部分工作人员通过电话、网络咨询的方式进行了访谈调查。

8.5 公安特色专题数据库调查结果与分析

8.5.1 调查结果

经过调查,我们发现,在这21所院校的图书馆中,有3所院校(广西警察学院、福建警察学院、新疆警察学院)的图书馆网站外网无法访问,4所院校(铁道警察学院、云南警官学院、辽宁警察学院、重庆警察学院)的网站主页上未见图书馆网站链接,实际可访问的图书馆有14所,因此,实际统计的是14所高校图书馆的特色数据库建设情况,调查结果见表4.9。

表4.9　我国14所公安院校图书馆自建特色数据库一览

单位名称	数据库数量	特色数据库名称
中国人民公安大学图书馆	6	参与公安期刊全文数据库共建,公安学人,国内公安报刊索引,公安报刊复印资料,公安大学学位论文数库,港澳台警察期刊文献库
中国刑事警察学院图书馆	3	参与公安期刊全文数据库共建,全国科技强警师范城市光盘目录,敌伪时期资料目录数据库
江苏警官学院图书馆	6	参与公安期刊全文数据库共建,警察学网络资源导航,教学参考书库,电子图书,优秀毕业论文,视频资料数据库
南京森林警察学院图书馆	5	参与公安期刊全文数据库共建,森林公安教学参考案例数据库,森林公安教育资源数据库,消防科学专题数据库,视频点播系统
山东警察学院图书馆	5	参与公安期刊全文数据库共建,公安案例数据库,公安法规库,公安文献信息,警察史研究专题库

续表

单位名称	数据库数量	特色数据库名称
湖北警官学院图书馆	13	参与公安期刊全文数据库共建,公安简报新闻库,刑事技术专家案例数据库,刑事案例专家图像数据库,刑事技术专家数据库,多媒体教学资源库,爱民模范王吉祥专题数据库,特警英雄谭纪雄专题数据库,刑事技术专家媒体报道数据库,刑事技术专家学术成果数据库,警务参考,公安案例数据库,学位论文库
四川警察学院图书馆	4	公安特色数据库(含预审探索特色数据、学院教师论文库、外文特色数据库、毕业论文库)
广东警官学院图书馆	9	参与公安期刊全文数据库共建,电子书库,教学参考电子书库,《电视媒体中的广东警察》视频资源库,禁毒专题教学视频资源库,刑事侦查(系列犯罪)视频案例数据库,经济犯罪侦查(金融犯罪)专题视频资源库,婚姻家庭专题教学视频资源库,《廉洁修身》专题教学视频资源库
河南警察学院图书馆	4	参与公安期刊全文数据库共建,英模谱库,教师论文论著数据库,优秀教师示范课展示数据库
吉林警察学院图书馆	2	参与公安期刊全文数据库共建,学位论文库
湖南警察学院图书	1	学位论文库
北京警察学院图书馆	0	—
江西警察学院图书馆	0	—
浙江警察学院图书馆	0	—

　　表4.9中的公安期刊全文数据库指的是"中文公安期刊全文数据库"和"外文公安期刊全文数据库"。由表4.9可以直观地看出,在所调查的14所公安院校图书馆中,有9所图书馆参与了公安期刊全文数据库的共建,5所院校的图书馆自建了本校的学位论文数据库,2所图书馆建立了本校教师论文、论著数据库。

　　从数据库种类和数量上看,中国人民公安大学图书馆、湖北警官学院图书馆、广东警官学院图书馆、南京森林警察学院图书馆、江苏警官学院图书馆、山东警察学院图书馆等几所图书馆的特色资源数据库的种类和数量相对较多。

8.5.2　公安院校图书馆特色数据库建设的特点

　　根据表4.9中14所公安院校图书馆特色资源数据库的种类,结合在调查中获取的其他信息,例如呈现形式、特色数据库的开放范围等,现将公安院校图书馆特色数据库建设的特点总结为以下四点。

8.5.2.1　呈现形式各异

　　首先,各公安院校特色资源栏目设置名称不一致,共有"自建资源、特色资源、特色馆藏、公安特色数据库、公安特色资源、自建特色数据库"等多种不同名称。其次,各馆在进行主页网站的类目设置时,对特色资源的揭示也不尽相同。有些馆设置了独立的一级类目,有些馆则将特色资源归入"数字资源"、"特色馆藏"等一级类目甚至二级类目下,用户需要多次点击后才能找到特色资源的链接。以上种种现象往往容易使得读者访问数据库和操作的过程繁杂,不利于读者识别及浏览特色资源,一定程度上降低了特色资源的利用率和影响力。再次,各公安院校无论是已经建成或正在建设的特色数据库都或多或少地存在着统一性和规范性方面的弊病。在中文公安期刊全文数据库联合共建的前期,由于各共建馆在数据标准、用户接口标准、资源检索标准等方面未能统一,造成了收集整理的公安期刊信息资源或重复或缺失、读者检索不便的后果,在很大程度上降低了资源的易用性和可扩展性,影响了特色资源的使用效果及共知共享。

8.5.2.2 开放范围有限

目前,可能出于知识产权及资料保密的考虑,各公安院校图书馆特色数据库普遍通过IP或账号的限制,将资源局限于本校范围内使用,校外访问者只能看到特色数据库名称或是打开简介页面,无法进一步浏览或访问(更有若干院校图书馆,如广西警察学院图书馆、福建警察学院图书馆等完全限制校外用户访问)。严格的访问限制使得特色数据库的共享范围极为有限,不仅使得读者的信息需求未能得到满足,也降低了信息资源的利用效率。此外,有相当一部分图书馆在数据库建设完成后未进行有效的宣传,导致用户对本馆特色数据库并不知情;还有部分图书馆的资源推广方式和服务内容比较陈旧,导致特色资源的利用率低下,严重影响了数据库开发与建设的积极性。

8.5.2.3 发展水平不均

调查结果显示,我国公安本科类院校图书馆特色数据库建设水平参差不齐,差距较大。从建设数量和质量上看,重点院校的图书馆优势凸显,而非发达省份的图书馆明显处于劣势。如中国人民公安大学图书馆目前已基本实现了"公安文献求全、法律文献求精、相关文献求新、文献种类求广"的数字资源建设发展目标,除参与公安期刊全文数据库的共建以外,还自建了国内公安报刊索引、公安报刊复印资料、公安大学学位论文数据库、港澳台警察期刊文献库等特色数据库,打造了集机构知识库、特色资源等为一体的知识库平台;湖北警官学院图书馆作为公安文献数字化共建共享的牵头单位,在建设特色资源数据库的进程中也取得了丰盛成果,自建刑事技术专家、图像、案例数据库、模范人物专题数据库等十余个数据库。相比之下,有相当一部分非发达省份或地区(如广西、新疆、辽宁、江西等)的公安院校图书馆都没有建立特色资源库或仅建立1~2个特色资源库,个别省份的公安院校没有图书馆网站或图书馆网站限制校外用户访问。这一方面与全国公安院校自身发展的不平衡性有关,另一方面也说明有的高校对公安特色数据库建设重要性的认识还有待进一步提高。

8.5.2.4 内容有待优化

公安特色数据库的数据内容涉及公安基础、应用、技术、技能等学科,数据种类包括公安学图书、报刊、学位论文、法律法规、图像、多媒体视频、案例、学科导航、专业知识、专家成果等多种形式。目前各公安院校图书馆除了参加中文公安期刊全文数据库、外文公安期刊全文数据库及公安电子图书数据库的联合建库外,还根据本校专业特点自建了各类教学参考书库、案例库、简报新闻库、专题研究数据库等。因此,特色数据库建设存在分散建设、内容重复、局部使用的弊端。此外,目前公安院校图书馆拥有的特色资源整合程度较低,资源内容分散,少见对特色资源进行深层次的二次整合、加工和整理,且大部分的图书馆均未引入统一检索平台,无法有效满足读者对一站式检索与信息服务的需求。部分图书馆建成的专题知识导航的内容、形式及学科数量也有待提高。

8.6 公安院校图书馆特色数据库建设优化策略

8.6.1 统筹规划,保证质量

特色数据库建设需要耗费大量人力物力,在建设过程中若是单打独斗,各自为政,完全采用或过度采用本馆自建的建设方式,很难保证建库质量和可持续发展。统筹规划、合作共建才是公安院校特色资源建设真正的可持续发展之路。20年来,公安文献的数字化建设及中文公安期刊全文数据库、外文警察学数据库等特色数据库建设的发展过程也证明了这一点。各馆应该在原有的公安期刊数据库共建合作基础上,在公安高校图工委组织协调下,组织设立一个常设的管理机构,对特色数字资源的共建共享事宜进行统筹管理和协调,克服区域发展的不均衡,根据各馆的特色和优势,从长计议,确定建库的原则、类型与标准,统筹规划合理分工,技术联盟,共建共享,有效解决各馆特色数字资源建设内容的交叉。这样才能提供资源的共享性、通用性,使各馆在人力、物力、财力上各尽所长,在特色资源选题及协同整合方面实现优势互补。例如,地方公安志是对地方警察史全面、权威的全景记录,是开展警察史专题研究的重要文献,各馆可就本馆地方公安志的收集整理及数字化情况进行交流,互通有无,统一制定规划,联合共建,满足用户多元化的需求。

8.6.2　规范建设,促进共享

没有规矩,不成方圆。统一的建库标准及规范是特色资源共建共享工作可持续发展的必要条件。只有这样,才能把各公安院校图书馆收集的各种类型的数据源及规格不一、品牌不同的软硬件设备接口统一到相同标准规范下,去实现网络和资源的互联互通。公安院校图书馆在今后的特色数据库建设过程中应尽可能采用如《中国数字图书馆标准规范研究》、《CALIS文献资源数字加工与发布标准》等一系列国际及国家标准及图书馆自动化集成系统的技术规程,坚持数据加工处理标准化、语言描述和标引规范化、数据组织系统化和逻辑化,这样才能有效保证特色资源的建设质量及特色数据库的可持续发展。

8.6.3　技术助力,优化服务

随着信息与网络技术的快速发展,我们迈入大数据时代,数字信息资源数据的数量及种类也呈现飞速增长的态势,整体的无序性日渐明显,对资源的管理者及用户都形成了新的挑战。大数据背景下,云计算和新技术的应用为公安院校图书馆特色数据库未来的建设、资源的整合以及服务功能的进一步完善提供了新的思路。云计算的核心内容之一就是对其“存储内容”的整合与应用,一方面,各馆可主动参与到云计算的设计中去,与云端开发商建立密切合作关系,应用云计算进一步提高本馆馆藏数字资源整合的力度,基于用户角度加强对特色知识体系、内容、类型的协同整合,构建与用户兼容的知识体系,并根据自身特点,选择切合本馆实际的资源整合系统,将特色资源与其他电子资源融为一体,建立一站式信息资源云整合服务平台,最大限度地提升本馆用户的使用体验及知识的管理、服务水平;另一方面,各馆应在公安高校图工委的领导下,借鉴CALIS在云服务方面的先进经验,将分散在各馆的特色数据库资源整合在一起,借助云服务商提供的软硬件平台,致力于合作建设覆盖局部乃至全国范围的公安特色资源云共知共享和云服务平台,形成以云服务平台为中心、各特色库为依托的公安院校特色数字资源集群,以提升特色资源的整体服务效益。

8.6.4　加强宣传,不断增值

完善的特色资源宣传推广机制既能够不断提高资源库的利用效益,也能够促进特色资源建设工作的可持续发展。首先,公安院校图书馆应增强共建共享意识,积极参加各种类型的资源共建共享,促进馆藏特色资源在联盟成员馆范围内的统一发布、检索与开放共享;其次,利用好图书馆主页的宣传渠道,在主页建立特色资源的一级类目链接,让读者可以迅速发现馆藏特色资源,还应当丰富特色资源页面的内容,对资源的内容、服务方式、使用制度给予简要说明;再次,创新特色资源推广范式,积极引入微博、微信、微书评等新媒介手段,提供多元化、个性化的资源宣传推广;第四,可借鉴国外高校先进经验,开展多元化特色数据库宣传活动,如举办专题讲座、开展主题推广活动、制定读者利用特色资源的激励措施等。如美国芝加哥大学图书馆、杜克大学图书馆均设立了专门的研究奖学金,用于本校用户、校外相关用户基于特色馆藏资源研究的奖励。

8.6.5 重视评价,持续维护

特色数据库建设是一项长期的工作,注重特色数据库项目从实施前、建设中到后期利用阶段的全流程评估,才能使其建设成果及使用效益最大化,促进数据库健康持续发展。首先,应建立规范化的数据评估流程,包括确定评估对象、选择评估方法、制定评估指标体系、形成评估方案、构建评估模型、成立评估工作小组、实施评估、整理评估数据、公布评估结果等步骤。此外,在建设的全过程中还需要经常对数据库系统的运行状况、响应时间进行分析,定期对数据库内容进行更新、维护,并持续收集用户在使用过程中的反馈信息,结合用户在使用过程中发现的问题及时进行修复及改进,使数据库系统逐步完善,从而及时为广大用户提供高质量的数据资源,实现特色数据库的价值。

特色数据库建设是一项长期的系统工程,它不仅是公安院校传统型图书馆向数字型图书馆转变的必经之路,也是现代网络技术环境下图书馆深层次开发利用信息资源,最大限度满足用户个性化、多元化信息需求的途径之一。通过对我国14所公安院校图书馆特色数据库建设的实证调查结果的分析,提出了若干优化策略,目的是为了正视问题,最大限度地推动公安文献数字化的持续发展。

9 农业院校图书馆特色数据库的研究

处于当今信息爆炸时代,任何一个图书馆都不可能将所需文献资料收藏齐全,特别是农业院校。近几年,随着高校数字图书馆的不断发展,用户对数据库信息资源的需求量变得越来越大,专业性也越来越强。国内一些大型有影响的数据库中,如清华同方的学术期刊全文数据库、维普公司的中国期刊全文数据库等,有涉农专辑,但专门为农业服务的数据库较少,在国内可供有效利用的数据库中仅占2.7%,农业数据库建设的滞后已不能满足高层次用户的个性化需求。在面临着有限的经费及用户多样化信息需求的情况,彻底改变农业院校图书馆存在的各自为政、故步自封、重复建设的状况下,就要在特色文献资源的建设上下工夫,以本校重点学科建设为依托,以发展基础学科为前提,建立具有特色的数据库。因此,怎样利用高校学科重点和图书馆特色馆藏资源的特色数据库建设就变得十分迫切。

9.1 农业院校图书馆特色数据库建设的现状和意义

9.1.1 农业特色数据库建设的现状

我国数据库的开发与建设从20世纪80年代开始,农业数据库建设经历了从题录文献库到全文库、从光盘库到网络库的发展。据中国农业科学院文献信息中心统计,全国省级以上107个农业科研单位和农业高等院校自建数据库85个,数据量约3510万条(篇)。具有代表性的农业数据库有中国农业科技文献数据库、中国农林文献数据库、水产科技文献数据库等。

迄今为止,大部分图书馆是购买农业数据库,目前只有少数馆能自建特色数据库,因此购买一些基础性的数据库和农业专题数据库很有必要,但存在各馆的农业数字信息资源大同小异,造成购买的数据库都差不多,各个馆的数据资源雷同,反映不出各自的特色,资源共享就变得没有什么意义;另外,向数据库提供商购买数据库,存在在资源建设上很容易受其制约、买得越多所受的制约就越大的弊端。

2003年启动的CALIS高校专题特色数据库共有75个子项目,农林方面7个,占9.3%,农业院校建库少、重复建设的库多,特色库少、一般水平的库多以及高质量的库少的问题尤其突出,农业数据库的质量和持续可利用性都有待提高。目前,农业院校图书馆正积极根据自己的馆藏特色充分利用人力、财力、物力,建设有自己特色的专题性农业数据库,开发自己的特色资源,以此来开展特色服务。

9.1.2 特色数据库建设的意义

特色数据库就是各高校图书馆根据各校文献信息搜集的实际情况和特定学科信息用户的需求,结合为本校重点学科教学科研的信息服务,有针对性地重点选择一两个学科研究领域,通过系统分析和科学的设计,加强横向联合,有重点地建设专题文献信息数据库,并充分利用网络对各农业院校图书馆的信息资源进行有效的开发和利用。农业院校图书馆特色数据库的建设有利于开展特色信息服务转变传统被动低层次的服务为主动知识增值的服务,并促进图书馆服务意识和观念的根本转变。树立这种具有时代特色的服务理念是顺应图书馆未来发展趋势的,农业院校图书馆特色数据库建设将使分散零乱的特色文献资源得以系统化、有序化整理和深层次挖掘,并通过网络进行传播使用,使传统文献在网络环境下重新体现其知识价值和实现增值。信息网络打破了图书馆自我封闭的状态,图书馆应加快自动化和网络化建设,加强横向联系与纵向协作。目前大多数高校图书馆都建有自己的特色数据库,一般都仅限于在高校校园网上供本校师生使用,在此基础上,在不久的将来可通过"分散建库,集中联库,分散服务,资源共享"的方式来实现实现信息资源共享。

农业院校只有形成具有自身鲜明特色的信息服务系统,发挥自身特点和优势,为社会提供高层次、高效率的信息服务,才能在竞争激烈的信息社会中得以生存和发展,也只有这样才能在数字图书馆建设中找到自己的位置。

9.2 农业院校图书馆自建特色数据库建设实践

近年来,各农业院校图书馆均加快了数字资源建设的步伐,以本校重点学科建设为依托,以发展基础学科建设为前提,都建设了一些特色数据库。如从我国数据库整体水平较低、农业科学专业数据库缺乏情况出发,建设相应的专题数据库,以满足教学、科研的要求建立起来的农业学科数据库;外文期刊是重要而短缺的文献信息资源,对外文期刊引进采取合理的数量与有效的协调,并使其最大限度地发挥作用而建立起来的外文期刊联合目录数据库。另外据报道,我国的科研成果转化率只有15%,技术进步对经济的贡献仅为29%,这是我国生产力水平低下、经济落后的一个重要原因。建立农业科研及在研项目数据库,学位论文是一种极重要的科技文献;另由于学位论文数量大、各单位管理方法不一、发行交流面窄,所以利用上也有不便之处,因此更需建立起农业学位论文数据库等特色数据库。湖南农业大学图书馆从自身的馆情出发,首先把好选题关,做好建库前的调研工作以及选题的可行性分析,自建了以下几个数据库。

9.2.1 硕博学位论文数据库

该馆博硕士学位论文系统是以杭州麦达数字论文系统为操作平台,对该校历年的博硕士学位论文进行加工整理的一整套集完整收集、妥善管理学位论文并提供优质的多方位服务的系统。自2003年12月开始着手建设博硕士学位论文数据库至今,已完成1590多篇学位论文的入库工作,其中硕士1399篇,博士193篇。博硕士学位论文系统采用"回溯自建"和"远程提交"两种方法进行数据库扩容,对该校2004以前毕业的研究生的学位论文,采用"麦达数字论文系统—论文回溯工具"进行加工整理,将其转换成PDF格式的电子文档保存;对2007年及以后毕业的研究生采取远程提交学位论文,包括提交学位论文文摘信息和电子版学位论文全文,提高了农业科学学位论文的使用率,有助于农业科研工作者更好地了解当前学科动态及发展动态,有助于互相交流和学习,带动了科研工作的进一步提高和发展。

9.2.2 多媒体光盘电子数据库

多媒体光盘数据库是该馆信息部自主开发的集光盘完整收集和妥善管理的系统。自2004年10月开始着手建设光盘数据库,经过两个月实践探索就正常投入使用。投入使用的系统包含大量涉及计算机、英语、工程、物理等学科领域的附书和附刊的光盘内容,读者能够自由查阅、检索,在很大程度上方便了广大师生。特色数据库的建设是一项复杂的系统工程,它的建设不可能一蹴而就,该馆开发特色数据库方面始终遵循"计划性、实用性、标准化、资源共享"四大原则,数据库建设前,根据国家有关文献著录和标引原则确定统一的著录标准和标引方式,规范机读格式,保证检索标志的规范化,为信息资源的共享和网络化提供充分的保障。同时也要充分考虑到用户的需求,看其能否产生良好的社会效益和经济效益;尽快打破各自为政的局面,实行分工协作、联合建库,共同建立起独树一帜的数据库,为资源共享奠定坚实的基础。通过其整体规划,采取合理布局、重点投资、分步实施、从易到难、讲究实效等措施,目前该馆所建设的硕博学位论文数据库和多媒体光盘电子数据库投入实施运行阶段,收效很好;同时也总结出建库一些问题,也是其他农业院校图书馆特色数据库建设应加强注意的。

9.3 农业院校图书馆特色数据库建设应注意的问题

9.3.1 数据库的维护与更新问题

对于数据库建设中出现的一些错误以及由于网络信息资源的不断变化而产生的无效链接进行及时更正,是确保数据库质量的必不可少的一项工作。在数据库建成后,要保证有持续可靠的数据源,需要专门的人员进行维护和更新,不断补充新资料、新信息;同时还要有持续的人力和资金的保障,保持其正常的运作和数据的时效性,尽量避免中途停止建库造成浪费,实现可持续发展。

9.3.2 数据库功能的完善

一个好的数据库应具有实用性和检索价值,还必须具有高质量、高效益及竞争性,并提供完善的检索系统,才能得到用户的青睐。数据库必须要全面反映馆藏信息,其内容有一定的深度和精度;数据库检索功能要完善,有多种检索途径,容易操作;提供多种显示和输出方式,才便于用户按需取材;通过网络节点在主页中介绍本馆资源特色和特色数据库的使用方法,建立站点索引或搜索引擎。

9.3.3 重视知识产权

特色数据库的数据来源主要有以下几种:一是本馆馆藏文献的数字化,二是通过搜索引擎集中的网上数据,三是将已购买数据库的部分数据资料纳为己用。在利用网络信息资源时,必须尊重版权。对受到版权保护的信息,应与对方联系,通过购买等方式取得使用权。对不能取得使用权的可在特色数据库中建立题录,标出网络地址,建立超文本链接,为用户提供网络导航。以盈利为目的的特色数据库为社会公众提供更丰富的信息资源,这是当代图书馆的一项重要使命。

9.4 农学CALIS中心成员馆特色数据库建设现状

中国高等教育文献保障体系(CALIS)建立文理、工程、农学、医学4个全国性文献信息中心,构成CALIS三层结构中的最高层,主要起到文献信息保障基地的作用。农学全国中心设在中国农业大学,作为CALIS与全国农业信息网的连接点,扩大文献资源共享的范围,同时又作为同类院校图书馆的协作牵头单位,开展相应的资源共享活动。根据CALIS建设三级服务体系框架对全国文献信息中心的要求,全国农学中心作为CALIS与全国农业信息网的连接点,其主要建设目标为依托中心所在图书馆——中国农业大学图书馆,联合全国高等农业院校图书馆,完善服务基础设施,提高专业队伍水平,丰富农学类文献收藏,增强服务能力,加强在CALIS3级保障体系中的主导作用,将全国农学文献信息服务中心建成为全国高校服务的"大学科"资源中心、文献信息服务中心、培训中心和宣传中心。

9.4.1　农学CALIS中心成员馆所建特色数据库调查

9.4.1.1　调查方法

利用农学CALIS中心网(http://www.lib.cau.edu.cn/calis_1/index.html)的34个成员馆的链接进行查找,并利用GOOGLE、百度搜索引擎和农学CALIS中心的QQ群问卷对农学CALIS中心成员馆所建特色数据库进行辅助调查。

9.4.1.2　调查结果

由表4.10可知,共有28所农学CALIS中心成员馆建设了各自的特色数据库,占成员馆的82.4%,其中还有2所高校的网站无法进行链接,1所高校的特色数据库无法查找。各馆特色数据库的数量和质量不一,其中建设较多的特色数据库有研究生学位论文数据库和随书光盘数据库。这是因为:①研究生学位论文一般都有很高的学术价值;②为了参加CALIS中心和农学CALIS中心研究学位论文共建共享(随书光盘是广大高校读者所喜欢和需要的资源之一,且随书光盘资源容易收集整理)。28所图书馆共建161种各种形式的特色数据库,其中包括声像数据库、文摘型数据库、索引、目录、图片等,学科内容均为关于农业相关学科、相关信息机构及相关知识的集合,充分体现了农业院校图书馆的专业特色。

表4.10　我国34所农学CALIS中心成员馆自建特色数据库一览

单位名称	数据库数量	特色数据库名称
中国农业大学图书馆	14	国外高等农业教育本科专业设置和课程体系平台,中国农业大学博硕士论文数据库(1985—),农业工程国际会议论文数据库,农业工程外文核心期刊论文库,美国农业工程学会标准库,农业工程文摘数据库,农业机械产品图片库,农书古籍库,中国农业大学知识库——教师文库,中国农业大学知识库——博硕士学位论文资源,中国农业大学知识库——食品科学与工程学科专题文献信息服务平台,中国农业大学知识库——植物保护学科专题信息服务平台,草业数据库,随书光盘库
福建农林大学图书馆	5	学位论文数据库,福建省主要造林树种特色数据库,亚热带果树病虫害数据库,金山书影(书评),南平旧馆馆藏数据库
甘肃农业大学图书馆	5	甘肃农业大学硕博学位论文数据库,节水农业文献数据库,世界牦牛专题数据库,藏獒资料题录(重点学科导航),随书光盘管理系统
广西大学图书馆	6	广西大学博硕士学位论文全文库,广西大学博硕士学位论文摘要库,广西大学优秀本科毕业论文(设计)数据库,课程参考书书目数据库,广西大学重点学科导航库,广西大学随书光盘发布系统
河南农业大学图书馆	9	高教参考,视频点播,随书光盘,小麦专题特色库,鸡研究专题特色库,玉米专题特色库,重点学科导航,学位论文数据库,学生信息库

续表

单位名称	数据库数量	特色数据库名称
河南郑州牧业工程高等专科学校图书馆	0	—
河北农业大学图书馆	5	农业信息参考, 河北农业大学博硕士论文, 教师著作文库, 枣研究数字平台, 河北奶业科技信息网
华中农业大学图书馆	6	国内外油菜品种及栽培技术信息系统, 猪养殖特色数据库, 水稻突变体数据库, 水稻EST数据库, 学位论文数据库, 随书光盘管理系统
华南农业大学图书馆	11	华南农业大学学位论文数据库, 图书馆语音磁带数据库, CALIS 重点学科农林经济管理导航库, 随书光盘数据库, 广州石牌六校免费电子全文数据库, 广州石牌六校创新参考数据库, 热带南亚热带园艺数据库, 农业生态学科导航数据库, 国外大学资料数据库, 投稿指南数据库, 华南农业大学专家名人文献数据库
华南热带农业大学图书馆（并入海南大学图书馆）	6	海南旅游资源, 张云逸专题库, 学位论文库, 随书光盘中心, 罗门蓉子诗集, 海南记忆网
湖南农业大学图书馆	6	硕博士论文系统, 非书资源管理系统, 麻类文献数据库, 茶叶研究数据库, 音像资源系统, 外刊编译报道
黑龙江农业经济职业学院图书馆	0	—
黑龙江八一农垦大学图书馆	8	中国主要农作物病虫害数据库, 课件导航数据库, 精准农业数据库, 网络免费电子全文数据库, 馆员学术论文库, 馆藏磁带数据库, 馆藏光盘数据库, 黑龙江八一农垦大学硕士学位论文数据库
吉林农业大学图书馆		网页无法打开
江西农业大学图书馆	1	江西农大硕博论文库
青岛农业大学图书馆（莱阳农学院图书馆）	7	随书数字资源数据库, 公共资源检索平台, 植物源农药数据库, 克隆牛数据库, 老师成果数据库, 外文期刊目次数据库, 学位论文数据库
南京林业大学图书馆	4	随书光盘库, 学位论文数据库, 教辅图库, 学科导航
内蒙古农业大学图书馆	3	随书光盘, TASI论文提交系统, 学科导航(打不开)
南京农业大学图书馆	5	学位论文电子版, 随书光盘, 学科导航, 教参推荐, 南农文库
沈阳农业大学图书馆	1	信息站点导航
上海交通大学图书馆（七宝校区）		无法查找
上海海洋大学图书馆(上海水产大学图书馆)	4	信息摘编, 渔业专题数据库, 随书光盘检索, "海大人文库"书目
四川农业大学图书馆	9	四川农大教师论文数据库, 猪的营养中外文专题数据库, 植物无融合生殖专题数据库, 玉米遗传育种专题数据库, 水稻遗传育种专题数据库, 小麦遗传育种专题数据库, 大熊猫专题库, 禽流感中外文专题数据库, 四川农大重点学科导航库
山东农业大学图书馆	0	—

续表

单位名称	数据库数量	特色数据库名称
山西农业大学图书馆	8	博硕士论文库, 随书光盘管理系统, 院士文库, 山西省地方志, 山西农业大学图书馆特色馆藏, 小杂粮专题资源, 山西农业大学课件发布系统, 学科导航
天津农学院图书馆	8	动植物病虫害智能诊断数据库, 观赏花卉查询系统, 药用植物查询系统, 无公害农产品病害防治数据库, 英语模拟练习系统, 天津农学院优秀毕业论文, 馆藏外文期刊目录, 外文期刊篇名目次和摘要浏览, 学科导航
西北农林科技大学图书馆	4	西北农林科技大学图书馆非书资源管理平台, 学位论文全文数据库, 西北农林科技大学植物标本数据库, 黄土高原水土保持数据库
新疆农业大学图书馆		网站无法打开
西南大学图书馆	11	自建光盘数据库(世纪大讲堂、随书光盘), 西南大学博、硕士论文库, 西南大学重点学科专家论文库, 网络外文全文库, 非主流音乐空间, 文科基地外文期刊全文库, 文科基地建设专题数据库, 教育科学专题数据库, 西南大学抗战文献库, 农业经济管理专题数据库
杨陵职业技术学院图书馆	0	—
云南农业大学图书馆	6	云南农业大学学位论文, 馆藏图书带盘检索系统, 云南农业大学文库, 教学用参考资料平台, 云南省高校图书馆公共查询检索及馆际互借系统, 农耕文化展数字化收藏
浙江大学图书馆农业分馆		无法查找到浙江农业大学图书馆原有的特色数据库
浙江农林大学图书馆(浙江林学院图书馆)	3	光盘系统, 随书磁带, 学科导航
中国海洋大学图书馆	6	数字海洋博物馆, 海洋文献数据库, 海洋文库, 海大博硕论文库, 海大讲坛, 随书随刊附盘数据库

9.4.2　所建特色数据库分析

9.4.2.1　特征分析

农学CALIS中心成员馆主要建设有以下几方面的特色数据库: 学科特色资源数据库、学科导航数据库、地方特色资源数据库、科研成果数据库、馆藏特色资源数据库、教学资源数据库、馆际协作建设特色数据库。

·学科专题资源数据库

学科专题资源数据库是高校图书馆根据自身的服务任务及资源优势, 结合该校专业特点, 围绕明确的学科范围所建立的一种具有自身学科特色和唯一性的特色数据库或能体现高等教育特色, 或具有交叉学科和前沿学科特色的资源。农学CALIS中心成员馆的学科特色数据库包括: 中国农业大学图书馆的"中国农业大学知识库——食品科学与工程学科专题文献信息服务平台"、"中国农业大学知识库——植物保护学科专题信息服务平台"、"草业数据库"等, 甘肃农业大学图书馆的"节水农业文献数据库"、"世界牦牛专题数据库", 河南农业大学图书馆的"高教参考"、"小麦专题特色库"、"鸡研究专题特色库"、"玉米专题特色库"等。

· 学科导航数据库

学科导航库也称因特网上图书馆,它是图书馆界借用商业导航库概念和技术,并结合文献信息处理的传统经验,解决通用导航库难以适应网络学科信息组织和利用问题的结果。学科导航库的定义可表述为:针对特定学科或主题领域,按照一定的资源选择和评价标准,规范的资源描述和组织体系,对具有一定学术价值的网络资源进行搜集、描述和组织,并提供浏览、检索、导航等增值服务的专门性的数据库网站。甘肃农业大学图书馆的"藏獒资料题录(重点学科导航)"、广西大学图书馆的"广西大学重点学科导航库"、华中农业大学图书馆的"猪养殖特色数据库"主要由中文文献库、英文文献库、品种图片库以及网络导航库等几个数据库组成,既为该学科和相关学科的科研人员提供了较为系统和前沿的专业资料,又为养殖户提供了技术信息。华南农业大学图书馆的"CALIS重点学科农林经济管理导航库"、"农业生态学科导航数据库",河南农业大学图书馆的"重点学科导航库"等的建设不但为科研学者提供了参考资料,也为广大农民提供了相关知识,更为解决相关农业实际问题提供了比较权威的信息。

· 地方特色资源数据库

地方特色资源数据库是指以反映地域和历史人文特色,或与地方政治、经济和文化发展密切相关的独特资源为对象而建设的数据库。该数据库包括:福建农林大学图书馆的"福建省主要造林树种特色数据库"、"亚热带果树病虫害数据库",华南农业大学图书馆的"热带南亚热带园艺数据库",(其中热带南亚热带园艺库主要收集了热带南亚热带水果、蔬菜、花卉的品种资源与开发利用方面的论文和研究成果,园艺与园林设计等方面的论文和科研成果,介绍了可推广的热带南亚热带园艺相关技术、生产工艺、专利、设施等,报道相关的政策和市场信息,搜集国内外网络信息与企业名录等相关文献资料;热带南亚热带园艺库分为5个子库:特色数据库、基地库、成果库、图片库和专家库),四川农业大学图书馆的"大熊猫专题库"等。这些特色数据库充分体现了地域和区域特色。

· 科研成果数据库

科研成果数据库将该校的科研成果数字化,建设科研成果数据库,便于用户查询,为科研成果的推广提供桥梁作用。此类数据库包括:河北农业大学图书馆的"教师著作文库",华南农业大学图书馆的"华南农业大学专家名人文献数据库"(该库收录了华南农业大学各学科众多专家学者公开发表的文献,其建设的目的在于促进科研成果的交流与共享,帮助科研人员追踪该学科最新研究进展,避免研究工作的重复进行,促进科研文献信息的利用与增值),黑龙江八一农垦大学图书馆的"馆员学术论文库",青岛农业大学图书馆的"老师成果数据库",南京农业大学图书馆的"南农文库"等。

· 馆藏特色资源数据库

馆藏特色资源数据库是指具有他馆所不具备或只有少数馆具备的特色馆藏,或散在各处、难以利用的资源。经过长期的学科建设,各校在自己的学科领域已显示出独特的优势,同时也收录了大量相关文献,并且重点收藏、重点建设、优先投入专业性、学术性、权威性的文献资料,使之尽可能的丰富、系统、完整,形成各馆的特色馆藏。建设其他图书馆和学校所不具备或只有少数图书馆具备的特色馆藏,如中国海洋大学图书馆的"海洋文库"收藏印刷版的涉海图书6000余种、10000余册,其中部分为中国海洋大学图书馆收藏的珍贵的涉海图书孤本。对于20世纪90年代以后国内出版的海洋类图书,海洋文库几乎全部收藏。另有研究生学位论文数据库、随书光盘数据库等均属此类。

· 教学资源数据库

教学资源数字化资源是面向师生的专业化服务资源,也是与教学科研联系最为密切的资源群,包括品牌特色专业、精品课程、教学参考书、专业数据库等。北京农学院图书馆的"农业专家数据库"收集了国内农业专家的信息;图片数据库有东北林业大学图书馆的"濒危和保护动物图片库"、中国农业大学图书馆的"农书古籍图片数据库"、南京林业大学的"教辅图库"、华南热带农业大学图书馆的"相关机构信息库"等。

· 馆际协作建设特色数据库

馆际协作建设特色数据库,按照统筹规划、共同开发、联合共建的原则,可以在信息、技术方面互通有无,资源共享;在人力、物力、财力方面各尽所长,优势互补。通过馆际协作建设特色数据库可避免重复建库和留下空白学科,使每一学科的建设都达到相当完备的程度,为资源共享创造良好的条件。如华南农业大学图书馆的广州天河地区高校"期刊联合目录数据库"、"报纸联合目录数据库"、"广州天河地区高校免费电子全文数据库"、"广州天河地区高校创新参考数据库"以创新为理念,以短评文摘的方式展现当今学术领域最新的研究成果和学术动态,内容涵盖生物、材料、化学、物理、医学、农林、信息技术、社科与经济管理等多个学科,可为日常教学、科研、学习提供信息指引渠道;沈阳农业大学图书馆的辽宁高校图书馆外文期刊联合目录等,为读者馆际互借提供了检索平台,拓宽了文献利用范围,满足了读者对文献信息不断深化的需求。

由此可见,农业图书馆已逐步建立了一批具有专业、地方和高等教育特色,服务于高校教学科研和国民经济建设,方便实用,技术先进的专题文献数据库,显示了农业院校图书馆在农业领域文献信息资源收集方面所独具的专深、全面、系统优势。

9.4.2.2 数据库建设存在的不足

(1)量少

虽然农学CALIS中心成员馆特色数据库建设取得了一定的可喜成果,但除随书光盘和研究生学位论文数据库外,只有24家图书馆建立了真正意义上的特色数据库,仍有大部分图书馆没有特色数据库的建设或尚在筹划中,一些图书馆建立的特色数据库信息量较少或完整性不够,总之农学CALIS中心成员馆的特色数据库建设仍处于不成熟发展阶段,有必要继续挖掘和发布校内未开发的、散在各处、难以被利用的独有资源。

(2)对外不开放

农学CALIS中心建有特色数据库的28个成员馆中,只有9个成员馆可以对外链接,占28个成员馆的32.1%,说明许多成员馆的特色数据库在校外无法访问。

(3)重复建设

农学CALIS中心34个成员馆共建设161个特色数据库,除研究生学位论文外,至今还没有对其他特色数据进行共建共享。虽然农学CALIS中心尽力促进成员间共建共享,但由于缺少经费资助,没有统一软件平台和数据规范,共建共享成为一纸空谈,造成特色数据库重复建设。

9.4.3 建议与对策

9.4.3.1 做好特色数据库的规划方案

特色数据库建设要做好长远规划,整体论证设计,分阶段实施,每一阶段定出明确的建设目标。树立精品意识,确立建设高水平的特色数据库的工作目标。通过特色数据库体系的建设和实施,为学科建设提供充足的信息资源保障服务。为此,农学CALIS中心应对特色数据库的建设进行统一规划,形成规划方案。重视数据库的内容规划,充分考虑各成员馆的性质、馆藏特色、学科专长、服务对象、社会责任、用户需求等因素,进行科学论证、用户调查后再实施。有目的、有选择地建设,力争突出特色,并在使用过程中不断进行补充完善,使之真正受到用户的欢迎。

9.4.3.2 提高特色数据库的质量

在实践中要不断完善特色数据库的建设程序,提高数据库的数据质量。首先是选题问题,合适的选题不仅关系到数据库的质量,还关系到数据库建设工作能否顺利完成;其次要进行广泛的文献收集,文献收集应遵循全面性、价值性、准确性、适宜性和针对性原则;再次要注重数据的标引质量和数据维护,提供信息增值服务,注重加强全文型、数值型数据库等源数据库的建设,不仅提供文本信息,还要提供图形图像、声音等多媒体信息,以满足不同用户的需要。

9.4.3.3 联合建设特色数据库

农学CALIS中心明确规定以建设农林特色数据库为重点建设内容之一,在农学CALIS中心成员馆中,中国农业大学、华中农业大学、华南农业大学参与了CALIS全国高校特色数据库建设。农学CALIS中心成员馆在文献资源和学科建设等方面具有很多的共性和互补性,应充分发挥农学CALIS中心的作用,避免特色数据库的重复建设,农学CALIS中心在进行特色数据库建设时,必须协调管理、分工协作、馆际联合建库、共建共享。在农学CALIS中心的组织和协调下,充分发挥各成员馆的特色和优势,优化资源,合作共享,实现特色数据库的宏观规划控制和业务技术指导,合理划分数据库类型、等级和评估标准,消除各自为政、各建其库的弊端,并从建库论证、元数据的设置、建库步骤、建库标准制定到数据收集、文献标引、数据录入等方面实行质量控制和指导。统一数据库加工软件系统,制定统一的元数据标准,明确规定数据库的规模和收录信息资源的类型。

9.4.3.4 完善特色数据库检索系统

应建立完善的多功能检索系统,主要包括对特色数据库进行整合,在图书馆网站建立数据库的导航系统,将特色数据库介绍和使用方法挂在网上。具体到某个特色数据库,其检索质量主要通过检索途径、检索式构造、检索结果排序等体现出来,特色数据库应提供题名、著者、刊名、分类、ISBN、ISSN、主题词、语种等多种检索途径,并提供年代或检索结果限制等功能。在检索式构造方面,数据库既要提供简单检索,还要提供布尔逻辑、字段限定、智能扩展等检索功能,使用户可以构造较复杂的检索式,进行高级检索,从而提高特色数据库的利用率。

9.4.3.5 加强推广

特色数据库建设的最终目标是数据库的使用,而了解数据库使用方法是使用数据库的前提。因此,特色数据库发布后,一定要进行宣传和推广,使更多人认识和了解该数据库(目前高校图书馆主要采用在图书馆主页发布"数据库简介与使用指南"、"数据库简介与使用指南"在各共建高校进行巡展等方法推广特色数据库),并有目的地开展读者培训,从而达到"建与用"的统一。另外,数据库的利用率如何,用户对数据库建设和使用有什么意见和建议,也是追求特色数据库效益最大化的关注点。因此,应及时收集用户使用的反馈信息,建库组根据用户的需求、意见和建议不断改进工作,努力使特色数据库建设更专业和实用。

10　纺织服装院校图书馆特色数据库的研究

我国许多高校图书馆都在对本馆拥有的特色馆藏资源进行数字化处理,可其中关于纺织服装方面的特色馆藏资源开发与利用报道甚少。根据各纺织高校图书馆网站公布的资料得知,一些图书馆已经建立了相应的特色数据库。例如天津工业大学图书馆曾在2002年建立了外文期刊目次数据库,东华大学图书馆曾2003年建立了"纺织特色文摘库",武汉科技学院图书馆在2004年也建立了"纺织外文期刊文摘数据库",北京服装学院图书馆于2007年10月开通了"服装数字图书馆",浙江理工大学图书馆在2008年年底也开始建立"浙江纺织服装特色数据库"等等。这些特色数据库的建设已经取得了良好的效果,因此各大纺织服装院校图书馆也纷纷重视这方面特色资源的开发与利用,并且成为其图书馆建设和发展的工作重点之一。

10.1　数量统计

纺织服装类特色数据库的建设其实主要集中在有纺织服装优势学科的高校图书馆,即原隶属于国家纺织工业部的高校,但随着我国高校教育事业的发展,好多纺织服装类院校在发展过程中被一些综合类大学合并,成为了综合型大学,基本上失去其原有的特色和优势。例如原山东纺织工学院于1993年和原青岛大学、青岛医学院、青岛师范专科学校合并组建成青岛大学;1995—2000年苏州蚕桑专科学校、苏州丝绸工学院先后并入到苏州大学。我们这里调查的纺织服装类高校主要以全国纺织服装信息研究会网站公布的高校为研究对象。截至2013年7月底,根据各高校图书馆网站公布的资料,现将我国纺织服装高校特色数据库的建设情况统计如表4.11。

表4.11　我国13所纺织服装院校自建特色数据库一览

单位名称	数据库数量	特色数据库名称
北京服装学院图书馆	12	北京服装学院机构知识库,特色资源库,赫哲族鱼皮服饰文化与工艺,中国民族服饰文化,服装数字图书馆,服装学科网络学术资源导航系统,服装艺术图片数据库,服装大师信息数据库,服装服饰学术论文数据库,金顶针/兄弟杯奖,重塑裘皮材料,针织服装数据库
大连工业大学图书馆	0	—
东华大学图书馆	9	南通土布数据库,东华大学服装信息资源数据库,纺织服装特色中文期刊库,中国服装史图文库,纺织技术文摘英文数据库,服装视频数据库,纺织特色文摘数据库,纺织服装专利文摘数据库,纺织服装信息采集库
青岛大学图书馆	0	—
苏州大学图书馆	0	—
太原理工大学轻纺工程与美术学院图书馆	0	—
天津工业大学图书馆	6	高校资源共享纺织特色数据库,馆藏时装图库,东华纺织特色文摘库,纺织特色外文文献全文库,纤维增强复合材料文摘库,时装信息平台数据库
武汉纺织大学图书馆	3	纺织外文期刊文摘数据库,服装图文影像数据库,纺织中文期刊文摘数据

续表

单位名称	数据库数量	特色数据库名称
西安工程大学图书馆	2	服装专题文献数据库,中国国际毛纺织会议论文数据库
盐城工学院图书馆	1	纺织机械专题数据库
浙江理工大学图书馆	1	纺织工程学科导航
中原工学院图书馆	0	—
河南工程学院图书馆	0	—

从表4.11我们可以看出,北京服装学院图书馆建立了12个特色数据库,位居第一;东华大学图书馆建立9个特色数据库,位居第二;天津工业大学图书馆也建立了6个特色数据库,位居第三;武汉纺织大学图书馆建立了3个特色数据库;西安工程大学建立了2个特色数据库;建立一个特色数据库的有:盐城工学院图书馆、浙江理工大学图书馆;没有建立特色数据库的图书馆有:大连工业大学、青岛大学、苏州大学、太原理工大学轻纺工程与美术学院、中原工学院、河南工程学院。

10.2 资源分析

各大高校图书馆基本都是在自己特有馆藏基础上建设特色资源库并且将其进行数字化处理最终以网页的形式呈现。资源的类型通过表4.11我们可以看出其具有多样性,主要有全文、图片、文摘、题录,还有多媒体、超链接等。在这里我们重点解析几所在这方面建设比较成功的图书馆。北京服装学院图书馆在建设特色资源数据库方面属于行动较早的馆,早在2003年就建立了服装艺术图片数据库,主要由服装图片库和艺术图片库2个大库组成。每个库又根据不同的专业分为不同的部分,即艺术图片库包括广告、摄影和艺术设计图片,服装图片库包括服装设计大师作品、各类型服装款式、师生获奖作品、中外重要奖项作品艺术和中外著名模特。其中比较有影响力的特色数据库是2007年开通的服装数字图书馆,主要包括服饰文化、服装结构工艺、服装设计基础、服装生产及营销、服装专业设计、服装材料、时尚传媒、艺术设计八大栏目,资源类型包括文章、图库、馆藏资源、相关人物、网络资源等。目前推出的特色资源包有服装设计师、苗族服饰、刺绣工艺,这些资源包对相关内容进行专业报道,并展示大量的图片。服装数字图书馆的特点是提供比较系统的服装特色资源。东华大学是一所以纺织、服装为特色的国家重点大学,其图书馆作为全国纺织文献中心,承担了教育部CALIS "十五" 期间专题数据库建设项目,以纤维及其制品、纤维材料、服装工程与人体功能三个重点学科为中心,于2003年建立了纺织特色文献数据库。现将所有自建的9个特色数据库整合在现代纺织信息参考平台,均在Apabi数字资源平台上发布,以纺织服装二次文献为主。其特点是纺织服装中文资源比较丰富。天津工业大学图书馆通过申请天津市教委项目,建立了外文期刊目次数据库,于2002年实现全国原纺织高校馆藏纺织外文期刊目录免费共享。其中纺织特色外文文献全文库是CALIS的天津市高校特色资源数据库建设项目,是在其馆馆藏外文期刊资源、学位论文资源的基础上,建立外文期刊、学位论文、特种文献等全文数据库,同时对网络资源进行全面搜索,高效而有机地将纺织方面的网络外文资源组织在一起,建立纺织学科网络导航系统,为本校的重点学科 "纺织学科" 的建设服务,同时为全国的纺织行业信息化做出贡献。其特点是纺织服装外文资源比较丰富。西安工程大学图书馆自建了两个关于纺织服装方面的特色数据库:①中国国际毛纺织会议论文数据库是西安工程大学图书馆收集整理了历次会议约700余篇参会论文,涉及不同时期国内外毛纺织业发展现状与趋势、技术与管理等领域的热点问题, 是各国毛纺织专家和技术人员在该领域的研究成果; ②服装专题文献数据库涉及的内容主要是: 1989年以来, 所有与服装领域相关的2000余种中文期刊刊载的29000余篇文献的题录信息, 并且每年都进行更新, 其内容涵盖了服装与自然科学、社会科学、军事经济、文化艺术等学科, 该数据库又分为5个专辑分别为社会科学、经济文化、自然科学、工业技术和服装工业, 同时还可以按照题名、作者、机构、刊名、年度等进行检索查询。2004年武汉纺织大学图书馆建成了纺织外文期刊文摘数据库, 该库大概收录了1.9万条记录, 服装图文影像数据库主要包括各种服装、服饰配件等资料。盐城工学院的纺织机械专题数据库, 也是比较有特色的主要针对某一纺织机械收集整理特色资源。

10.3 存在的问题

目前, 我国高校图书馆已经将建设本校特色数据库作为一项重要的任务来抓, 虽然已取得了可喜的成绩, 但通过访问一些高校图书馆网站发现, 各高校图书馆在建设特色数据库中都存在着这样或那样的问题。纺织服装类高校也不例外, 存在着与其他高校图书馆特色数据库建设的通病。

10.3.1 数据库建设缺乏系统性

通过对各纺织服装高校图书馆自建特色数据库的调查发现存在很多问题。我们这里提到的建设缺乏系统性, 主要包括两个方面的内容: 首先在整体建设体系上, 各图书馆都自行建设, 呈现分散状态, 没有整体规划和布局。虽然建设特色数据库应该充分利用本馆的特色馆藏, 并且结合本校学科的发展, 从各高校图书馆本身来说是毋庸置疑的, 但从整个纺织服装类高校图书馆来说, 由于特色库的重复建设这在一定程度上造成了人力、物力、财力的浪费。比如关于服装类的特色数据库, 有几个图书馆都在建设。其次在建设内容上例如北京服装学院图书馆建设的服装数字图书馆, 主要包括服装专业设计、服装材料、服饰文化、服装设计基础、服装结构工艺、服装生产及营销、艺术设计、时尚传媒八大栏目, 可以说几乎全部囊括了关于服装艺术的内容, 而与此同时, 东华大学建设的中国服装史图文库, 天津工业大学建设的馆藏时装图库, 武汉纺织大学建设的服装图文影像数据库等等, 在数据库内容上都与前者有很多的重复。通过调查我们可以看出纺织服装类高校建设的特色数据库, 一部分资源存在严重的重复建设, 而有的资源几乎无人问津。比如关于布料染色等方面, 各图书馆都没有建设。

10.3.2 忽略后期维护更新缓慢

建立一个有生命力的特色数据库是一项长期性的工程。建立特色数据库只是这项工程的开始, 就像盖房子一样, 刚把地基打好, 其后期的维护与更新也是一项非常艰巨的任务。一个数据库之所以存在生命力, 就是因为数据库的内容不断地更新、修正等, 所以特色库建好后需要长期不断地进行维护。通过调查发现, 许多纺织服装院校图书馆在特色库建好后, 就不再投入精力开展维护工作并且很少及时更新特色数据库的内容。多数特色数据库的建立都是在特定条件下的, 在完成任务后, 由于各种原因数据不能及时追加、更新, 滞后于信息资源建设的进程。还有一些特色数据库显示的最新数据为两三年前的数据, 然而也有部分特色库的数据虽然仍在更新但更新的量很少。例如北京服装学院图书馆建设的重塑裘皮材料特色数据库, 从建成后就没有再更新过; 服装艺术图片数据库虽然会有更新, 但更新的数据也很少; 服装数字图书馆可以说是一个做得相当不错的特色数据库, 但由于经费、人力等原因现在也是举步维艰。

10.3.3 开放范围受限

发布平台不稳定。从一定层面上讲, 各高校图书馆建设特色数据库是为了充分发挥各馆特色资源的优势，最大限度地满足用户的需求。但是在现实中由于受"版权意识"和"共享意识"的影响各高校图书馆特色数据库通过IP限制或账号限制，仅为本单位服务。一般只有通过校园网才可以登录使用，校外用户很难进入高校图书馆的特色数据库，即使检索到了许多数据库也没有访问权限。其实这在一定程度上违背了建设特色数据库的初衷，无法实现资源共享。其实对于纺织服装院校图书馆来说，由于其建立的特色数据库多是图片，一般情况下，如果不提供原图的大图，仅用"缩略图"建立索引库是比较安全的。通过访问各特色数据库的体验来看，数据库的发布平台很重要，它是保证用户能否正常访问的重要因素。例如，如果后台数据库的设计或者平台的搭建等存在问题，都有可能导致用户检索不到资源。

10.3.4 检索途径单一

在调查中发现，许多纺织服装院校图书馆建设的特色数据库检索途径过于单一，例如缺少检索词的查找和选择功能，并且缺乏适当的人机交互界面。许多数据库不提供检索算符，用户只能进行简单检索，而不能利用检索算符构造检索式，进行复杂检索。在调查中还发现，许多特色数据库用户的操作界面也不怎么好用，并且许多数据库都没有简介，这对读者在查找资源以及对数据库的认知上都造成了一定的困难。例如东华大学自建的特色数据库，在2009年曾各自独立呈现在图书馆的网站上，后来由于资源整合，将各个小数据库都统一放在了一个平台上——现代纺织信息参考平台。并且将这个平台放在本校图书馆网站电子资源下的特色资源里面，同图书馆购买来的特色数据库混淆在一起，很难区分出哪些是自建的数据库，哪些是购买的。好多图书馆都存在这样的问题，投有把"自建"和"购买"的特色数据库分开。

通过对纺织服装院校图书馆自建的特色数据库调查得知，目前这些自建的数据库涉及纺织服装的多个方面，虽然没有形成一定的体系，但也都有各自一定的资源基础。基于目前现状，各纺织服装院校图书馆在建设特色数据库的时候，应加强合作，实现共享，深层次开发特色资源，建设紧贴地方纺织服装产业的特色数据库。

11 师范院校图书馆特色数据库的研究

信息社会的不断发展，大数据和云计算概念的广泛应用，对当今图书馆的资源建设提出了新的要求。各类型图书馆依据本馆的功能定位，在完善基础馆藏的同时，越来越重视特色资源的建设。特色数据库作为特色资源的重要组成之一，在图书馆发展中占有显著的地位。我国师范院校图书馆承担着保存教育类文献、满足师范教育需求、助力本校重点学科发展的责任。研究探讨师范院校图书馆特色数据库建设的新思路、新方法，对于优化图书馆资源配置、提高服务效率具有现实意义。

11.1 师范院校图书馆特色数据库的建设现状

在分析国内外关于特色数据库及其相关概念研究成果的基础上，主要从资源内容、类型和开发者3个方面界定了研究范畴，认为特色数据库是以本馆、本校或地域、文化为特色内容，以电子、网络、多媒体资源为主要类型，通过自建、他建或共建的方式完成的数据库。以"全国师范院校图书馆联盟"网站上公布的80所成员馆作为调研对象，于2015年6月至7月间，通过访问图书馆网站的方式，收集了各馆特色数据库建设的相关信息。在80所成员馆中除3家图书馆主页无法访问，24所没有进行特色数据库建设之外，其余53所图书馆共建成235个特色数据库（不包含非书资源系统）。

我们从内容特色角度，对数据库进行分类（见表4.12），可以看出，依据学科特色、地方特色和馆藏特色分别建有76个、48个和111个数据库。再根据特色的具体内容，做进一步的细分。其中，重点学科特色数据库共31个，例如：华中师范大学图书馆的"中国农村问题研究文献数据库"，该库是由华中师大图书馆与华中师大教育部人文社会科学重点研究基地——中国农村问题研究中心合作建设的，面向专家学者，同时为各级政府决策者以及关心"三农"问题的公众服务；首都师范大学图书馆的"基础教育特色资源"；上海师范大学图书馆的"教师教育特色资源库"；天津师范大学图书馆的"心理与行为研究特色数据库"等。具有高等教育特色的数据库共45个，主要提供教学服务，例如：东北师范大学图书馆的"东师教师指定参考书库"，华东师范大学图书馆的"华东师大教学参考书信息数据库"，广西师范大学图书馆的"教学参考书全文库"等。能够体现特定区域、民族、历史人物等地方特色数据库共有48个，例如：东北师范大学图书馆的"满族特色文献资源""蒙古族特色文献资源"；贵州师范大学的"贵州省地方志全文数据库"；湖南师范大学图书馆的"刘少奇数字图书馆""湖湘文化特色数据库"等。古籍特色数据库共有14个，例如：北京师范大学图书馆的"北师大50年以来整理出版清代诗文集书目"；上海师范大学图书馆的"馆藏善本古籍数据库"；西北师范大学图书馆的"本馆收藏百年外文原版图书书目"等。教学科研成果特色数据库共21个，主要收集教师、学生的教学科研成果，例如：南京师范大学图书馆的"南师大机构典藏系统"；陕西师范大学图书馆的"陕西师范大学SCI文库"；四川师范大学图书馆的"本校科研成果数据库"等。其他特色馆藏数据库共47个，例如：北京师范大学图书馆的"新中国成立前师范学校及中小学教科书全文库""高校人文社会科学研究优秀成果奖"获奖成果全文库；江西师范大学图书馆的"中正大学藏书书目"；云南师范大学图书馆的"西南联大特藏室"等。各校另建有本、硕、博学位论文库29个。从揭示层次上看，既有全文数据库，又有书目数据库。其中古籍特色数据库以揭示书目为主，其他内容数据库，根据各馆文献基础、实际需求和建设能力的不同，以全文数据库为主。从资源属性上看，特色数据库基本涵盖了图书、期刊、报纸、学位论文、会议论文和多媒体资源等，既有单资源类型的，如学位论文库，也有多资源类型的，如教学科研成果特色数据库。从建设方式上看，特色数据库以自建为主，也有部分采取高校联合或校企联合的方式完成。这在一定程度上受益于CALIS"高校学位论文库子项目""专题特色数据库子项目"和"教学参考信息子项目"等的带动，在这些项目的支持下，各师范院校加快了数字资源的建设步伐，特色数据库作为数字资源的重要组成部分，获得了较快的发展。

表4.12　师范院校图书馆特色数据库调查结果（个）

学科特色	重点学科	31
地方特色	高等教育特色资源	45
	区域、民族、历史人物等	48
馆藏特色	古籍（不包含民国文献）	14
	教学科研成果	21
	学位论文	29
	其他特色馆藏	47

11.2　师范院校图书馆特色数据库的问题与评价

近些年来，师范院校图书馆纷纷成立数字化部，专门负责馆藏资源的数字化加工，加大了特色数据库建设的投入，建库成果不断丰富的同时，也存在着一些亟待解决的问题。依据师范院校图书馆联盟80所成员馆235个特色数据库的调查结果，从数据库内容、检索系统和使用这3个方面，对师范院校图书馆特色数据库建设的总体情况进行了定性和定量分析。

11.2.1 数据库内容

高校图书馆资源建设的目的首先要满足本校教学科研的需求，促进重点学科的发展，其馆藏特色往往体现了该校学科设置的特点。以此为原则，特色数据库的内容也应以馆藏为基础，突出重点学科和师范特色。在235个被调研的数据库中，以学科特色为出发点建设的数据库占32%（76个），覆盖的学科包括：教育学、心理学、音乐学、体育、地理学、能源与环境科学、社会学以及各科教育教学资源等。但是这些数据库普遍存在着体量较小、对特色资源挖掘不深入的问题。各图书馆往往依据项目需求，在现有资源基础上，一次性地投入人力、物力，数据库建成以后，缺少后期维护、数据更新以及有效的使用评估。

11.2.2 检索系统

检索系统是对数据库评价的又一个重要指标。因为系统与内容是密不可分的，系统的好坏直接影响到对内容的使用。从用户使用的角度，特色数据库检索功能的实现主要表现在以下几个方面。第一，是否具备数据库基本介绍，包括建库目的、背景以及资源的内容、数量、揭示层次、时间跨度、语种等。这些信息为数据库的首次使用者提供了非常有效的参考，有益于培养固定的用户群体。然而，在实际调研中发现，用户往往只能依靠名称来判断特色数据库的内容，如果不细心的话，很可能错过非常重要的数据源，因此编写简洁明了的数据库介绍非常有必要。第二，是否具备浏览功能。这是方便用户快速、直观地了解数据库内容的有效方法，但是很多被调研的特色数据库没有设置浏览功能。第三，是否提供多条检索途径，例如，支持作者、题名、关键词、摘要、文献来源、年份、学科等多字段检索。这主要依据数据库规模和资源类型而定，资源类型多样、体量较大的数据库检索途径相对较多，反之较少。调研发现，一些小型数据库，往往只设置了浏览功能，而不提供检索途径。第四，是否能对检索结果进行分析、整合，并便于文献获取。例如，对检索结果进行资源类型、年份、来源、语种的聚类，按照相关度进行排序，支持全文下载等。师范院校的特色数据库有别于一般的商业数据库，在检索结果的用户化方面，还有待于进一步完善。

11.2.3 使用情况

"数据库的使用情况属于后评估指标"，可以通过用户对某一数据库的登录次数，进行初步的分析和评估。由于版权问题，在调研的235个特色数据库中，仅有个别数据库提供全文开放获取，如东北师范大学的"特藏文献数据库（古籍）"；此外，一部分数据库可以对外部用户提供导航和检索服务，便于资源查找，并可阅读题录等相关信息，但无法正常浏览下载全文，如首都师范大学的"学位论文数据库""师大文库"；还有相当一部分特色数据库仅供特定用户使用，其他用户无法正常查看数据库链接。

由于数据库共享程度低，因此数据库的使用频率相对较低。图书馆网站公布的数据显示，有些数据库自建成以来，在超过两年的时间内，访问量仅过百。此外，调研中还发现，虽然师范院校特色数据库的整体建设已成规模，但数据库布局不平均，地区发展不平衡的问题非常突出。有的图书馆多则开发了十几个特色数据库，例如，北京师范大学图书馆拥有12个特色数据库，东北师范大学图书馆拥有14个特色数据库；而在调研的80所图书馆中，仍然有24所没有启动特色数据库的建设。

11.3 师范院校图书馆特色数据库的发展与对策

在分析特色数据库建设现状和问题的基础上，我们发现，目前各师范院校图书馆的特色数据库大体上采取了"自建与自享"的发展模式，这一方面是由于版权问题的限制，另一方面也反映出师范院校图书馆之间沟通和协作的不足。因此，应当充分发挥"全国师范院校图书馆联盟"的管理与协调作用,参考和吸收国内外图书馆联盟的先进经验,确立师范院校图书馆特色数据库建设的基本方案,规范建库标准,提升服务水平。

11.3.1　统一建库标准

由"全国师范院校图书馆联盟"牵头,针对成员馆,制定统一的特色数据库建设标准。明确特色数据库概念的范畴,从内容的数量和质量上,确定建库规模;设置规范化的数据库导航,开发功能全面、便于用户使用的检索系统;建立元数据的保存模式,技术上以元数据为主要存储单元,联盟只需存储元数据,各馆资源在本地分布存储,可以极大地减轻联盟的数据维护负担,各馆也有效地保护了本校的学术知识产权,共同构建联盟特色数字资源保障系统。

11.3.2　建立共享机制

以信息服务中心为枢纽,发挥"大馆"带动作用,建立统一的资源共享机制。出于版权的考虑,特色数据库很难采取网络OA(Open Access)资源的模式实现充分的开放与共享。但是在"全国师范院校图书馆联盟"的合作框架下,可以参照目前成熟的共享模式,诸如CASHL的"馆际互借"以及CALIS的"文献传递"服务,探索资源共享的具体办法。这就要求具有相对丰富建库经验和成果的师范院校图书馆,率先开放本馆特色数据库的检索系统,让联盟内的其他用户可以"看得到"本馆的特色资源,再考虑通过本地或异地获取资源。以"大馆"促"小馆",推动整个联盟特色数据库的建设,优化资源布局。

11.3.3　加强数据库宣传

以资源建设中心为平台,加强特色数据库建设和宣传。应当重视和发挥资源建设中心统筹和协调的功能,利用中心网站,宣传成员馆特色数据库建设成果,促进成员馆之间的互相了解,在此基础上开展进一步合作。

11.3.4　评估与维护相结合

以技术应用中心为支撑,建立长效评估机制和维护机制,提升特色数据库服务品质。根据特色数据库具体情况,科学地设置前评估和后评估指标,构建合理的指标体系,对特色数据库进行循序有效的评估。做到建库前充分论证,建库后有效维护,评估与维护相互结合,评估的结果能够促进数据库维护,维护反之也能修正评估指标。特色数据库的维护是一项长期而细致的工作,需要持续不断地投入,应当责成专人进行数据库维护,加强沟通。

打破区域限制,突破馆际瓶颈,实现资源的共建、共享、共知,是特色数据库未来发展的方向。目前,以"全国师范院校图书馆联盟"为依托推动特色数据库的建设尚处于探索阶段,我们应当以此为契机,在充分调研的基础上,发挥联盟成员的主动性、积极性和创新性,鼓励合作建设特色数据库,在实践中完善"全国师范院校图书馆联盟"的资源建构模式。

二、不同层次的高校图书馆特色数据库研究

1　高职院校图书馆自建特色数据库的研究

2006年11月,为贯彻落实《国务院关于大力发展职业教育的决定》(国发[2005]35号),国家正式启动被称为"高职211"的"百所示范性高等职业院校建设工程"。七年来,百所示范性高职院校在探索校企合作办学体制机制、工学结合人才培养模式、单独招生试点、增强社会服务能力、跨区域共享优质教育资源等方面取得了显著成效,引领了全国高职院校的改革

与发展方向。图书馆作为高校教育的三大支柱之一,在高职院校示范评估、示范建设与项目验收的过程中占有一定比重,也正是因为这个机遇和挑战带来了高职示范院校图书馆的蓬勃发展。在示范性高职院校建设过程中,图书馆得到充足的经费保障,不仅增加了图书馆文献数量,改善了图书馆硬件设施,一些图书馆还开始重视图书馆特色资源的建设与服务水平的提高,意识到收集和保存本单位在同行中具有特色文献和数据的重要性,纷纷利用自身馆藏特色建立起具有本馆特色的信息资源数据库。

1.1 研究方法

国家示范性高职院校经过层层筛选和专家严格评审,代表着我国高等职业教育的优质水平。示范性高职院校图书馆建设情况能代表高职院校图书馆的普遍状况,建设较好的图书馆甚至能起到一定的示范和带头作用。因此,为全面了解高职院校图书馆特色库建设情况,对教育部公布的100所高水平示范院校图书馆进行了详细的网上调研,重点从百所示范性高职院校的图书馆网站、特色库平台以及建库情况进行现状实况调研,并通过电话采访、网络咨询、实地考察等方法对网站采集的信息予以确认,以了解高职院校图书馆特色库建设现状与不足,为高职院校图书馆特色数据库的长远建设与发展提供参考。

1.2 现状分析

1.2.1 数量

在100所国家示范性高职院校中,有82所院校建有图书馆独立网站,18所无图书馆独立网站。在建有独立网站的图书馆中,有40家图书馆建有各种类型的特色数据库,占可正常访问示范高职院校图书馆的48.8%。

1.2.2 类型

示范性高职院校图书馆目前建设的数据库主要有6种类型(见表4.13)。百所示范高职院校共建有特色数据库121个,其中专题库占41.52%。专题库主要收集面向特定用户的专业化服务资源,如某学科、主题、品牌特色资源。调研的专题库包括针对专业教学的教参库。专题库在建成的特色库中所占比重最多,其中不乏优秀的特色库,如天津职业大学图书馆建设的"包装技术与设计专业特色库"、宁波职业技术学院图书馆建设的"机电模具特色资源数据库"、"宁波市动漫产业特色资源库"等。

表4.13 高职院校图书馆特色数据库类型

特色数据库类型	数量(个)
专题库	51
随书光盘	23
本校独有资源	19
精品课程	8
知识服务平台	9
其他	11
总计	121

随书光盘数据库是特色数据库中建设相对集中的数据库类型,占特色库总量的18.64%。主要是对本馆纸质图书的附书光盘、非书资料、多媒体资料进行数字化处理,各图书馆基本采用商业系统平台建设,系统较成熟、稳定。

本校独有资源包括本校专著、文库、毕业论文、优秀作品、本校特色馆藏纸质资源数字化等。目前仅有北京农业职业学院图书馆、深圳职业技术学院图书馆、长沙民政职业技术学院图书信息中心等10家示范高职院校图书馆建有本校独有资源数据库。有9家图书馆以本馆资源为中心建设了具有行业特色的知识服务平台，如湖南交通职业技术学院知识服务平台、北京电子科技职业学院图书馆建设的"开发区资讯中心"等。知识服务平台整合行业内各种类型文献资源，主要为本校师生及相关合作企业服务。仅有8家图书馆将学校的精品课程作为图书馆特色资源收藏。其他类型数据库包括图片、视频、多载体资源库、学科导航等。

1.2.3　地区分布

北京、天津、广东、浙江、江苏等经济较发达地区特色库建库数量较多，这些地区一些图书馆特色库建设较突出，如天津职业大学图书馆建有特色数据库15个，深圳职业技术学院图书馆建有14个，北京农业职业学院图书馆建有8个，而新疆、云南、青海、西藏等欠发达地区特色库数量单薄，部分图书馆甚至没有自己的独立网站。

1.2.4　访问权限

在121个特色数据库中，74个特色数据库需要获得账号、IP地址等身份认证，访问受到一定限制，47个特色数据库可以外网访问，即仅有39%的特色数据库面向所有网络访问者公开浏览。

1.2.5　建库平台

特色库建库平台种类繁多，主要为图书馆自建平台和委托专业公司搭建平台两种方式。在可访问的特色库中，有27个特色库采用了中国知网的信息资源建设与管理平台或知网机构库平台，随书光盘数据库基本采用博云非书资料系统和畅想之星，知识服务平台采用知网平台也较多，特色馆藏资源数字化主要采用超星电子图书技术。

1.2.6　项目支持

特色库建设较突出的图书馆基本得到项目基金资助，特色库建设以项目方式进行，如天津职业大学图书馆建设的"天津市职业教育特色资源——文献库"是天津市职业教育特色资源项目的子项目之一。该项目以天津职业大学拥有的专业特色数据库为基础，组织天津医学专科学校、天津现代职业技术学院、天津轻工职业技术学院参与项目建设，建成了12个较具专业特色的数据库。北京电子科技职业学院图书馆建设的"开发区资讯中心"是国家教育体制改革领导小组"专项改革试点"项目。宁波职业技术学院图书馆建设的"机电模具特色资源数据库"、"宁波市动漫产业特色资源库"得到浙江省高校数字图书馆及宁波市数字图书馆特色资源数据库项目重点支持。

1.3　存在问题

1.3.1　特色库整体质量有待提高

同普通高校图书馆相比，高职院校图书馆由于起步较迟、起点较低、工作人员少、缺乏数据库管理专业人才，造成了本身网络化、数字化水平不高，因此很难建设出高水平的特色库资源。随着国家高职示范评估建设工作的开展与要求，示范高职院校图书馆逐步重视特色资源的收集与建设工作，加强特色库建设理念与实践，形成了一定数量规模，个别特色库建设较突出，但从整体来看，普遍存在特色库建设主题不明、功能结构较简单、收集资源不全、整合力度不足、更新维护不够及时等问题，有些专题库只是简单陈列几篇文章、几张图片，没有深入建设，利用价值不大。另外，目前建设的特色库资料来源大部分为网络采集、商用数据库资源。图书馆自身建设开发的原始材料、灰色文献较少，仅有少数示范高职院校开始重视本校独有特色资源的收集与建设。

1.3.2 行业特色不突出

职业技术院校具有明显的行业特色,如机电、金融、交通、建筑等,但在这些具有强烈行业背景的院校中,建设突出的行业特色库却并不多。各图书馆没有充分利用行业特色高职院校所拥有的文献信息资源优势,较少与本校优势学科、品牌专业、地区区域特色相结合,为用户提供实用、有价值的特色化信息。行业特色高职院校在特色数据库建设方面,仍处在一种零星分散、数据不规范、与市场需求和企业发展脱轨的状态。

1.3.3 数据库开放程度低,访问量不高

在建设的特色数据库中,仅有少量特色数据库在网络上全面开放。资源的公开与共享在技术上的实现并不难,但特色库的建设者与管理者出于资源保护等观念,人为地限定了特色库的访问权限,这违背了特色数据库资源共享的建设初衷。另外,一些可公开访问的特色库也因为没有建立灵活的信息宣传机制,导致使用者对特色资源的关注不足。

1.3.4 分散建设,缺少统一平台

高职院校图书馆特色库建设缺少优质的团队、组织和联盟,数据库建设数量、地区、主题分布不均,项目支持力度不够。各校间特色库建设水平差距大,建设较好的特色库基本都有组织、项目基金支持,大部分特色库建设基本处于松散与无组织状态。高职示范院校缺乏统一的指导思想,存在重复建设、标准化和规范化、知识产权、无统一软件平台等问题,数据库建设也较随意,容易因领导更换、资金短缺等客观原因而停工,影响特色库可持续发展。

1.4 解决方案

1.4.1 立足高职院校办学特征,建设符合用户需求的行业知识服务平台

高职院校建设具有针对性、目的性、可操作性,高职办学的目的是为本地区的生产、建设、管理、服务第一线培养具有理论知识、人文知识、动手能力强的应用型而非研究型人才。因此,高职院校图书馆特色库的建库内容,不应该与本科、研究性机构的特色库一样,重点收集学术论文等资料,而应与本校重点专业、行业特色相适应,建设实用性强的行业知识服务平台。紧扣行业用户的需求,重点收集能提高行业用户技术应用能力的各类知识资源,如介绍操作技能、操作方法的实训手册,介绍各类职业技术考工考级的考核指标、国内外行业组织颁发的最新标准及法规和规范,使抽象的职业技术操作过程具体化的各种视频、音频、图片档案等多媒体资料。图书馆把这些知识资源集成整合,建成具有本馆特色的行业知识服务平台,并在此基础上开展专业互动交流,技能人才可在此平台上分享技术经验,行业用户登录、检索平台,即可获得最基本的、可操作的行业信息。

1.4.2 做好特色数据库基础工作,重视本校独有资源的收集与展示

每一所学校在其发展的历史过程中,都会形成各自独有的文化特色、品牌专业、教学资源和教科研成果,图书馆作为知识传播与交流的重要场所,应重视收集、保存、传播、利用本校独有的知识资源,如本校文库、本校突出人才、技术能手、各类职业技能大赛获奖作品、优秀毕业设计、教学案例等,把这些宝贵的独有资源逐年进行收集,并在网络平台和实体阅览室同时进行展示,起到对外能宣传本校特色文化,对内能增强学校师生的集体认同感之效用,同时也能实现图书馆保存、传播本校文化的价值,一举多得。

1.4.3 充分利用高职教育校企合作、产学研结合办学优势,走开放、合作、共赢之路

高职院校大多数由地方政府投资筹办,承担着为社会服务的责任,为适应社会和市场需要,高职院校采用了校企合作、工学结合、产学研结合的人才培养模式,实现了学校与企业间资源、设备、人才共建共享。因此,高职院校图书馆除为本校师生提供服务外,还应为本地区

高新技术产业、工商企业、社区市民提供多形式的服务。高职院校图书馆应打开服务之门，树立为本地区、行业提供方便、快捷、特色信息服务的理念，加强对外交流与合作，逐渐把图书馆办成一个开放的学习中心、信息资源提供中心、知识信息服务中心和终身教育的基地。

1.4.4 积极加入地区、行业联盟，弥补高职院校图书馆的不足

合作联盟、共建共享是图书馆未来发展的主旋律，越来越多的地区建立起图书馆联盟，如珠江三角洲数字图书馆联盟、广东省高职高专图书馆共同发展联盟体、湖北省高等学校数字图书馆、首都高职图书馆联盟、无锡地区高校数字图书馆文献资源共享服务等。各高职院校图书馆要善于利用这些联盟体，在联盟指导机构的决策指导下统一思想、统筹行动，制定特色库建设的长远规划与建设实施方案，联盟指导机构可根据联盟内优势特色学科的交叉融合，开展标准和规划制定、人才培训，以及建库平台的调研与选择。加入地区、行业联盟体不仅可以避免重复建设、资源浪费，还可以解决高职院校图书馆人力、技术、平台等难题，大大提高特色库的建库质量。

1.4.5 紧跟高职示范建设步伐，积极关注精品课程、教学资源库建设等工作

在国家示范性高职院校重点专业建设项目中，精品课程和高等职业教育专业教学资源库是专业建设的重中之重，各高职院校倾注大量人力、物力申报建设了多门国家级、省级精品课程，创建了各类专业教学资源库，建成的课程与资源具有较高的科学性、系统性、针对性和可行性。有条件的图书馆应积极参与或关注学校的建设工作，把学校的重点工作作为图书馆的重点工作，在图书馆明显位置对这些宝贵的资源予以指引、宣传，实现更大范围内的资源共享。

1.4.6 加强特色库宣传推广，形成品牌效应，实现特色库建库价值

特色库的关键在特色和优势，只有被利用的特色库才能实现其建库价值，因此，高职院校图书馆应加强特色库的宣传，敢于打破目前多数特色库只服务于本校师生的保守状况，增强文献传递、行业资讯、情报服务等信息服务功能，提高特色库的附加值，并面向市场获得部分收益，以所获得的收益实现特色库的可持续发展，最终实现特色库的价值共享。

随着图书馆数字化进程的不断推进，特色资源的开发与利用成为图书馆资源保障体系的重要组成部分。图书馆应从高等职业技术教育社会性、开放性特征出发，建设具有本馆特色的开放的行业知识服务平台，与行业、地区联盟合作共建，共享优质数字资源。

2 民办高校图书馆自建特色数据库的研究

随着计算机技术和网络技术的不断发展与应用，图书馆建设也进入了由传统图书馆向数字图书馆转变的转型期。虚拟馆藏成为图书馆馆藏的一个重要的组成部分，而且比例呈逐年上升的趋势。为了有效利用自身的特色资源，实现资源的共享，更好地为读者提供深层次的服务，图书馆特别是民办高校图书馆必须依据自身特色，发挥专业资源优势，建立特色资源数据库。

2.1 民办高校图书馆建立特色数据库的必要性

2.1.1 民办高校自身发展的需要

教育部颁发的《普通高等学校图书馆规程》中规定"高等学校图书馆应根据学校教学、科学研究的需要，根据馆藏特色及地区或系统文献保障体系建设的分工，开展特色数字资源建设和网络虚拟资源建设"，其中特色数字资源建设就是一项最根本的工作。因此，民办高校图书馆若要保持其自身的发展，就必须有针对性地开展特色资源数据库的建设工作。同时图

书馆建设特色数据库,有利于民办高校开展重点学科专业建设,不仅有助于科研,而且对于扩大学生知识面、掌握技能具有一定的指导作用。民办高校图书馆特色数据库的建设,是对地方经济建设的有力支持。民办教育是以地方经济社会发展为依托的,它的服务主要面向本地的企业,培养技术型和管理型人才。因此,民办高校图书馆不仅是为学校教学科研服务,更要肩负起为地方的经济建设提供信息服务的责任,建立特色数据库,可以扩展高校与社会的信息资源共建共享的领域,提高学校的公信度,获取更多的支持。

2.1.2 进行馆际交流与合作的基础

随着科技的迅速发展,信息资源结构也发生了巨大的变化,不仅数量庞大、增长迅速,而且类型复杂、载体多样,除纸质书刊之外,还出现了大量的电子信息资源。面对浩如烟海的信息源和复杂的信息需求,任何一家图书馆单靠自己的力量要收集满足各种用户需求的文献资料是不可能的,而且一味求全的馆藏建设思路,必然造成全社会范围内文献信息的重复建设和资源浪费。对于办学规模小、专业相对单一的民办高校而言,与其各馆各自为政、重复建设,不如重点发展特色化文献,结合本校特点建立自己的特色文献资源体系,走馆际合作资源共享的路子,有利于在全社会范围内合理配置文献资源,避免重复投资,减少浪费,提高文献利用率。

2.1.3 数字图书馆建设的重要组成部分

随着网络技术与计算机技术的不断更新发展,数字化图书馆的建设已经成为未来图书馆建设的主流,数据库建设是数字化图书馆建设的基础。现如今大部分高校图书馆都不同程度地引进了各种数据库,如清华同方全文数据库、维普科技期刊数据库、万方数据库,等等,虽然这些数据库为学校的教育教学和科研工作提供了有力的信息保障,但是不同的读者有不同的需求,任何一个数据库都不可能包罗万象,完全满足所有读者的需求,尤其是具有个性特点的需求。因此,图书馆如何根据学校教学和专业设置的特点,及科研重点,结合自身优势,将那些具有本馆特色的各种文献信息资源加工、处理、整合,并转化为便于利用的特色数据库资源,应是当前民办高校图书馆建设数字化图书馆所面临的重要任务。

2.1.4 丰富馆藏资源的需要

民办高校图书馆特色化数据库的建设,是丰富馆藏资源建设,进行馆藏资源合理配置,合理分配图书经费的必要措施。民办高校连年扩招发展很快,民办高校图书馆由于受经费限制,馆藏图书文献资源增长速度相对滞后。但是,建立数字图书馆可以快速补充馆藏资源,弥补馆藏不足问题。数字图书馆在国内发展也很快,据统计全国已有50%的图书馆使用了电子图书,并且比例还在不断增长中,这证明电子图书已经被读者所广泛接受。全国的经验证明建设数字图书馆,就可以在购书经费短缺的情况下,不断丰富馆藏资源,满足读者需要。

2.2 民办高校图书馆建立特色数据库所面临的不利因素

2.2.1 建校时间短,学科优势不明显

民办高校因为普遍建校时间短,大多数还不具备在一定范围内的优势学科,任课教师以刚毕业的本科生与研究生为主,以公办高校离退休教授为辅,缺乏相关专业的学科带头人,对于本校的重点学科资源积累不足,无法形成明显的学科优势。

2.2.2 图书经费不足

资金短缺是我国高校中存在的普遍现象,但在民办高校尤为严重。民办高校的办学经费几乎完全靠自筹。许多民办院校仅靠收取学费和银行贷款支撑,资金短缺问题极为突出。而初创期的民办高校又百业待举,处处用钱,比起聘请优秀教师组建自己的教师队伍、修建教室

寝室和食堂来，买书实在算不得当务之急，所以最缺资金的往往还是图书馆。而建立特色数据库资源需要一定的资金支持，在这一方面民办高校图书馆有些先天不足。

2.2.3　缺乏高素质的图书馆管理人员

据不完全统计，当前民办高校图书馆现有工作人员的学历主要是大专学历，甚至包括高中学历，本科以上学历比例不足20%；专业业务能力方面，科班出身的人员很少，在岗任职的工作人员大多未受过图书馆专业教育或培训，只能应付日常工作。民办高校中负责图书馆数字化信息管理的馆员大多数未经深入的、高层次的计算机技术培训，对数据库技术、网络技术、联机检索技术了解甚少，实际动手操作能力普遍较差。这对建立特色数据库带来了一定的影响。

2.3　民办高校特色数据库建设的可行性分析

2.3.1　具有一定的专业学科资源的积累

民办高校图书馆虽然建馆时间短，但是在教学和科研服务中，有针对性地积累了较系统的、与本校专业设置相关的文献资料，形成了能满足民办教育需求的特色馆藏，同时也积累了一定数量的相关虚拟资源。这为民办高校图书馆建立相关的特色数据库提供了资源方面的保证。

2.3.2　图书管理人员具备一定的专业知识

在长期的信息服务过程中，民办高校图书馆的工作人员积累了一定的实践经验，熟悉本馆馆藏特色以及相关学科设置情况，具有一定的对信息资源收集、加工、分析以产生新信息产品的能力。如能有针对性地对其进行相关专业知识的培训，使其能够基本掌握标准的机读目录格式、计算机编目技术、信息分析方法、信息组织技术等专业知识，则对于特色数据库的建设具有重要的帮助。

2.3.3　网络技术的发展为特色数据库的建设提供了广阔空间

随着网络技术的蓬勃发展，网络免费资源日益增多，这些资源都可以免费下载使用，没有版权纠纷，民办高校图书馆建立特色数据库可以从网络上进行资源搜索、下载，或建立网络导航，做成链接的形式为学校师生查阅资料提供必要的支持。

2.4　关于特色数据库建设的几点建议

2.4.1　做好前期调研与资料准备工作

应在全面收集读者建议，综合考虑本学校特色和发展重点的基础上，提出建设特色数据库的想法。在特色数据库的信息资源选择方面，要立足读者的需求，面向教学和科研的实际需要，根据本校确立的重点学科，选择具有较高学术价值和利用价值的相关文献信息资源进行数字化。

2.4.2　注意数据库的标准化、规范化建设

标准化和规范化将关系到数据库运行的可靠性、系统性、连续性、完整性、兼容性，有利于信息资源共享，高校图书馆在建设特色信息资源数据库时，一定要注意标准化、规范化问题，诸如采用兼容的搜索引擎、元数据格式、数据库建设规则、信息交换协议、馆际互借协议以及数据加工处理采用统一的国际国内标准、数据加工规范化等，确保数据库的质量。

2.4.3　加强人员培训，注重数据库的后期维护工作

特色数据库的建设需要一批综合素质较高的专业人员，要对数据库管理人员进行定期的专业培训，使其具备相关学科和图书馆学的专业知识及对信息的敏锐鉴别能力，以便对信息进行取舍、组织、评价与注释。同时在数据库建成后，应对数据库建设过程中出现的一些错

误及时进行更正，不断完善其系统功能。定期对数据内容进行更新、清理和修正，不断补充新资料、新信息，确保数据库内容的时效性。关注用户使用情况，对其中存在的问题第一时间加以解决，保证数据库的正常运行。

3　985高校图书馆自建特色数据库的研究

1998年5月4日，江泽民总书记在北京大学建校100周年庆祝大会上指出："为了实现现代化，我国要有若干所具有世界先进水平的一流大学。"1998年12月24日，教育部制订了《面向21世纪教育振兴行动计划》，明确提出要"创建若干所具有世界先进水平的一流大学和一批一流学科"，简称"985工程"。近年来，全国陆续有40多所高校进入985工程，这些高校根据教育部的要求，无论在硬件、人才、教育、科研等方面都对自身提出更高的要求。为配合高水平的985高校的建设，这些高校的图书馆也紧跟形势，不断发展。除了大量引进国内外电子资源外，各高校还根据自身学校的学科特点开展了自建数据库的建设。

3.1　985高校图书馆自建特色数据库调查
3.1.1　985高校图书馆自建特色数据库状况

对全国39所985高校的网上调研结果表明，目前大多数的高校都有自建数据库或特色资源，这些资源主要有：教师成果库、学科导航、学位论文库、教材教参、古籍资料、音视频资源库以及各高校根据本校的专业学科特色建立的数据库。其中比较有特色的专业学科自建数据库见表4.14。

表4.14　985高校图书馆自建特色数据库一览

单位名称	数据库数量	特色数据库名称
清华大学图书馆	1	建筑数字图书馆
北京大学图书馆	1	李政道图书馆
北京航空航天大学图书馆	5	AD报告，NACA报告，NASA报告，AIAA Paper，北航科研报告
中国农业大学图书馆	1	农业机械产品图片库
北京师范大学图书馆	7	新中国成立前师范学校及中小学教科书全文库，京师文库全文库，中文珍稀期刊题录库，线装方志书目数据库，50年来整理出版清代诗文集书目，《全元文》篇名作者引，古文献珍品
天津大学图书馆	3	环境科学与工程学科文献信息数据库，中国建筑文化特色资源，摩托车信息特色资源数据库
吉林大学图书馆	7	东北亚研究数据库，汽车工程信息数据库，满铁资料库，亚细亚文库，古籍音韵库，国土资源管理与执法电子图书库，东北地区地学文献数据库
上海交通大学图书馆	2	中国民族音乐数据库，机器人信息数据库
中国海洋大学图书馆	3	数字海洋生物博物馆，海洋文献数据库，海洋文库
武汉大学图书馆	7	长江三峡资料数据库，长江资源库，环境资源法数据库，经济信息数据库，中国名胜诗词大典，中国水力发电工程特色数据库，新居室ｎｅｗ！
华中科技大学图书馆	7	机械制造及自动化产品库，机械制造及自动化机构库、图片库，华中科技大学学位论文全文数据库，机械制造与自动化中文专利库，机械制造与自动化外文专利库，学位论文提交库，机械制造及自动化文献库

续表

单位名称	数据库数量	特色数据库名称
华南理工大学图书馆	10	CALIS参建项目特色资源: 建筑艺术与土木工程资料库, CALIS重点学科网络导航, CADAL轻工图书与学位论文, 广州石牌高校共建资源, 广州石牌创新参考数据库, 广州石牌免费电子全文库, 广州石牌外文期刊联合目录, 广州石牌文献资源协作网, 土木工程与管理专题资源库, 食品与轻工特色资源平台
四川大学图书馆	3	巴蜀文化特色库, 中国藏学研究及藏文化数据库, 中国循证医学特色库
兰州大学图书馆	1	敦煌学数字图书馆

以上14所高校的自建数据库或者体现了该学校的学科特色, 如清华大学图书馆的建筑数字图书馆, 中国海洋大学图书馆的数字海洋生物博物馆、海洋文献数据库、海洋文库; 或者体现出该高校所在地的地域特色, 如兰州大学图书馆的敦煌学数字图书馆, 武汉大学图书馆的长江三峡资料数据库、长江资源库、环境资源法数据库、中国水力发电工程特色数据库等, 这些内容在专业学科信息内容方面为读者提供了极大的便捷, 也成为了较为有影响的自建数据库。但是, 目前在自建数据库的建设上也存在较大的不足与缺憾, 如由于专业背景知识的欠缺、资源收集的不足等, 高校图书馆还未能从本校的重点专业出发, 开发出广受各专业学科教师与学生欢迎的针对性强、专业性强、服务性强的自建数据库; 由于对教师与学生的需求了解不到位, 导致开发的自建数据库无法真正服务于师生, 因而成为空洞的摆设。

3.1.2　985高校图书馆自建数据库用户友好情况调查

各高校图书馆自建数据库的目的是服务于师生, 服务于教学以及科研, 因此, 其服务的方式、程度以及受科研人员及学生的关注程度如何成为需要重点探讨的问题。一方面, 不少高校图书馆花了大量的人力、财力、时间, 自建特色数据库; 另一方面, 用户对自建数据库有迫切需要的同时, 却不知道在哪里可以找到这些资源或者图书馆开发的自建数据库不能满足科研人员的需求。基于这么一个现实的矛盾, 我们对全国985高校图书馆的自建数据库内容进行了全面调查(各高校图书馆的学位论文库、学科导航系统不在调查之列)。

调查的角度有: 自建数据库的名称: 是使用自建数据库、特色数据库、特色资源……

自建数据库的类型: 是否有教师资源库(教师成果库)、专业数据库等。

自建数据库的用户范围: 很多高校使用IP地址进行限制, 仅供本校用户使用, 这在一定程度上违背了建设特色数据库的初衷, 降低了数据库的利用率, 不能实现不同高校之间的资源共享。

自建数据库的学科类别: 是理科类、文科类还是医学类。

用户的易获取程度: 有的在图书馆主页就可以找到, 一目了然; 有的则有几层链接, 而且对自建数据库的命名也不太明朗。

使用帮助: 自建数据库是否有使用指南, 帮助用户更快地掌握数据库使用的基本方法。

全文格式: 是否为常见的PDF格式, 还是专用阅读器, 需要下载安装。

检索功能: 是否具有检索功能。

专业性程度: 数据库的内容是否具有专业性, 对科研工作者是否具有真正意义上的帮助。

我们调查了39所985高校，其中部分高校图书馆没有自建数据库，部分高校图书馆网站无法登录，因此实际获得了27所高校图书馆自建数据库的情况，调查结果如下。

（1）在数据库的名称上，14家使用特色资源，其他有使用自建特色资源、自建电子资源、自建特色数据库或自建数据库等。

（2）在数据库的类型上，大多数的图书馆开发的数据库都具有学科专业性并且符合该校学科特色的数据库，6家高校图书馆开发了学术典藏库、教师成果库等用于收藏本校教师学术成果的数据库。

（3）校外用户访问方面，2家高校可以访问数据库，并下载全文；7家高校图书馆的特色数据库可以访问或部分访问，只有部分数据库可以查看全文或图片数据；9家高校图书馆可以访问或部分访问自建数据库，但是不允许下载全文；9家高校图书馆完全不允许校外用户访问自建数据库。

（4）在学科类别方面，各高校图书馆根据本校的研究特色开发了理科、文科或医学特色的自建数据库，这些数据库对本校的科研、学习肯定会有重要的作用。

（5）从易获取程度来说，6家高校图书馆将自建数据库或特色资源的具体内容放在主页，一目了然；18家图书馆放在二级目录下，即在主页上有特色资源的链接，点击一次即可找到相关内容；3家图书馆放在三级目录下，这样学生不能很快找到相关资料，不利于自建数据库的宣传与推广。

（6）从使用帮助上看，绝大多数的高校图书馆的自建数据库都有帮助或简介，帮助读者了解数据库的含义与内容。而且绝大多数的自建数据库都具有检索功能，方便读者使用这些数据库。

3.2 985高校图书馆自建数据库存在的问题与发展方向

从调查结果可以看出，目前各985高校在自建数据库的建设上还是非常重视的，但存在以下几个问题。

3.2.1 数据库的共享问题

目前，很多985高校图书馆开发了非常优秀的自建数据库，这些数据库并不只适用于这些高校，也可以作为其他高校科研工作者的重要的参考工具。如果能够实现各高校之间自建数据库共享，一方面可以提高数据库的利用率，一方面也可以节省人力、物力、财力，可以开发更加具有针对性、专业性的数据库。而这需要国家开发一个统一的共享平台，实现这些资源的服务与共享。

3.2.2 数据库的类型较单一

各高校科研工作者的多年的科研成果是该学校宝贵的学术财富，图书馆作为一个知识的存储机构，有义务对全校所有师生的学术成果进行存储，但是目前来看，建立教师成果库或机构典藏库的985高校图书馆并不多。图书馆可以从多角度来开发这些资源，比如：成立教师学术成果的电子文库、印刷文库等，并实现远程访问功能，进一步扩大自建数据库的影响力与利用率。每个高校都有自己的重点学科，这些学科在全国范围内通常具有重大的影响力。图书馆应该抓住这个特点，开发出与本校重点专业、重点学科相匹配的自建数据库，从而扩大这种影响力。而图书馆领导层面也可以建立一整套完备的标准与措施，来加强对其进行评估。如：参考院系专家学者的意见、请学生使用数据库并提出建议等方式来进一步考核这些数据库建设的可利用性。

3.2.3　自建数据库的宣传推广

大多数985高校图书馆将自建数据库的内容放于二级目录之下，不方便教师与学生对这些资源的了解。如果可以在主页上就将这些内容明显列出，相信可以大大扩大自建数据库的影响力。此外，图书馆的学科馆员也兼有宣传推广自建数据库的责任，可以通过讲座、传单以及深入到院系去宣传等方式，使教师和学生知道有哪些资源并学会如何使用。

自建数据库作为目前各高校特别是985高校图书馆的重要工作，不仅体现了图书馆的学科素养，也体现了图书馆的学科服务功能。进一步加大自建数据库的使用与共享，需要图书馆每名馆员在平凡的工作岗位上加强宣传，扩大影响，真正地实现各校图书馆建设这些数据库的目的。

三、不同地区的高校图书馆特色数据库研究

1　北京地区高校图书馆特色数据库研究

信息时代各高校图书馆都加强了特色数据库的建设，特色数据库是结合学校自身特点、学科特色、馆藏特色或有关热点问题而构建的特色文献数据库，是高校图书馆在网络环境下开展深层次信息咨询服务的重要依托，是图书馆数字化资源建设的核心和发展方向。我们利用"中国教育在线"提供的北京地区高校名单，抽样调查其中的"211工程"高校，采取直接登录网站网页的方式进行查询，选取"特色数据库、自建数据库"等栏目，建有特色数据库的共有18所高校。

1.1　建库特点分析

调查中发现各高校都有自己的学科、科研特色，其图书馆经过长时间的文献积累形成了相应的馆藏特色，在图书馆特色数据库的建设上已取得一定的进展，各馆的特色数据库量有多有少，最多的有十几个，最少的一个数据库，从内容大致上分为：

学科专题库指结合学校的办学特点和重点学科而建设的特色资源库，如北京邮电大学的邮电通信专题文献数据库、中国地质大学（北京）的中国地质文献数据库等。这些数据库参考价值大且都各具特色，集中反映了各高校的办学特色和学科优势。

特色馆藏库指是以馆藏中某种优势文献为依据而建立的数据库，具有他馆、他校所不具备的特点，是"你无我有，你有我特"的生动体现。如中国农业大学的农书古籍库、北京师范大学的新中国成立前中小学教材书目库等。

学术成果库指以学校教育教学和科研成果为特色的数据库，包括教师成果库和学生学位论文库两大类，几乎每个馆都在建此类数据库。

教材教参库指以本校的教材和教学参考书为对象组建的特色资源库，如中国传媒大学教学参考书库等。

名人专题库指以个体或团体人物为主的特色数据库，如北京大学图书馆的北大名师、中央音乐学院图书馆的马思聪作品库等。

其他如学科导航库、标准库等，其中以学科专题库、特色馆藏库和学术成果库为最多，如将此三类相加会占到数据库总量的70%，可以看出这些数据库在各学校的教学科研工作中有着重要的参考价值。

1.2　特色数据建设存在的问题
1.2.1　缺少标准化的规范

计算机时代《中国机读目录格式（CNMARC）》保障了文献信息描述数字化的标准和统一，而且一些专题特色数据库是在CALIS指导和资助下建设的，如清华大学的建筑数字图书馆、北京交通大学的铁路交通运输数据库等都是采用《我国数字图书馆标准规范研究》项目所推荐的一系列相关标准，但多数图书馆建设特色数据库都具有个性，依托各自的系统平台进行，数据格式、标引深度等存在较大差异，而且在用户检索界面、检索语言等方面也存在很大的差异，这些都直接影响了数据库的查询效果。

1.2.2 共享程度不高

文献资源数字化的目的之一就是使其突破传统图书馆的围墙在更大的范围内为更多的读者所共享，但实际调查中发现这些特色库的共享程度非常低，许多高校图书馆进行IP网段封锁，校外用户无权访问，如北京大学图书馆的北京历史地理库是北京地区高校馆中仅有的地域文化资源专题库，其利用价值也最具社会性和普遍性，但校外用户登录时却是"未被授权查看该页面"。这种小范围内的特色库服务方式，在一定程度上违背了建设特色数据库、实现资源共享的初衷。

1.2.3 类型较少，检索功能较简单

从揭示层次上分析，以文摘、题录等数据库为主，全文、图片图形库、音像多媒体库偏少，受众多因素的制约，建有音像视频特色数据库的高校馆不多，仅有清华大学、北京大学、中国传媒大学和中央音乐学院四家。从来源上分析，以自建为多，而共建和引进的特色数据库较少，这从一个侧面反映出自成系统、各自为政的建库模式。从检索功能上看，一些特色数据库只提供了分类检索、字段检索，没有提供检索式的构造方式，不支持高级检索。

1.3 建议

1.3.1 统筹规划、统一标准、提高共享率

从规模上看，特色库是以中小型数据库自建数据库居多，特色数据库的建设要耗费大量的人力、财力和物力，单一图书馆建库必然会受到技术、资金及信息资源等多方面的制约，很难保证数据库的质量和规模，网络环境下可以打破各馆自成系统、各自为政的局面，加强横向联系，联合建库，资源共享。建库时一定要遵循标准化、规范化的原则，尽可能采用国际国内通用的数据著录标准、数据格式标准等，只有遵循统一的规范和标准，才能达到共建共享的目的。

1.3.2 加强深度开发及后续维护

调查中发现目前各高校馆特色库的建设基本停留在扫描纸质文献水平上，进行文献深加工的特色数据库不多，很少提供增值服务。应加强数据库的深度开发，提供更加深化、更加全面的服务。另外，部分数据库建成后没有及时维护更新，数据陈旧或者不可用，图书馆应定期对数据内容进行更新追加和修正，结合用户在使用过程中发现的问题确定改进措施，使系统逐步完善，提供高质量的信息资源。

1.3.3 注重宣传和推广，提高利用率

与商业数据库的宣传推广力度相比，高校馆所建特色数据库推广应用的力度则明显不足，基本是"自建自用"，致使许多特色数据库"养在深闺无人识"。建库的最终价值在于应用，应用的前提首先是被了解，因此，高校馆应采取各种方式对数据库进行积极的宣传和推广，如纳入用户培训内容、开展专题讲座等，向用户介绍数据库的特色、内容范围、检索方法等。宣传推广的范围不能局限于本校的师生，可以引入市场营销机制，将特色数据库市场化运作，既注重社会效益也要注重经济效益，提高利用率，最大限度地实现特色数据库的价值。

综上所述,北京地区高校图书馆在特色数据库建设上已取得一定的进展,但尚未形成较为完善的建设体系、共享体系和服务体系。特色数据库的建设是一项难度较大、投入较多的系统性工程,需要各图书馆的共同努力才能解决其中的困难和问题,只要坚持用户至上的原则,加强组织协调,把好质量关,特色数据库的建设一定会取得良性的可持续发展,为用户提供更加全面、更加优质、更加方便快捷的信息服务。

2　天津地区高校图书馆特色数据库研究

数字图书馆是新时期图书馆工作顺应时代变革与发展的必由之路,特色数据库建设成为数字图书馆建设的重要环节。特色数据库既能反映出馆藏优势和服务优势,又具有鲜明特色和独创性,是高校图书馆在网络环境下开展深层次信息服务和提高服务质量的重要依托。作为普通高校图书馆评估指标之一,特色数据库建设工作成为高等院校图书馆在数字化资源建设方面的首要任务。通过对天津市本科高等院校图书馆网站的访问、考查,深入分析了该地区高校特色数据库的建设现状,以期对后续工作有所裨益。

2.1　天津市高校图书馆特色库建设概况

天津市共有普通高等院校19所,逐一访问这19所高校图书馆门户网和Talis(天津高等教育文献信息中心)网站,调查上述高校图书馆特色库的建设现状。结果显示,这19所高校图书馆网站均可正常访问,其中17所高校图书馆网站建有特色库栏目(中国民航大学和天津职业技术师范大学未开设特色数据库栏目),共建有93个特色数据库(详见表4.15)。可见,天津市本科高等院校普遍重视特色数据库的资源建设,且已取得一定的成绩。

表4.15　天津地区高校图书馆特色数据库一览

单位名称	数据库数量	特色数据库名称
天津商业大学图书馆	14	考研信息网,生物食品文献信息中心,旅游管理信息中心,制冷文献信息中心,诺贝尔经济学奖获奖者特色资源库,经济学经典名著文库,学位论文检索平台,天津近代工商文化网,产业经济学数据库,天津市滨海新区数字资源中心,大学生通识教育与经典导读网,天津地域文化网,会展文献信息中心,vod视频点播系统
天津音乐学院图书馆	18	北方曲艺资源库,中外舞剧数字资源库,老唱片,中国近现代音乐先驱李叔同、赵元任音乐文献数据库,中国京剧音配像,上海东方电视台京剧绝版赏析,维吾尔十二木卡姆,天津音乐学院随书光盘数据库,音乐美学史教学辅助库,二十世纪伟大钢琴家,外国音乐百科全书词条精选,河北梆子名家王玉磬专辑数据库,硕士学位论文,电子乐谱库(全文),孟小冬唱腔及钱培荣说戏录音集萃,硕士毕业音乐会,音乐家译名库,赞歌献给党
天津理工大学图书馆	5	天津理工硕士论文数据库,优秀本科毕业论文库,天津理工硕士导师信息库(题录),"创造创新创业"特色资源库,创新素质教育园
天津农学院图书馆	6	动植物二期病虫害查询系统,动植物病虫害图库,动植物病虫害视频数据库,观赏花卉查询系统,动植物病害智能诊断数据库的构建,动植物病害智能诊断专家系统
天津工业大学图书馆	5	高校资源共享纺织特色数据库,东华纺织特色文摘库,馆藏时装图库,服装信息平台数据库,纺织特色外文文献全文数据库

续表

单位名称	数据库数量	特色数据库名称
南开大学图书馆	3	家谱研究与家谱文献专题数据库, 南开话剧专题研究数据库, 面向大学生的中华传统文化典籍网站
天津美术学院图书馆	5	随书光盘管理系统, 馆藏美术作品(美术特色资源库), 4万张精品素材, 馆藏部分古籍资料, 美术古籍数据库
中国民航大学图书馆	1	民航机务专题数据库
天津大学图书馆	3	中国古建筑文化遗产数据库(中国建筑文化遗产数字图书馆, 摩托车信息资源数据库, 教参数据库
天津职业技术师范大学图书馆	2	汽车运用工程特色资源数据库, 职业教育数据库
天津城建大学图书馆	6	市政工程特色库, 教师论著数据库, 硕博论文数据库, 随书光盘数据库, 岩土工程特色库, 学院本科教学参考书数据库
天津师范大学图书馆	3	天津师范大学古籍善本图文数据库, 天津师范大学学位论文数据库, 心理与行为研究特色资源数据库
天津职业大学图书馆	3	酒店管理专业文献信息导航, 天津市职业教育特色资源—文献库, 眼视光工程特色数据库
天津医科大学图书馆	3	中英双语解剖图谱, 医学肿瘤学科资源数据库, 医学录像、图像课件流媒体数据库
天津财经大学图书馆	2	中国钱币研究与鉴赏数据库(二期), 中国钱币研究与鉴赏
天津科技大学图书馆	2	制盐特色数据库, 造纸、食品学科特色数据库
天津中医药大学图书馆	5	中医经验方与健康数据库, 中药基础信息数据库, 中药化学实验数据库, 中药化学统计数据库, 中药药理实验数据库
天津外国语大学图书馆	3	翻译理论全文数据库, 天津外国语大学本科生优秀论文库, 天津外国语大学硕士生论文库
天津体育学院图书馆	4	光盘数据库, 本馆光盘数据, 学科导航, 论文提交

2.2　天津市高校图书馆特色库特点解析

2.2.1　类型分析

天津市高校图书馆特色库从内容上可分为馆藏特色数据库、学科特色数据库、地方特色数据库、学校特色数据库、其他专题特色数据库。

（1）学校特色数据库

学校特色数据库主要反映该校的办学宗旨, 本校在教学科研方面和办学方面所取得的成果, 包括师生编写的学术著作、研究论文, 院校出版的学报、课件及科研成果等。学校特色库共建有11个, 占全部特色库总数的12%, 12所学校未建设学校特色库。

（2）馆藏特色数据库

馆藏特色数据库主要涉及本馆馆藏古籍、专业图书及中西文期刊等, 是本校文化的积淀。我国部分大学图书馆的馆藏特色颇为独特, 将这些宝贵财富数字化并建设馆藏特色库成为各高校图书馆的历史使命。天津市共有7所院校建设了14个馆藏特色库, 占全部特色库总数的15%, 如天津音乐学院的北方曲艺资源库、天津美术学院的美术古籍数据库、天津中医药大学中医经验方与健康数据库等。

（3）学科特色数据库

学科特色数据库是学校的办学特色和学科优势的展现，对这些学科文献资源进行充实，加以整理、汇编与完善，形成独具特质的文献资源专题列表。如天津商业大学的制冷文献信息中心、天津农学院的动植物病害智能诊断专家系统、中国民航大学的民航机务专题数据库等。13所高校共建设学科特色数据库29个，占全部特色库总数的31%。

（4）地方特色数据库

地方特色数据库是基于地域资源，能够反映地方文化、历史、政治、经济特色的数据库，既具有鲜明地域特色又能发挥学校学科优势和自身特色的文献资源。地方特色数据库共3个，占总数的3%，只有2所高校图书馆有所建设。

（5）其他专题特色数据库

其他专题特色数据库包括人物、事物、事件等方面专题。天津音乐学院的名人数据库孟小冬唱腔及钱培荣说戏录音集萃，特定研究领域数据库有天津理工大学的"创造创新创业"特色资源库、天津美术学院的4万张精品素材等。其他专题特色库36个，占全部特色库总数的39%。

2.2.2　获取分析

源于经费、著作权、人员、建设理念等方面因素，大多高校建设的特色库限定了读者访问权限，校外可访问的特色数据库仅有28个，这些数据库的一个共同特点是一般不涉及著作权问题，数据来源多为公开的网络资源、本校论文、人物事物等条目，古籍文献，信息导航等。无法访问特色数据库有20个，这部分特色库虽经立项开发但并未在网络发布，既包括学校自建特色库也包括部分Talis特色库。中国民航大学、天津职业技术师范大学在建构理念上有待提升，其他高校都在本校图书馆网站上建立了特色资源库、自建数据库等链接。要呈现特色数据库，必须从读者用户角度出发优化操作页面，特色数据库应设定于主页面的显见位置，方便读者获取，且需要进行规范或统一命名。

2.2.3　Talis"十五""十一五"特色数据库立项特点

Talis作为CALIS天津市中心，负责组织开展全市的信息资源建设和服务工作。天津市高校特色数据库建设项目经过两期的建设，共立项34项，建成了一批里程碑式的数据库。在已立项建设的特色数据库中，学科特色数据库18项，馆藏特色数据库9项，其他专题特色数据库7项，建设项目主要集中在各学校特色学科上，如天津农学院的动植物病害智能诊断专家系统，天津大学的中国建筑文化遗产数字图书馆等，馆藏特色的有天津音乐学院的北方曲艺资源库、老唱片，天津工业大学建设的纺织特色外文文献全文库，天津美术学院的美术古籍库，天津师范大学的天津师范大学古籍善本图文库，天津中医药大学的中医经验方与健康数据库等。

2.2.4　Talis"十二五"特色库建设立项情况

经过前两期的特色库建设，项目建设已经积累了丰富的经验，在此基础上，2014年开展了"十二五"特色库的申请立项工作，已通过评审的特色库项目见表4.16。

表4.16　Talis"十二五"特色库项目立项表

单位名称	特色数据库名称
南开大学	周恩来研究专题数据库
天津工业大学	服装面料信息数据库
天津音乐学院	天津音乐家资源数据库

续表

单位名称	特色数据库名称
天津科技大学	食品安全与饮食健康
中国民航大学	民航基础知识数据库
天津体育学院	天津特色体育文化数据库
天津职业技术师范大学	电子技术项目竞赛与培训数据库
天津大学仁爱学院	软件工程专业服务外包领域数据库
天津大学	中国建筑文化遗产数据库
天津商业大学	诺贝尔经济学获奖者资源库
天津中医药大学	中医养生与健康数据库
天津外国语大学	近现代西文汉学文献数据库
天津美术学院	二十世纪天津地方美术史料数据库
天津财经大学	天津旅游文化资源特色数据库
天津理工大学	听障教育特色资源数据库建设
天津师范大学	天津师范大学心理健康与教育特色数据库
天津职业大学	基于高水平示范校的天津高等职业教育特色资源库建设
天津高等教育文献信息中心、天津医科大学	国际OA博硕士学位论文数据库

从表4.16可看到，Talis"十二五"特色库共立项18项，有17个学校参与，其中有3项是与前两期项目的衔接与扩充，如天津商业大学的诺贝尔经济学获奖者资源库、天津大学的中国建筑文化遗产数据库、天津中医药大学的中医养生与健康数据库，体现了学校对特色库建设的深入挖掘整理，精耕细作，Talis也更青睐于这类特色库建设的持续投资与支持。从类型上分析，有10个学科类数据库，1个馆藏类特色库，3个地域类特色库，3个人物类的特色库，1个文献中心建立的学位论文类数据库。由于学科类型的数据库更能体现学校的优势及办学特色，所以学校对学科类型的特色库更加重视。鉴于前期特色库建设平台混乱，疏于后期维护，数据源标准难以统一等问题，Talis将对本期特色库采用统一的建设平台，由Talis统一招标采购，整体上大幅压缩采购经费。

2.3 天津市高校特色库建设存在的问题及对策

2.3.1 著作权风险

特色数据库的文献资源搜集方式如下：一是图书馆会从已购买到的电子刊物、电子书籍、图片、多媒体资源等批量下载相关资源，通过再加工后整合到特色数据库中；二是对本馆馆藏的特色文献进行数字化加工，将馆藏中独具特点的期刊、图书、报纸或随书光盘、音像资料等多媒体资料进行数字化加工整理，并整合至特色数据库中；三是充分利用互联网资源，图书馆可以直接在互联网中下载有关专题的特色资源，经二次处理后整合至特色数据库中，或采用页面链接技术，针对专题网络信息制作资源导航库。

特色数据库在充分利用上述资源时，极易触碰著作权人的复制、信息网络传播、技术措施等权利，尽管图书馆对资源的开发利用有着迫切的需求，仍使其面临较大的侵权风险。作为文化传播的主要载体，为规避在特色数据库制作过程中发生的侵犯版权、著作权等行为，图书馆应健全著作权的管理制度，设立知识产权保护专人责任岗位，统一协调及指导如何获得作者授权许可工作，并制定信息资源筛选的程序和规则。对受版权保护的资源需进行专门管理,如没有解决版权问题的,可先行以题录或者文摘等的形式发布到网络上,也可为有需求的用户提供原文传递服务。图书馆也可在读者利用特色库前,赋予读者一定的法律强制义务,降低其侵犯版权的可能性。措施包括:限制读者访问来阻止对特色库的擅自使用行为,限制用户对特色库进行未经允许的打印、复制、下载及传播,为防止非法改动特色库收录的资源内容,对图片、多媒体等内容可通过数字水印和数字签名技术,对作品内容进行保护。

2.3.2 数据资源共享

现有特色数据库大多限制外部访问,即使同地区高校也无法访问,这就限制了特色数据库效用的发挥,使得各馆各自为政,无法将特色数据库有效地整合。目前大部分数据库都是由各校独自开发和维护,系统逻辑上和物理上都存在异构,各特色库的模式、数据模型、数据操作语言都不尽相同,这阻碍了校际间的数据共享。计算机技术的不断进步使得异构数据库间的数据共享成为现实,文献中介绍了将XML作为信息交互的中间件,完成异构数据库的互操作,主要过程是通过XML转换器实现XML文档与特色库之间的交互,XML文档经过语法分析、处理、协同XSL,再通过Web Server,最后把结果数据发送给用户。林尔正介绍的方案是:高校各自选择一台公网服务器作为代理机,页面抓取程序就装在代理机中,程序获取本地特色库信息并传送给共享平台。

2.3.3 特色数据库建设模式

各校特色库资源有重合现象,浪费了人力物力,不利于资源的有效配置,缺乏标准的开发平台,大部分自建数据库平台都由各馆自行选择,这些平台虽各有特色,但不适应特色库的共建共享,不利于特色库的跨平台检索等,各馆特色库的着眼点仅仅局限于本校或本地区,未能将资源的利用率发挥到最大限度。Talis项目上,各个高校图书馆应发挥协作、联合的优势,采用协同申报方式,开发具有地方特色的专题数据库;推动相同特色学科的学校联合建库,扩大数据容量,建设更加完备、全面的特色数据库;鼓励已开发或正在开发的相似主题、结构、数据的数据库,在后期建设中协同建库,整合系统,以便于用户使用。目前,Talis"十二五"规划项目建设平台正处于审核评价中,各馆特色数据库均在该平台上开发,可以设想,通过该平台进行资源的加工、管理和发布,可以有效避免数据库平台不能实现跨库检索、平台操作不便、单独采购平台价格过高、自行开发系统的通用性差等缺点。

对于Talis项目,均应提供Web检索服务方式,并应将其纳入全国CALIS综合文献服务体系,为全国范围内普通高校及科研机构服务,同时适度开放社会用户,为发展民族文化事业、提升公民修养提供服务。

2.3.4 后期维护问题

部分特色数据库在投入使用后,很少会开展后期维护工作,致使信息内容未及时更新,明显存在于数据库中的问题也一直未能得到解决。时效性、大数据量是特色库得以存在的必要条件,只有不断完善特色数据库,才能提高特色库利用率,为读者提供更完善的资源服务,也可以有效防止资源浪费,更能切合建设特色数据库的初衷。在特色库的使用过程中,应指定数据库专业技术维护人员,负责日常更新、备份、开发新资源等工作,及时进行软件更新、操作系统版本升级,保障网络的畅通和系统安全稳定的运行,保证数据库的持续发展;注重建立完善的用户评估及反馈机制,根据用户的反馈,及时补充新增资源,改进系统问题,修正错误数据等;针对用户在使用过程中所发生的浏览、检索、个性设置等行为,通过对用户检索词、检索行为及关联规则进行数据存储、统计分析,并进行数据挖掘,也是对高校特色学科的成长准备了重要的基础数据。

总之,天津高等院校图书馆特色数据库的建设工作已全面展开,正处于稳步发展阶段,部分高校特色库在建设数量、规模、类型上已处于全国同行业高校前列,但大部分高校仍落后于同行业其他高校,受困于资金、技术、人员、制度等方面的制约,特色数据库利用率还比较低,有的只追求数量,而忽视了质量;有的只注重建设,忽略了如何应用及推广,至于经济效益就更无从谈起了。针对已建成的大量特色数据库,应进行适时的维护与更新,使其具有长久的生命力,这不仅是保持其较高的信息质量和服务水平的需要,也是保护初始建设投资的需求,更为未来的特色库筹备谋划工作提供必要的参考依据。

3 黑龙江省高校图书馆特色数据库研究

随着信息技术的发展和读者信息需求的多元化,图书馆纸质文献资源难以满足当今读者的需求。为应对读者需求的变化,高校图书馆加强了数字资源的建设力度,大力引进商业数据库和自建特色数据库。武汉大学信息管理学院肖希明教授认为:"特色数据库是图书馆特色资源的集中反映,是图书馆充分展示其个性,提高其社会影响力和信息服务竞争力的核心资源。"高校图书馆特色数据库建设,不仅可满足学校教学科研的信息需求,促进学科建设,而且能彰显图书馆的资源优势和服务竞争力。对黑龙江地区高校图书馆自建特色数据库建设进行调查分析,针对存在的问题,提出优化特色数据库建设的策略,目的是促进高校图书馆重视特色数据库建设,使高校图书馆能充分挖掘馆内外资源,创新服务内容,为高校的教学和科研发挥更大的作用。

3.1 黑龙江省高校图书馆自建特色数据库现状分析

3.1.1 基本情况

根据教育部网站的统计,黑龙江省有78所高等学校,其中,本科院校35所(含民办本科院校10所),专科院校43所(含民办本科院校6所)。对78所高校网站的主页以及图书馆网页进行访问,重点调查各高校图书馆自建特色数据库情况,列出了黑龙江省高校图书馆自建特色数据库数量及分布情况。从表4.17可发现,有18所黑龙江省高校图书馆自建了100种特色数据库,自建特色数据库的高校图书馆只占黑龙江省高校图书馆总数的23.1%。从总体上看,黑龙江省高校图书馆自建特色数据库还处在初始阶段,参与特色数据库建设的图书馆数量有限。

表4.17 黑龙江省高校图书馆自建特色数据库一览

单位名称	数据库数量	特色数据库名称
黑龙江大学图书馆	7	本校硕士学位论文库,本校博士学位论文库,俄文文献(含俄侨文献),古籍文献,民国文献,读书工程,哲社规划项目成果库
哈尔滨理工大学图书馆	2	哈尔滨理工大学博硕士论文库,哈尔滨理工大学期刊导航库
东北石油大学图书馆	1	本校学位论文库
佳木斯大学图书馆	23	佳木斯地区鳞次目标本数据库,佳木斯大学硕士学位论文库,佳木斯大学社会科学学报,佳木斯大学学报(自然科学版),佳木斯大学脑瘫文献数据库,佳木斯大学CT影像数据库,佳木斯大学工具书数据库,佳木斯大学随书光盘数据库(计算机),佳木斯大学专家信息数据库,佳木斯大学学报数据库,佳木斯大学教学课件数据库,佳木斯大学随书关盘数据库(外语),佳木斯大学图书馆信息导报,佳木斯大学优秀本科学位论文,佳木斯大学教学参考书数据库,黑龙江医药科学学报数据库,佳木斯大学图书馆学术论坛数据库,佳木斯大学图书馆视频数据库,两院院士信息数据库,佳木斯大学专家数据库,三江历史文化,赫哲族文化研究数据库,佳木斯大学赫哲族专家研究成果数据库

续表

单位名称	数据库数量	特色数据库名称
黑龙江八一农垦大学图书馆	7	黑龙江垦区场史厂志数据库，课件导航数据库，精准农业数据库，网络免费电子全文数据库，馆藏磁带数据库，馆藏光盘数据库，博硕士学位论文数据库
东北农业大学图书馆	4	随书光盘数据库，宠物数据库，大豆文献数据库，论文收录自助服务系统
东北林业大学图书馆	7	多媒体资源数据库，国内主要报纸导航库，全球重要信息导航、学位论文全文库，专家学者数据库，濒危和保护动物图片库，西文期刊导航库，中国珍稀植物图片库
哈尔滨医科大学图书馆	1	黑龙江省外文医学期刊文献服务平台
牡丹江医学院图书馆	1	影像医学特色数据库
牡丹江师范学院图书馆	1	牡丹江师范学院文库
绥化学院图书馆	12	随书光盘下载，绥化学院特殊教育文献库，绥棱黑陶图片库，海伦剪纸图片库，兰西挂钱图片库，肇东国画图片库，绥棱农民画，明水篆刻图片库，望奎皮影戏图片库，庆安版画图片库，兰西亚麻图片库，世界大学图书馆图片库
哈尔滨商业大学图书馆	18	诺贝尔经济学奖获奖者文库，哈尔滨商业大学教师《复印报刊资料》收录数据库，哈尔滨商业大学教师CSSCI收录数据库，会计学院教学参考书，法学院教学参考书，哈尔滨商业大学优秀硕士论文，东北革命和抗日根据地货币图片库，帝国主义列强银行在我国发行流通的货币，日本侵华掠夺的金融物证，外国货币侵华与掠夺史论，人民币特种票券图片库，人民币纸币鉴赏图片库，哈尔滨商业大学校报，哈尔滨商业大学科技成果，研究生学术论坛，冰雪论坛，经济新视野，库克音乐
哈尔滨体育学院图书馆	3	中文图书书目数据库，中文期刊书目数据库，外文期刊书目数据库
哈尔滨金融学院图书馆	2	自建电子图书，非书资源库
黑龙江东方学院图书馆	2	大学生导读书目，大学生导读书目2009
哈尔滨石油学院图书馆	1	标准、规程数据库
哈尔滨职业技术学院图书馆	8	参阅信息，学院院刊，特藏报纸，职业全能培训库，学院发展历程（图片库），职教动态，黄炎培职业教育资源，名师讲座

3.1.2　自建特色数据库特点分析

3.1.2.1　数量分布

从数量上看，黑龙江省高校图书馆自建的特色数据库主要分布在本科院校图书馆中，18所高校图书馆中，只有1所专科院校图书馆即哈尔滨职业技术学院图书馆自建了8种特色数据库。本科院校图书馆自建了92种特色数据库，占特色数据库总数的92.00%，这说明黑龙江省本科院校图书馆是特色数据库建设的主力军。大部分专科院校图书馆没有建设网站或网站上没有自建特色数据库栏目。佳木斯大学图书馆、哈尔滨商业大学图书馆、绥化学院图书馆、东北林业大学图书馆、哈尔滨职业技术学院图书馆、黑龙江大学图书馆、黑龙江八一农垦大学图书馆的自建特色数据库达到7种以上,这7所大学图书馆比较重视特色数据库建设。佳木斯大学图书馆以23种自建特色数据库位于首位,成为黑龙江省高校图书馆特色数据库建设的"领头羊"。

3.1.2.2　主题分布

从调查可知,各高校图书馆能根据馆藏特色、学校办学特色、学科特色及地域文化特色,加强特色信息资源的收集,建立了不同内容的特色数据库。从主题分析,主要包括以下几个方面:

(1)体现学校特色的科研成果数据库。高校图书馆收集本校本科生、硕士生、博士生的毕业论文建立的学位论文库,收集本校师生撰写的著作、论文以及本校学报等建立的科技成果库,如佳木斯大学图书馆建设的佳木斯大学硕士学位论文库、佳木斯大学社会科学学报、佳木斯大学学报(自然科学版),哈尔滨商业大学图书馆建设的哈尔滨商业大学教师《复印报刊资料》收录数据库、哈尔滨商业大学教师CSSCI收录数据库、哈尔滨商业大学优秀硕士论文、哈尔滨商业大学科技成果,黑龙江大学图书馆建设的本校硕士学位论文库、本校博士学位论文库、哲社规划项目成果库等。这类主题数据库是大多数高校图书馆自建特色数据库的首选,其因是数据比较容易获得,建立数据库的成本相对较低。

(2)反映学校学科专业特色的专题数据库。各高校在长期的办学历程中,已形成了一定的优势学科和专业特色,收集学校优势学科和专业特色资源建设专题数据库,不仅可满足学校教学和科研的需要,而且有利于学校学科建设。在高校加强学科建设的大背景下,高校图书馆重视反映学校学科特色的数据库建设,如黑龙江八一农垦大学图书馆的精准农业数据库、东北林业大学图书馆的中国珍稀植物图片库、牡丹江医学院图书馆的影像医学特色数据库、东北农业大学图书馆的大豆文献数据库、哈尔滨职业技术学院图书馆的职业全能培训库等。

(3)彰显地域文化的地方特色数据库。建设能反映当地政治、经济、文化情况的特色数据库,是地方高校图书馆更好地履行服务地方文化建设事业职能的重要途径。佳木斯大学图书馆的三江历史文化,绥化学院图书馆的肇东国画图片库、绥棱农民画、明水篆刻图片库、望奎皮影戏图片库、庆安版画图片库等,地域文化特色鲜明。

(4)基于馆藏资源建设的各类书目数据库。随着高校图书馆随书光盘的增多,建立随书光盘数据库,可方便读者利用。随书光盘数据库的建设有利于光盘资源的保护和利用。如佳木斯大学图书馆的随书光盘数据库(外语)、绥化学院图书馆的随书光盘下载、东北农业大学图书馆随书光盘数据库。高校图书馆除了建立OPAC系统供读者检索馆藏资源外,还根据读者需求,建立专题书目数据库,为读者起到指导阅读的作用。如哈尔滨体育学院图书馆中文期刊书目数据库、外文期刊书目数据库,黑龙江东方学院图书馆的大学生导读书目、大学生导读书目2009等。

3.1.2.3　地域分布

对高校图书馆自建特色数据库的地域分布分析,可折射出各个地区高校图书馆的实力和发展水平。黑龙江省45所高校图书馆主要分布在黑龙江省5个地区,各个地区所建数据库见表4.18。从表4.18可看出,哈尔滨作为黑龙江省的省会,是高校集中地。该地区的高校图书馆建设的特色数据库占总数的55.89%,这说明哈尔滨地区高校图书馆具有较强的实力。佳木斯和绥化地区虽然分别只有1所图书馆建立了特色数据库,但这两个地区的高校图书馆自建特色数据库占到了总数的34.31%,也彰显出较强的发展能力。

表4.18　黑龙江省高校图书馆自建特色数据库地域分布表

地区	图书馆数量	特色数据库数量	占数据库总数的比例（%）
哈尔滨	12	57	55.89
大庆	2	8	7.84
牡丹江	2	2	1.96
佳木斯	1	23	22.55
绥化	1	12	11.76
总计	18	102	100

3.2　存在的问题

3.2.1　特色数据库宣传不到位

建设特色数据库的目的是方便读者查询利用数据库中的信息，如果建立的数据库被束之高阁，读者不知晓图书馆所建设的特色数据库，数据库的价值就不会得到充分体现。通过访问各个高校图书馆的网站发现，大多数高校图书馆缺乏对自建特色数据库的宣传，主要表现在特色数据库网站栏目设置混乱，没有给予明显的标志，不利于读者登录图书馆网站即可发现特色数据库资源。有的图书馆将特色数据库设在馆藏资源栏目下的二级栏目中，有的将自建特色数据库与购买的商业特色数据库混合列在一个栏目中。在图书馆网站上，缺少数据库收录范围和使用说明的公告，没有对数据库收录数据的时间、主题等进行说明，使读者难以从数据库中获取到自己所需的资料。如牡丹江医学院图书馆将影像特色数据库设置在馆藏资源栏目下，与馆藏图书、馆藏期刊、馆藏报纸排列在一起，不利于读者的查找。

3.2.2　数据库建设缺乏标准化与规范化

标准化与规范化是保障数据库建设质量的基石。规范特色库的建设标准、采用符合标准规定的系统平台是建设高质量特色数据库的重要保障。在所调查的高校图书馆特色数据库中，真正能提供多途径检索的数据库不多，大多数数据库只有浏览功能。如东北农业大学图书馆建设的宠物数据库，虽然提供了集文字、图片于一体的内容和提供按类浏览数据的功能，但没有设置检索点，读者要逐条浏览数据库，才能找到自己所需的内容。各高校图书馆建设数据库所利用的系统平台不同，加上数据库建设标准化、规范化的不统一，数据库质量控制缺乏规范，限制了数据库作用的发挥。

3.2.3　数据库共享度低

实现信息资源共享，充分发挥信息资源的作用，是图书馆界孜孜以求的目标。开展资源共建共享工作，不仅可节省图书馆的文献购置费，而且促进资源的开发利用。然而，在调查中发现，一些高校图书馆对自建数据库设置了访问权限，进行IP限制，校外用户不能检索和利用数据库资源。如黑龙江大学图书馆明确规定：建设的哲社规划项目成果库，接待读者范围为教师、博士生、研究生。又如绥化学院图书馆建设的12种数据库，校外读者都不能进行检索。

3.3　黑龙江省高校图书馆自建设特色数据库发展建议

3.3.1　重视特色数据库建设，加强特色数据库营销

从调查可知，黑龙江省高校图书馆特色数据库建设还没有引起相关部门的重视，78所高校图书馆只有18所高校图书馆开展了特色数据库建设工作，大量专科院校图书馆还没有将特色数据库建设列入议事日程。在已建立特色数据库的高校图书馆中，因数据库建设不规范，数据库的利用率不高。究其原因，主要是学校及图书馆管理层对特色数据库建设认识有偏差，

在思想上不重视图书馆特色数据库建设。为此，要提高黑龙江省高校图书馆的核心竞争力，更好地发挥图书馆在教学和科研中的信息支撑作用，学校层面和图书馆层面都要重视图书馆特色数据库建设工作。学校层面要做好图书馆文献资源建设的总体规划，图书馆层面要优先投入人力、物力、财力，在调查读者需求和基于学校办学特色的基础上，开展特色数据库建设的前期调查工作，做好项目规划，树立精品意识，突出特色，在学校各个部门的大力配合下，有重点有步骤地推进特色数据库建设工作。如河南大学图书馆抽调业务骨干成立"特色数据库建设小组"，开展"宋人著述书目文献数据库""宋代主要文献全文数据库""后人研究宋代著述书目文献数据库"等特色数据库的建库工作。宣传特色数据库，是提高数据库资源利用率、提升图书馆影响力的重要手段。首先，高校图书馆在特色数据库建设完成后，应通过多种渠道宣传图书馆的特色数据库，让读者了解图书馆所建设的各类特色数据库，从而有选择地利用特色数据库资源。高校图书馆应将特色数据库放在网站的醒目位置上，使读者打开图书馆网站便可浏览和检索数据库。如哈尔滨商业大学图书馆将特色数据库设置在资源一级栏目下，读者打开资源栏目即可通过自建特色数据库子栏目获取相关资源。其次，通过印发宣传单、小册子向来馆读者宣传图书馆建设的特色数据库，设计展板，对特色资源进行介绍、宣传。如举办特色数据库讲座，通过现场演示的方式，教会读者如何利用特色数据库资源。还可通过E-mail、QQ、博客、微博、微信等方式向读者推送图书馆自建特色数据库信息。利用微信独特的语音交流功能和丰富的多载体信息，高校图书馆可设立官方微信公众账号，在微信平台基本功能的基础上为读者搭建具有一定特色的图书馆的微门户服务系统，通过简便、快速的方式为读者提供特色数据库服务。

3.3.2 规范特色数据库建设，提高特色数据库生命力

特色数据库建设的不规范，是目前黑龙江省高校图书馆自建特色数据库中最需解决的问题。黑龙江省高校图书馆特色数据库建设在数据著录、数据标引、数据格式、规范控制等方面缺乏统一的标准和规范，造成数据库检索功能不强、访问率低。基于此，笔者认为，在特色数据库建设中，先要制定特色数据库建设规范，实现数据库统一元数据检索与分布式的全文服务功能。高校图书馆可参考CALIS制定的数据库建设规范，参照《CALIS文献资源数字加工与发布标准》《数字资源加工标准与操作指南》等进行资源加工与建设。在系统平台选择方面，目前国内的TRS、DIPS、TPI、方正德赛、快威等建库系统性能优越，是高校图书馆建库可选择的系统平台。如湖南大学图书馆建设的湖南民俗数据库，依托DIPS软件公司完备的系统平台进行数据加工、数据转换、元数据标引、检索发布和系统管理等，数据库不但能单独显示文字、图片，还能以图文并茂的形式呈现给读者，读者可通过主题、分类导航（地域分类、民族分类）查看或下载文摘、全文等文献。在特色数据库建成后，后续管理、数据更新十分重要。数据库的生命力在于其数据能否得到及时更新和不断修正、充实与完善。黑龙江省高校图书馆有的数据库数据量少，内容陈旧，数据库建设有始无终，存在"重建设，轻维护"的现象。高校图书馆应将数据库建设作为系统工程来抓，安排专人负责数据库的更新和维护工作，保持数据库内容的新颖和数据库系统的有效运转，使数据常变常新，满足读者的需求。

3.3.3 合作建设特色数据库，实现特色数据库的共享

合作建设数据库，实现数据库资源的共享，是高校图书馆弥补馆藏资源的不足，应对读者需求变化的良策。目前，黑龙江省高校图书馆的特色数据库建设还是各自为政、条块分割的状态。很多高校图书馆都重复建有随书光盘、博硕士优秀毕业论文库。要实现数据库的

共建共享，黑龙江省高校图书馆应在黑龙江省高校图工委的指导下，建立全省高校图书馆联盟，开展馆际合作，走联合共建特色数据库的道路，避免重复建设及规范建库标准。通过制定数据库建设的标准、规范及数据的记录格式、存储、传输的一致性协议等，运用统一的数据库建设软件平台，做好学科特色数据库、学校特色数据库建设工作。建立特色数字图书馆门户，整合各馆特色数据库资源，形成统一的资源集成平台，开展网络服务。在此基础上，可建立黑龙江省图书馆联盟，与公共图书馆联姻，发挥公共图书馆地方文化资源的优势，建设一批具有黑龙江地方特色的专题数据库，为黑龙江政治、经济、文化的建设和发展提供强大的资源支撑。

总之，高校图书馆是高校师生获取知识信息的主要渠道，在高校教学和科研中发挥着文献信息保障功能。在高校重视学科建设、加强教学和科研工作的背景下，高校图书馆建设特色数据库有利于促进高校学科建设，提高教学及科研质量。

4 辽宁省高校图书馆自建特色数据库的研究

特色数据库是指依托馆藏信息资源，针对用户的信息需求，对某一学科或某一专题有利用价值的信息进行收集、分析、评价、处理、存储，并按照一定标准和规范将其数字化，以满足用户个性化需求的信息资源库。近年来，国内高校图书馆在特色数据库建设方面取得了长足的进展，以辽宁省本科高校图书馆作为研究对象，调查本地区的特色数据库建设情况，了解特色数据库建设的特点，分析其存在的问题并提出相应的建议。

4.1 辽宁省高校图书馆特色数据库建设现状

根据教育部网站公布的高等学校名单，辽宁省共有本科高校45所。采用网络调查方法，逐一登陆这45所本科高校图书馆网站，进行统计，其特色数据库建设情况的调查结果，见表4.19。

表4.19 辽宁省高校图书馆特色数据库建设一览

单位名称	数据库数量	数据库名称
东北财经大学图书馆	11	老工业基地研究专题数据库，硕博论文题录库，经济文摘，东北财经大学图书馆部分博士论文，投稿指南，网络导航–期刊，网络导航-工具书，经济专题库，随书光盘目录，学科导航（会计/金融/工商管理/经济），视频点播
沈阳师范大学图书馆	7	学位论文数据库，基础教育教材资源数据库，教学参考书数据库，研究生参考书目导读，视听阅览室资源目录，随书光盘数据库，古籍特藏数据库
大连外国语学院图书馆	6	硕士论文库，优秀学士论文，期刊全文数据库，外国现代作家评论，外国现代文学评论，当代外国文学评论
沈阳药科大学图书馆	6	中药标本数据库，药大中文著作，药大学图书馆学位论文，药大专利导航，随书光盘，药界聚焦
大连理工大学图书馆	5	学术典藏库，教学参考书，研究生学位论文，论文被国际著名检索刊物EI、SCI、ISTP收录情况数据库，随书光盘系统
大连海洋大学图书馆	5	水产学院图书馆航海专题库，水产学院图书馆教师文库，水产学院图书馆硕士学位论文，水产渔业特色期刊，水产渔业专题库
中国医科大学图书馆	5	随书光盘数据库，医学教学图片资料，医学教学期刊资料，医学教学图书资料，NATURE Online Journal

续表

单位名称	数据库数量	数据库名称
大连医科大学图书馆	5	研究生论文, 行为科学专题数据库, 美容医学专题, SARS文献资源, 随书光盘
辽宁中医药大学图书馆	5	师生著作库, 硕博论文库, 中医古籍库, 网络电子书刊库, 名医名师数据库
中国刑事警察学院图书馆	5	随书光盘数据库, 书生公安电子图书数据库, 中文公安期刊全文数据库, 外文警察期刊全文数据库, 公安文献题录
沈阳理工大学图书馆	4	硕士论文数据库, 教学参考书库, 国防工业书库, 兵工专业文献数据库
辽宁科技大学图书馆	4	学位论文, 外文核心期刊快译, 高等教育信息摘编, 科技信息通报
沈阳航空航天大学图书馆	4	航空航天特色数字资源知识库, 研究生学位论文库, 随书光盘数据库, 期刊题录系统
鲁迅美术学院图书馆	4	鲁美教学及艺术活动历史数据库, 鲁美师生作品数据库, 鲁美四老专题数据库, 鲁美精品课数据库
东北大学图书馆	3	学位论文数据库, 张学良特色数据库, 冶金科学与技术数据库
大连大学图书馆	3	思想者, 服装信息数据库, 重点学科信息资源数据库
沈阳工业大学图书馆	3	工大教学参考书库, 工大文库, 学位论文数据库
辽宁石油化工大学图书馆	3	书附光盘数据库, 参考书目数据库, 硕士研究生毕业论文数据库
大连交通大学图书馆	3	和谐社会, 纳米材料, 轨道交通特色专辑
大连工业大学图书馆	3	学科导航, 研究生学位论文库, 随书光盘数据库
渤海大学图书馆	3	学位论文管理系统, 渤大文库, 随书光盘数据库
辽宁医学院图书馆	3	硕士论文数据库, 生物医学光盘自建数据库, 重点学科资源
沈阳医学院图书馆	3	重点学科资源导航, 医学课件, 随书光盘数据库
沈阳体育学院图书馆	3	精品课专题数据库, 硕士研究生学位论文数据库, 学科导航
辽宁对外经贸学院图书馆	3	学报论文数据库, 文献评论, 十月风
大连海事大学图书馆	2	博硕士论文库, 中国航运信息资源库
辽宁工程技术大学图书馆	2	书后光盘数据库, Ebook 图书
沈阳农业大学图书馆	2	硕士, 博士毕业论文库
辽宁师范大学图书馆	2	图书馆学科导航, 图书馆特色专题自建库系统
辽宁大学图书馆	1	学位论文数据库
沈阳大学图书馆	1	随书光盘数据库
沈阳化工大学图书馆	1	OA 学术资源库
辽宁工业大学图书馆	1	硕士学位论文
大连民族学院图书馆	1	东北少数民族研究多媒体数据库

4.1.1 特色数据库的数量分布

辽宁省45所高校图书馆中, 仅有6所无图书馆主页或者无法访问, 其余39所都可以正常访问。其中34所高校图书馆建有特色数据库，占全部图书馆的75.6%，合计建设项目122项，平均每个图书馆建设特色库3.6项。东北财经大学图书馆建库11项，沈阳师范大学图书馆7项，大连外国语学院图书馆和沈阳药科大学图书馆各建了6项，大连理工大学、大连海洋大学、中国医科大学、大连医科大学、辽宁中医药大学和中国刑警学院图书馆各建了5项，这10所图书馆建设特色数据库数量合计60项，占全省高校图书馆特色数据库建设的49.2%。由此可见，这10所高校图书馆在特色数据库建设方面开展的较好，其特色资源优势相对明显，这对于推动省内其他高校图书馆特色数据库建设工作起到了积极的示范作用。

4.1.2　特色数据库的层次分布

辽宁省45所高等院校中，大连海事大学图书馆的"中国航运信息资源库"、大连医科大学图书馆的"行为科学专题数据库"、东北财经大学图书馆的"老工业基地研究专题数据库"、沈阳药科大学图书馆的"中药标本数据库"，这4个特色数据库被CALIS列入资助建设的子项目。沈阳航空航天大图书馆的"航空航天特色数字资源知识库"，作为中央财政支持地方高校共建的专项建设项目，中央财政共投入经费350万元。上述5所高校在特色数据库建设方面都起到了领头羊的作用。一些办学历史悠久、馆藏资源丰富的高校图书馆，如沈阳师范大学、大连理工大学、大连海洋大学等图书馆在特色数据库建设方面也开展得不错。另外，一些专升本的高校图书馆，如沈阳工程学院、辽宁科技学院和辽宁财贸学院等图书馆，由于其办学条件一般或重视程度不够等因素，在特色数据库建设方面还处于空白阶段或拟建阶段，明显滞后于省内其他同类本科院校。

4.1.3　特色数据库的内容分布

辽宁省大部分高校图书馆除建设随书光盘数据库、硕博士论文数据库以及重点学科导航库等传统模式的数据库外，各馆还结合自身的馆藏特色、学科特色和地域特色等自建了各种类型的数据库。如沈阳师范大学图书馆的"古籍特藏数据库"、鲁迅美术学院图书馆的"鲁美四老专题数据库"、渤海大学图书馆的"渤大文库"等，这些数据库的建设是基于馆藏的特色书刊资料，具有鲜明的馆藏特色，是其他图书馆不具备或者只有少数图书馆拥有的特色馆藏；沈阳药科大学图书馆的"中药标本数据库"、沈阳航空航天大学图书馆的"航空航天特色数字资源知识库"、大连海洋大学图书馆的"水产渔业专题库"、大连海事大学图书馆的"中国航运信息资源库"等，这些数据库的建设是基于各高校学科专业的发展，体现了所在高校的办学特色。东北大学图书馆的"张学良特色数据库"、东北财经大学图书馆的"老工业基地研究专题数据库"，这些数据库的建设则是反映了地域历史和地方经济发展。

4.2　辽宁省高校图书馆特色数据库建设存在的问题

4.2.1　特色不够突出

辽宁省拥有本科院校45所，其中34所高校图书馆建有特色数据库，占全部图书馆的75.6%，尚有近1/4的高校图书馆没有建设特色数据库。在已建的特色库项目中，内容形式过于单一，大部分特色数据库的选题主要集中在学位论文、随书光盘、教学参考书和学科导航等方面，体现馆藏特色、学科特色和地域特色的资源项目很少。根据调查结果，体现馆藏特色的数据库占总数的13.3%，体现学科特色的数据库占总数的16.7%，体现地域特色的数据库仅占总数的1.67%。从总体上看，辽宁省高校图书馆对于特色数据库建设的意识还比较薄弱，特色不够明显，层次较低。

4.2.2　缺乏标准化与规范化

尽管我省一些高校图书馆参与了CALIS部分特色库子项目的建设，但大多数图书馆在特色数据库建设方面还是各自为政。各高校图书馆依托不同的系统平台进行建库,由于数据库开发商在数据库建设的标准化、规范化方面并不统一,各有各的标准,这就造成数据格式不同、数据结构不兼容、用户检索界面和检索语言存在差异,导致数据库的兼容性、互操作性差,这为数据交换和查询服务带来了不便,限制了特色资源共享和数据库作用的发挥。

4.2.3　资源共享程度低

调查发现,大部分高校图书馆的特色数据库都进行了IP段的限制,只供校园网内用户使用,校外用户无法访问。由于向社会开放程度不够,仅限于本单位内部使用,特色数据库的影响力小,必然会造成其利用率较低。这就完全违背了特色数据库的建设初衷,浪费了大量的人力和物力,造成资源的重复建设,同时数据库资源得不到充分利用,无法实现资源共享,这不利于其社会效益的扩大。

4.2.4　维护与更新不及时

一些高校图书馆在特色数据库建设过程中,热情很高,投入也很大,特色数据库的质量也有所保证。但是,通过调查发现,大多数图书馆在特色数据建成以后,就处于相对滞后和缓慢的状态,投入很少的力量开展维护工作,数据更新不够及时,导致网页内容陈旧、滞后,用户看到的信息基本上都是建库初期的内容,数据库中存在的一些问题也未能得到及时的解决,这必然会影响特色数据库的利用,与建库的最终目标相背离。

4.3　完善辽宁省高校图书馆特色数据库建设的策略

4.3.1　加大建设力度,丰富资源类型

当今信息化时代,数据库建设的作用和意义得到了全社会的普遍认可。就辽宁省而言,有45所本科院校,不但拥有综合实力较强的大学,同时也有专业特色鲜明的院校,可以说特色资源丰富。各高校图书馆应抓住这一有利条件,充分认识到特色数据库建设的重要性,结合自身的情况,建设一批高质量的特色数据库。同时,在特色资源类型方面,选题不应局限于学位论文、随书光盘等方面,应广开思路,结合本校的学科设置、资源特点及读者需求等情况,建设真正意义上的特色数据库。

4.3.2　加强标准化、规范化建设

标准化、规范化是数据库建设质量的重要保障,更是实现数据网络化与资源共享的前提。因此,在特色数据库建设的过程中,关于数字化加工、资源描述、资源组织、资源互操作及资源服务等方面,必须遵循一套统一的标准与规范,保证数据库资源的长期存储、相互操作及数据交换。目前,我国在特色数据库建设的标准化方面还处于探索阶段,CALIS特色数据库建设项目选定了《我国数字图书馆标准规范建设》中的5个系列、11种规范格式及其著录规则作为其指导原则。辽宁省各高校图书馆在特色数据库建设方面,可以借鉴和参照CALIS遵循的一系列标准和规范,避免日后造成数据交换及二次开发带来的麻烦。

4.3.3　加强共建共享

特色数据库的建设需要耗费大量的人力、物力和财力,同时因受到资金、技术、人才和馆藏资源等因素的制约,所以单凭一个图书馆的力量,很难保证其建设质量。因此,全省高校图书馆应在高校图工委的协调下,成立一个数据库建设馆际协作组织,实现特色数据库建设的统筹规划。全省各高校图书馆在进行特色数据库建设时,可以探索尝试"协调管理、分工协作、联合建设、共建共享"的建库模式。根据辽宁省的地域特色、经济特色和文化特色,以及各高校的学科特色、专业特色和各馆的馆藏特色,由多个图书馆集中力量联合建设特色数据库。另外,各高校图书馆在建库时有必要统一数据标准、统一命名、统一路径以及统一访问方

式等,形成多个图书馆的资源互补及分散使用,实现特色数字资源的有效配置和合理开发,进而达到数据资源的分布建设、网络存取与共建共享的目标。

4.3.4　加强更新与维护

特色数据库建设是图书馆一项长期、系统性的工作,数据库建成以后,需要安排专人负责日常的更新和维护工作。对数据库的内容要定期地进行更新追加、清理和修正,特别是数据库使用过程中反馈的错误以及网络资源的变化而产生的无效链接等,都要及时地进行更正;对数据库系统的运行状况、响应时间、存储空间等情况要定期进行分析,解决系统中存在的问题,逐步完善系统,使用户能够方便、快捷地利用数据库,为用户提供高质量信息服务。

5　陕西省高校图书馆自建特色数据库的研究

特色数据库建设是高校图书馆充分利用网络技术、信息技术,依托本校学科建设的优势,根据不同层次用户信息需求的种类、特点,建立起专业数据库。陕西是个教育大省,高校分布数量多,文化底蕴非常深厚,陕西各个高校图书馆搜集和保存了大量宝贵的科学研究数据信息和文献资源。建设好陕西高校图书馆特色数据库,充分发挥陕西高校的信息资源优势,更好地为陕西高等教育事业服务,是高校图书馆积极探索和实践的重要课题。

5.1　陕西高校图书馆特色数据库资源建设现状

5.1.1　调查统计及调查结果

截至2014年,陕西省有42所本科院校(包括9所民办本科院校),对这42所高校逐个进行网上访问调查,对这些高校的主页以及图书馆网页进行访问并全面统计数据,其中有26所建有特色数据库共计111个,占到总比例的32.5%,表4.20为部分高校图书馆特色数据库建设情况。

表4.20　陕西省高校图书馆特色数据库建设一览

单位名称	数据库数量	特色数据库名称
西安交通大学图书馆	9	钱学森特色数据库,西安交通大学文库,西安交通大学国际论文数据库,西安交通大学学位论文数据库,开放获取期刊共享平台,重点学科导航数据库,重点学科网络资源导航,西文生物医学期刊联合目录,法医学科文献信息资源服务平台
西北工业大学图书馆	9	本校硕博士学位论文数据库,姜长英航空数字图书馆,三大索引收录西工大论文检索系统,随书光盘数据,馆藏文献书目数据库;西北工业大学党建理论及实践研究专题数据库,西北工业大学中图分类法检索系统,西工大教学参考书数据库,CALIS重点学科网络资源导航
陕西师范大学图书馆	6	网络课程数据库,本校博硕士论文数据库,西北地方志数据库,教师教育图书数据库,陕西师范大学教师研究专题数据库,历史地理学科文献数据库
西北农林科技大学图书馆	4	西北农林科技大学图书馆非书资源管理系统,本校学位论文全文数据库,西北农林科技大学植物标本数据库,黄土高原水土保持数据库
西安电子科技大学图书馆	3	重点学科网络资源导航数据库,博硕士学位论文提交系统,中文报纸在线阅读系统
长安大学图书馆	1	博、硕士论文数据库

续表

单位名称	数据库数量	特色数据库名称
西北大学图书馆	1	馆藏古籍书目
陕西科技大学图书馆	9	文献检索课试题数据库,院系资料室文献资源联合目录,本校作者论文数据库,文献检索课试题数据库,陕科大专利全文数据库,陕科大著者书目数据库,本校硕博学位论文库,陕科大科技成果数据库,皮革文献资源数据库
西安理工大学图书馆	3	黄河水文资料数据库,学位论文数据库,随书光盘
西安建筑科技大学图书馆	5	贾平凹文学艺术专题库,建筑历史图书库,本校教参,特色图书,土建类专题书目数据库
西安科技大学图书馆	8	西科大研究生学位论文数据库,艺术图像欣赏数据库,煤炭技术与煤矿安全数据库,简明艺术词典,馆藏外文期刊文摘数据库,投稿指南数据库,数学建模专题数据库,西安科技大学成果数据库
西安工程大学图书馆	5	研究生学位论文库,姚穆院士文献数据库,服装专题文献数据库,中国国际毛纺织会议论文库,西安工程大学学术成果库
西安石油大学图书馆	2	博士、硕士学位论文全文数据库,西安石油大学标准数据库
西安工业大学图书馆	2	硕士论文提交数据库,随书馆藏光盘数据库
西北政法大学图书馆	2	西北政法大学图书馆学位论文数据库,法律文献信息索引数据库
延安大学图书馆	1	红色数据库
西安财经学院图书馆图书馆	1	统计信息专业特色数据库
西安音乐学院图书馆	10	赵季平音乐资源数据库,馆藏声乐曲目数据库,专家教授数据库,学位论文数据库,陕北民间音乐资源数据库,西安鼓乐数据库,歌剧《唐璜》专题数据库,秦派二胡资源数据库,基本乐科教学资源数据库,西安音乐学院专家教授数据库
西安体育学院图书馆	7	外文体育期刊全文数据库,体育类电子书数据库,红星耀体坛图片库,随书光盘数据库,博硕士学位论文数据库,优秀学士论文数据库,外语听音数据库
陕西理工学院图书馆	4	陕西理工学院古籍数据库,随书光盘,资料室书目数据,汉水文化系列(地方文献书目,馆藏古籍书目数据,馆藏民国文献书目数据)
西安美术学院图书馆	11	公元集成教学图片数据库,图书馆藏历代绘画(山水、花鸟、人物)数据库,美术馆藏历代文物精品数据库,美术馆藏民间艺术品数据库,西安美术学院教授读书笔记数据库,西安美术学院教师优秀作品数据库,西安美术学院学生优秀作品数据库,风生水起大写意·小画展数据库,写意当代西安美术学院油画精品库,西安美院历年获奖作品数据库,艺术博物馆
西安邮电大学图书馆	3	西邮毕业生优秀论文数据库,西邮研究生毕业论文数据库,西安邮电大学教工论文数据库
陕西中医学院图书馆	1	陕西中医学院研究生论文库
渭南师范学院图书馆	1	司马迁与史记研究数据库
榆林学院图书馆	1	随书光盘
西京大学图书馆	2	西京报,西京论文集

5.1.2　特色数据库的层次分布

据统计，在陕西80所高校中，只有部分高校图书馆开发了特色数据库，985和211院校有7所，建有特色数据库36个，占到数据库总数的32%；普通本科院校图书馆特色数据库工作也开展得较好，充分利用了自身资源优势，不断更新、新建特色数据库，有35所普通本科，建有特色数据库78个，占总数的68%；由于资金、资源等方面原因，专科院校图书馆在特色数据库建设方面明显落后。

5.1.3　特色数据库的内容分布

根据调查，西部地区高校图书馆特色数据库主要包括以下几个方面的内容（如表4.21所示）：①基于学科专业的专题数据库，学科专业的特色体现出一所高校办学的特色，因此，高校图书馆注重以本校学科专业的特色来建设专题特色数据库，此类特色数据库最多。如：西北农林科技大学图书馆的"黄土高原水土保持数据库"，西北工业大学的"无人驾驶飞机专题文献数据库"，西安理工大学图书馆的"黄河水文资料数据库"，西安建筑科技大学图书馆的"建筑历史图书库"，西安工程大学图书馆的"服装专题文献数据库"，渭南师范学院的"司马迁与史记研究数据库"等。②基于馆藏书刊资料的数据库。如：西安交通大学图书馆的"联合书目信息数据库"，西北工业大学图书馆的"馆藏文献书目数据库"，西安建筑科技大学图书馆的"土建类专题书目数据库"等。③基于地域资源的数据库。该类数据库反映特定地域和历史传统文化，或与地方政治、经济和文化发展有密切相关的独特资源。如：陕西师范大学图书馆的"西北地方志数据库"，陕西理工学院图书馆的"汉水文化系列地方文献书目数据库"。④基于学校教学、科研成果的数据库。学校师生特别是教师的科研成果能反映出一个学校的科研能力，如：西安交通大学图书馆的"西安交通大学学位论文数据库"、"重点学科导航数据库"、"电子、电力类国外大学教材信息库"，陕西师范大学的"网络课程数据库"、"教师研究专题数据库"、"历史地理学科文献数据库"。此外，还有著名学者、名人数据库、音像影视数据库等。如西安交通大学图书馆的"钱学森特色数据库"、西北工业大学的"姜长英航空史料特藏数据库"、西安工程大学的"姚穆院士文献数据库"、西安音乐学院的"赵季平音乐作品数据库"等。

表4.21　陕西省特色数据库的内容分布

数据库类型	数量	占总数百分比
学科特色的专题数据库	24	21.60%
馆藏书刊资料的数据库	16	14.40%
本硕博论文库	17	15.30%
教师成果库	12	10.80%
随书光盘	12	10.80%
网络资源导航	11	9.90%
音像影视数据库	6	5.40%
教学参考书	5	4.50%
著名学者、名人数据库	5	4.50%
地域特色	3	2.70%

5.2　陕西省本科院校特色数据库建设中存在的问题

5.2.1　特色库建设数量和内容差异较大

普通本科院校与985、211工程院校相比,在特色库建设方面力量悬殊,主要是因为学校的综合实力及重点学科建设力度方面有很大差异。985、211工程院校经费比较充足,图书馆的历史沉淀深厚,资源文献数量多,资源种类齐全,规模比较大。同时,建议由具有学科特色院校的特色数据库相对较多,比如:西北工业大学的航天航空特色,如"国防科技报告全文数据库";西安科技大学的煤炭特色较强,如其煤炭技术与煤矿安全数据库;又如西安音乐学院的陕北民间音乐资源数据库、西安鼓乐数据库、秦派二胡资源数据库、基本乐科教学资源数据库等等;西安美术学院的美术馆藏历代文物精品数据库、民间艺术品数据库、油画精品库等等,这些高校都具有明显的学科特色,因而其特色数据库的学科特色比较明显。

5.2.2　缺乏统一的规范与标准,资源共享度不高

高校图书馆在特色数据库建设中,由于缺乏资源组织的规范与标准,自行开发程序与CALIS认证的商业软件之间数据标准很难协调。另外,各高校图书馆特色数据库评估也没有统一的规范,没有具体规范特色数据库的标准。此外,在调查中发现,陕西本科高校中有68%的高校访问时无外网限制,32%的高校网页无法打开或无网页,一些图书馆只限校内用户使用,外单位用户对特色数据库没有访问权限,严重影响数据库的共享与使用。

5.2.3　特色数据库重建轻用,缺乏应用推广宣传

由于当前大多数高校图书馆把主要精力放在了特色数据库建设上,往往忽略对特色数据库的宣传推广,更缺乏宣传推广的积极性和主动性。很少有高校图书馆制订一个完善的特色数据库宣传推广策略或计划。大部分图书馆特色数据库的宣传推广工作只是表面性工作,没有长期性和连续性,使得读者对特色数据库不能很清楚地了解,从而导致这些特色数据库利用率比较低,利用效果不佳。

5.2.4　服务功能简单,缺乏多元化和个性化服务

特色数据库作为图书馆文献资源的重要组成部分,需要提供不同层次的服务,满足不同类型的读者需求。在对陕西本科高校图书馆特色数据库调查过程中发现,大多数图书馆都建立了各种针对本校特色的数据库,包括学位论文数据库、随书光盘数据库、期刊导航数据库等特色数据库,但是大部分特色库的服务只限于检索和浏览,很少有提供文献传递、在线咨询、个性化服务、主题推送服务等。特色数据库建设的最终目的是为用户服务的,应该利用现代信息技术,积极开发多元化、个性化、智能化的深度服务功能,为用户提供多元化的个性化服务,实现特色数据库的最大化价值。

5.3　陕西省本科院校图书馆特色数据库建设的策略分析

5.3.1　建立陕西高校图书馆特色数据库建设馆际协作组织,实现区域共建共享

广州地区成立高校图书馆协作组织,通过馆际协作建设特色数据库共建共享系统,减少重复建设,提高对现有资源的综合开发利用程度,提升本地区的信息服务水平,提高了文献信息保障能力。西部地区应借鉴东部,在进行特色数据库建设时,必须协调管理、分工协作、联合建库、共建共享。有必要成立专门的西部地区图书馆数据库建设馆际协作组织,充分发挥各馆的特色和优势,优化资源,实现特色数据库的宏观规划控制和业务技术指导,合理划分数据库类型、等级和评估标准,统筹规划,消除各自为政、各建其库的弊端。

5.3.2　多方面筹措资金,加大特色数据库建设投入

除了各馆自行投入资金建设特色数据库外,为了确保建设质量和建设速度,高校图工委还应争取国家CALIS中心特色资源建设资金,省政府教育专项资金,企业、社会公益事业基金及高校特色资源建设资金投入,保证建设资金分阶段、按期足额到位,确保特色数据库建

设按预期目标顺利进行。

5.3.3　突出特色,规范标准

在建设特色数据库前,必须进行调查论证,优先选择利用率比较高、用户需求大的,而且具有本馆特色的馆藏信息资源进行数字化建设。根据本校确立的重点学科、特色学科,选择具有较高学术价值和利用价值的相关文献信息资源进行数字化,以满足教学和科研需要。规范数据库建设的标准与规范,提高质量,保证所建特色数据库的可靠性、系统性、完整性、兼容性和共享性。

5.3.4　深度契合搜索引擎,提供特色化服务

作为图书馆文献服务的重要组成部分,特色数据库可以有针对性地为本地区、本专业读者提供特色化服务。利用CALIS陕西省文献信息门户、OA期刊共享集成检索系统,提供陕西省读者文献传递、馆际互借、OA 期刊文章获取服务。同时,通过Web2.0技术,提供RSS信息推送、个人信息门户注册、区域特色服务论坛等服务,开放部分API接口,使读者可以通过Google、百度等搜索引擎搜索本区域特色资源,全文获取需要通过本地认证系统,最大限度地发挥陕西高校图书馆特色资源文献服务功能。

5.3.5　处理好知识产权问题

特色数据库建设的数据来源一般有三方面:①网络资源;②利用已有的数据库获得的资源;③自己所独有的资源。这几种数据来源在加工整理时大部分涉及知识产权问题,因此,必须对作者的知识产权特别加以保护。高校图书馆特色数据库建设的主要目的是为教学科研与学生学习服务,我们应合理使用数据库,尊重作者的劳动成果,尊重知识产权。

5.3.6　做好特色数据库的有效利用、深度开发、宣传推广与维护更新工作

特色数据库的目的在于应用。采取各种渠道、多种方式对数据库进行积极的宣传和推广,使数据库得到最有效的利用。通过举办讲座培训、文献检索课、网页设置特色数据库专栏等方式,向读者介绍数据库的特色、内容、检索方法等,让更多读者熟悉数据库,掌握数据使用方法,使特色数据库发挥它应有的效果。经常性的更新和维护,保证特色数据库资源的实时性和准确性。

6　湖南省高校图书馆特色数据库建设研究

特色数据库是图书馆充分利用自己的馆藏特色建立起来的一种具有本馆特色的可供共享的文献信息资源库。我国特色数据库的大规模建设及研究有近10年的历史,国家教育部颁布的《普通高等学校图书馆评估指标》中,将特色数据库建设作为一项重要评估指标。中国高等教育文献保障系统管理中(CALIS)“十五”建设专设“全国高校专题特色数据库”,大力提倡特色数据库建设。经过几年的努力,许多高校图书馆在这方面取得了长足的进展,开发出了各种特色数据库。通过网络调查的方式,对湖南省高校图书馆的特色数据库建设现状进行分析与研究,结合存在问题,借鉴其他省份高校图书馆的成功经验,提出了解决问题的对策。

6.1　调查方法与现状

6.1.1　调查方法

通过中国教育高考网“高考工具栏”的“高校名单”栏目检索到湖南省本科院校名单,共29所,将其确定为调查对象。对这些高校图书馆的网站进行了调查。

6.1.2　调查结果

通过访问湖南29所本科院校图书馆的主页发现,只有其中19所高校图书馆网站可以访问。建有专题或特色数据库的高校16个,占湖南所有本科院校图书馆比例的55.17%。主要有学科专题特色数据库和地方文化特色数据库。各种类型数据库分布见表4.22。另外,有2家图书馆参加了CALLS特色数据库建设,分别是湖南大学图书馆的"书院文化数据库"和"湖南人物数据库",中南大学图书馆的"有色金属文献特色数据库"。

表4.22　湖南省高校图书馆特色数据库建设一览

单位名称	数据库数量	特设数据库名称
湖南大学图书馆	8	湖南大学学术论文数据库,湖南大学重点学科导航数据库,湖南人物库,金融文献数据库,书院文化数据库,随书光盘,湖南民俗数据库湖,媒体湖南数据
中南大学图书馆	8	有色金属文摘,重点学科导航,专家学者库,学位论文数据库,楹联数据库,教材参考,中国楹联研究数据,有色金属研究数据库
中南大学医学图书馆	5	学位论文,湘雅医学专家库,湘雅文库,湘雅医学信息,英语模拟练习平台
湖南师范大学图书馆	5	学科导航,湖湘文化,学位论文,视频资源,湖南基础教育研究数据库
湘潭大学图书馆	7	湘大人文库,研究生论文数据库,毛泽东数字图书馆,校内学位论文服务系统,红色旅游资源数据库,毛泽东研究数据库,湖南旅游资源数据库
吉首大学图书馆	5	教学视频点播,史学和经典影视欣赏,苗族土家族文献全文数据库,随书光盘,湖南旅游资源数据库
湖南农业大学图书馆	6	博硕士论文系统,多媒体光盘系统,麻类文献数据库,茶叶研究数据库,音像资源数据库,外刊编译报道
湖南中医药大学图书馆	4	馆藏数据库,本校专家学者数据库,本校硕博士学位论文库,湖南中医药数据库
湖南科技学院图书馆	6	百科全书,精品图书,英文原著,柳宗元专题网站,舜文化专题网站,湖湘文化数据库
长沙学院图书馆	4	长沙学院省级精品课程,长沙学院院级精品课程,光盘预约,湖湘文化数据库
湖南商学院图书馆	2	视频点播,随书光盘检索
长沙理工大学图书馆	3	自建本科论文题录库,光盘检索,湖南公路、桥梁数据库
湖南工业大学图书馆	1	包装数字博览馆
湖南工程学院图书馆	1	本院学位论文数据库
湖南文理学院图书馆	2	日本细菌战史事资料数据库,洞庭湖资源保护研究数据
南华大学图书馆	1	核科学专题特色数据库

6.2　统计结果分析

综合考察湖南省高校图书馆特色数据库的建设情况,已取得以下几方面的成绩。

6.2.1　数据库建设已初具规模

从特色数据库的数量看,湖南大学图书馆、中南大学图书馆、湘潭大学图书馆、湖南农业大学图书馆、湖南科技学院图书馆5所高校在特色数据库建设方面处于第一梯队,这也与5所高校在湖南省所处的学术地位相匹配;湖南师范大学、吉首大学、湖南中医药大学、长沙学院四所高校图书馆处于第二梯队;其他罗列的高校图书馆可以看做是第三梯队。还有一部分高校,尤其是一些近年由专科升格本科院校的图书馆,在特色数据库建设方面还是空白。

6.2.2 专题特色库特色突出

中国高等教育文献保障系统(CALIS)一直将建设全国高校专题特色数据库作为其重要的子项目之一,旨在通过项目建设,形成中国高校独有的数字化特色文献资源,其特色体现为学科特色、地方特色和馆藏特色。湖南省的大多数高校图书馆除自建硕博论文数据库、重点学科导航库这些传统模式的数据库外,还自主开发建设了结合本校学科特色、地域特色的数据库。如湖南大学图书馆的"书院文化数据库"和"湖南人物数据库",湖南文理学院图书馆的"洞庭湖资源保护研究数据库"和"日本细菌战史事资料数据库"都是特定的地域文化和学校科研重点的体现和需要;湖南农业大学图书馆的"麻类文献数据库"和"茶叶研究数据库",既突出了本校的学科特色,又满足了湖南作为产麻和产茶大省的信息需求;中南大学图书馆"有色金属文摘数据库"和"楹联数据库"则突出了专题特色和单位特色。这些特色库的建设,既是高校科学研究、地方文化、馆藏特色的集中展示,也为其日后发展注入了活力。

6.2.3 分散建设,资源共享

湖南省高校图工委于2007年12月启动了湖南省高校数字化图书馆专题特色数据库建设方案,由湖南省高校图工委组织,遵循"分散建设、统一检索、资源共享"的原则,进行统一规划与管理,通过分工协作避免重复建设。要求成员单位选择具有明显资源优势、学科优势、地方特色的专题,进行特色数据库的研发;要求成员单位采用统一的标准、统一的软件平台,以便实现跨数据库的全文信息检索。在资源共享方面,成员单位免费提供各自的数字资源;成员单位之间互相开放阅览室,开展馆际互阅。湖南省高校图工委制定了专题特色数据库的建设目标,即进一步统一特色库的建库标准和服务功能要求,构建统一的公共检索平台,采取重点支持和择优奖励相结合的资助方式,鼓励具有学科优势和文献资源特色的学校积极参加专题特色数据库的建设,建成一批具有地方特色、高等教育特色和资源特色、服务于湖南高校教学科研和国民经济建设、方便实用、技术先进的专题特色数据库。这些数据库不仅是支持高校重点学科建设的一批重要数字资源,而且将成为湖南省高校数字化图书馆的基础数据之一。

6.3 湖南省高校图书馆特色数据库建设存在的问题

6.3.1 建库意识较弱,数量相对偏少

湖南省有本科院校29所,拥有特色数据库的高校图书馆仅16所,只占所有高校图书馆的55.17%,尚有相当多的高校图书馆没有开发特色数据库,甚至还有很多高校图书馆连网站都没有。有些院校图书馆虽然开发建设了一些特色数据库,但是形式单一,层次较低。这些从总体反映出,湖南省高校对于数据库开发方面的意识还比较弱,与湖北、陕西、四川、天津等省份高校图书馆特色数据库建设相比还存在明显差距。从特色资源的蕴藏来说,湖南省具有其独特的地域优势和源远流长的人文历史。这里有着丰富的自然与人文地理、动植物、矿产水利、民族历史、语言文化以及旅游等多方面的资源。目前关于这些资源的数据库建设,仅有几个,相对可开发资源总量来说,数量明显偏少。除随书光盘和博士、硕士论文数据库外,建立了真正意义上的特色数据库的图书馆只有7家,仍有部分图书馆没有特色数据库的建设或正在筹划之中。在已建成的特色数据库中,与重点学科和图书馆深化服务相关的数据库较少。

从参与CALIS特色数据库建设项目情况看,自CALLS专题特色数据库建设项目启动以来,湖南省的高校图书馆还处在"被动参与、完成任务"的阶段,目前只有2所学校共3个特色库参与了此项目。

6.3.2 类型单一,内容不深,后续维护力度不够

目前湖南省各高校虽然已建成了一批特色数据库,但是类型单一,专业特色不突出,基本上是建设本校某学科专业数据库。在已建成的数据库中,信息揭示的层次和角度有待深化,进行文献深加工的特色数据库不多,信息服务基本停留在"copy"的水平上,停留在数据集合的水平,许多数据库还停留在纸质文献数据化的层次上,很少提供增值服务。部分数据库建设存在一次性问题,没有对数据进行深入加工,也没有专门人员给予维护,技术方面也没有真正做到与网络及多媒体技术紧密相连。许多数据库建成后,长时间无人维护更新,造成数据陈旧或者不可用,严重影响用户的使用。

6.3.3 建库的标准化与规范化急待解决

由于各高校图书馆自主选择建库软件,致使软件平台不一,因此各高校所建的网络信息资源不仅数据结构本身不兼容,而且用户检索界面、检索语言等方面也存在很大的差异,这些都直接影响了数据库的质量和查询服务效果,给数据交换也带来很多不便。很多已建成的数据库未按照《UNIMARC格式和手册》、《国际标准书目著录》、《中国机读规范格式》等国际国内有关文献数据库的标准和要求及图书馆自动化集成系统的技术规程进行数据处理,导致特色数据库建设过程中元数据使用标准不一致,造成数据转化和二次开发方面存在一定的问题。

6.3.4 技术力量薄弱,成为特色数据库建设工作的瓶颈

据统计,湖南省还有51.72%的高校图书馆没有开发特色数据库,原因是多方面的,但是有一点可以肯定的是技术力量的薄弱。特色数据库的建设涉及众多的技术,如超大规模内容数据的管理技术、多媒体技术、人工智能技术、XML技术和媒体数字化技术,而且这些技术的发展日新月异。技术的应用需要依靠一支稳定的、强大的技术队伍来实现。由于受诸多因素的影响,绝大多数的高校图书馆还缺乏这样的队伍。可见,技术力量的薄弱,已成为高校图书馆特色数据库建设工作的瓶颈。

6.3.5 资源不能共享

在调查中发现,许多高校图书馆进行IP网络封锁,特色数据库仅供校园网用户内部使用,各高校资源不能共享。这在一定程度上违背了特色数据库的建设方针,既浪费了人力、物力,造成了大量的重复建设,又使已有的数据库资源未得到充分利用;既不能扩大社会效益,也无助于经济效益的获取。

6.4 湖南省高校图书馆专题特色数据库发展对策

6.4.1 提高认识,加大投入,搞好软、硬件建设

当前社会已进入信息化时代,数据库建设的作用和意义应该得到社会尤其是管理层的普遍认识。就湖南省而言,特色资源丰富,将这些资源以各种载体形式加工形成专题数据库,作为高校图书馆,深入挖掘本地特色文化和根据本校教育教学需求开发建设数据库,是一项重要任务,为今后立足之本。湖南省许多高校图书馆数据库建设相对滞后,财力和人力资源匮乏是主要原因之一。各高校管理层应该认识差距,争取经费的投入,完善硬件设施,加强专业人员的引进以及馆员进修培训的力度,建设一支高素质的人才队伍,为开发特色数据库创造良好的条件。

6.4.2 统一规划,凸现特色优势,共建共享

在数据库建设过程中,各个图书馆之间应该加强交流和合作,避免选题重复,造成资源

浪费。可以实行分工协作,联合建库,包括多个图书馆共同建库。这样不仅可以实现信息资源的共享,还可以节约人力、财力和物力,避免不必要的浪费。比如湖南科技学院图书馆申报的"湘南文化研究数据库"、长沙学院图书馆申报的"长沙地方文化数据库"与湖南师范大学图书馆的"湖湘文化研究数据库"内容相近,在某种程度上出现了重复的现象。发现这一问题之后,由湖南师范大学图书馆牵头,三校合并建设。经过这样的分工协作,既避免了资源重复建设,又使得各个单位和部门的优势得到了最大程度的发挥。因此,湖南省高校图书馆的特色数据库建设应统筹管理,统一规划。各个图书馆之间加强合作和交流,协调分工,充分发挥各校在学科建设、馆藏资源等各方面的优势,建设一批质量较高的特色数据库,实现数据库资源的共建共享。打破各自为政,自建自用的局面,实现对数据库资源的最有效的利用,达到有效配置、合理开发、可持续发展的目的。由于在网络信息资源建设上缺乏统筹规划,这不可避免地造成很多不便。各高校在建设特色数据库时有必要统筹规范,统一数据标准、统一命名、统一路径、统一访问方式等。为了充分发挥特色数据库的信息优势,特色数据库建设必须协调管理、分工协作、联合建库、共建共享。为此,湖南省高校图工委要积极发挥协调作用,实现特色数据库的宏观规划、控制与技术指导;合理划分数据库类型、等级和评估标准;消除各自为政、各建其库的弊端。对重点行业、重点学科特色数据库建设应给予政策扶持和相应的业务、经费、人力和技术支持保障,并从建库论证、建库设计、建库步骤、建库标准指定到数据收集、文献标引、著录、数据录入等实行质量控制和指导,以树立此类特色数据库的品牌形象。

6.4.3 严格执行数据库建设的标准和规范

数据库建设,特别是专题数据库建设,数据的著录随意性比较大,其标准化和规范化问题已日益引起组织者和建设者的注意。在执行标准化和规范化的过程中,特别是在描述语言和标引语言方面,必须尽可能采用国际、国内通用的数据著录标准、数据格式标准、数据标引标准、规范控制标准及协议进行系统化、逻辑化组织。主要标准包括通信标准(TCPIP)、字符编码标准、标准通信置标语言可扩展置标语言(SGMLXML)、元数据(METADA2TA)标准、检索语言标准、安全标准等等。这样既有利于实现本校数字图书馆系统与其他系统数据库之间的转换和互联、互访,同时又为用户节约检索时间和降低费用,提高检索效率,实现共建共享的目标。

6.4.4 加强宣传,持续维护

数据库建设是一项长期性的工作,数据录入的完成并不意味着数据库建设的完成。数据库建成后还要进行经常性的更新和维护,才能保持生命力。安排专门人员收集数据库在使用过程中的反馈信息,定期对数据内容进行更新追加、清理和修正,经常对系统的运行状况(如存储空间状况)和响应时间进行分析,结合用户在使用过程中发现的问题确定改进措施,使系统逐步完善,为用户提供高质量的数据信息资源。总之,数据库管理者应该进行不断的维护,让用户能够安全、快捷、方便地利用数据库资源,同时数据库维护中还要不断增加新的内容,而且要及时更新。建设特色数据库,不是为了迎合潮流,要改变重建轻用的观念,其最终价值在于应用。应用的前提首先是被了解,因此应采取各种方式对数据库进行积极地宣传和推广,使数据库得到最有效的利用,使其价值得到最大程度的实现。

7 湖北省高校图书馆特色数据库建设研究

特色数据库是指依托馆藏信息资源,针对用户的信息需求,对某一学科或某一专题有利用价值的信息进行收集、分析、评价、处理、存储,并按照一定的标准和规范将本馆的特色资源数字化,以满足用户个性化需求的信息资源库。我国特色数据库有十几年的历史,国家教育部颁布的《普通高等学校图书馆评估指标》中,将特色数据库建设作为一项重要的评估指标。中国高等教育文献信息保障系统管理中心(CALIS)也专设了"全国高校专题特色数据库",大力提倡各个高校根据自身学校的特点和性质开发特色数据库。通过网络调查的方式,对湖北省高校图书馆的特色数据库建设现状进行分析与研究,结合存在问题,借鉴其他省份高校图书馆的成功经验,提出了解决问题的对策。

7.1 调查对象

据中国教育在线的"高考工具箱"中的"高校名单"检索到湖北省本科院校共有36所,将其确定为调查对象。对这些高校图书馆的网站进行了调查。

7.2 调查结果与分析

7.2.1 特色数据库建设取得的成就

7.2.1.1 特色数据库建设已具规模

在湖北省36所本科院校图书馆中,已有21所拥有特色数据库(见表4.23),占到58.3%,另外由于网络的原因,还有部分图书馆的主页打不开,不能排除他们建设有自己的特色数据库。由调查统计可知,湖北省特色数据库的建设已经形成规模,如武汉大学、华中科技大学、武汉理工大学、中国地质大学(武汉)、湖北大学、中南财经政法大学、华中师范大学,等等,这些大学的图书馆在数据库的建设方面经验比较丰富,水平较高。当然,还有少数高校图书馆的特色数据库建设还是空白,与现在的社会地位以及今后的发展趋势不相符合。

表4.23 湖北省高校图书馆特色数据库建设一览

单位名称	数据库数量	特色数据库名称
武汉大学图书馆	6	武汉大学图书馆古籍馆(现称特藏部),武汉大学图书馆馆藏民国文献,武汉大学博硕士学位论文数据库,长江资源库,中国水力发电工程特色资源数据库,SCIE期刊投稿指南库
中国地质大学(武汉)图书馆	5	地学SCI期刊的引用率及影响因子,二叠–三叠系专著库,二叠–三叠系内部资料库,二叠–三叠系英文期刊库,二叠–三叠系中文期刊库
华中科技大学图书馆	8	脉冲强磁场专家,产品数据库,机械制造及自动化机构库,机械制造及自动化特色库,华中科技大学学位论文全文数据库,机械制造与自动化外文专利库,机械制造与自动化中文专利库,图片库
武汉理工大学图书馆	7	材料复合新技术学科信息门户,复合材料专题特色数据库,交通运输学科信息门户,船舶与海洋工程信息门户,信息技术学科信息门户,本校出版期刊全文数据库,SCI/EI/ISTP收录本校教工文库
中南财经政法大学图书馆	3	视频点播,随书光盘发布系统,中南财经政法大学博硕论文库
华中农业大学图书馆	8	国内外油菜品种及栽培技术信息系统,猪养殖特色数据库,水稻突变体数据库,水稻EST数据库,柑橘特色资源数据库,本校学位论文数据库,我校SCI论文收录数据库,图书馆培训讲座课件数据库
华中师范大学图书馆	4	桂子文库,华大文库,我校博硕士学位论文全文数据库,中国农村问题研究文献数据库
中南民族大学图书馆	1	吴泽霖特色数据库
湖北大学图书馆	1	《红楼梦》特色数据库

续表

单位名称	数据库数量	特色数据库名称
长江大学图书馆	1	长江大学数字图书馆自建特色库平台
江汉大学图书馆	3	江大文库,机械制造及自动化资料库,汽车资源数据库
三峡大学图书馆	7	西文电子期刊导航,重点学科导航系统,三峡大学图书馆电子资源,三峡大学国际论文统计,三峡工程与环境库,三峡大学图书馆教材库,水电与文化特色文献建设与研究
武汉纺织大学图书馆	6	服装图文影像数据库,纺织外文期刊文摘数据库,数字化影像作品数据库,硕士研究生学位论文全文数据库,优秀本科生学位论文全文数据库,纺织中文期刊文摘数据库
湖北工业大学图书馆	6	湖北工业大学博硕论文数据库,高分子材料期刊数据库,新型高分子材料工艺配方数据库,湖北工业大学优秀本科生论文库,湖北工业大学科研论著数据库,高分子外文期刊数据库
武汉工程大学图书馆	5	等离子体技术,化学工程,制药工程,武汉工程大学学位论文库,外文原版期刊数据库
武汉工业学院图书馆	6	本校硕士学位论文库,馆藏外刊文摘库,特色学科馆藏外刊全文库,食品文摘与信息报导,农产品加工数据库,县域经济文库
湖北医药学院图书馆	3	特色库同一检索平台,学位论文库,医学动态信息资源库
黄冈师范学院图书馆	2	苏东坡黄州诗词数据库,学科资源建设
湖北经济学院图书馆	5	金融工具数据库,考试参考资料数据库,优秀学士学位论文全文数据库,核心期刊信息数据库,教师学术成果数据库
武汉体育学院图书馆	5	馆藏体育期刊题录数据库,人体解剖图库,体育竞赛规则库,武汉体院学报全文库,武汉体育学院硕士学位论文库
湖北警官学院图书馆	10	中文公安期刊全文库,英文公安期刊全文库,公安新闻简报数据库,警察史研究专题库,李昌钰博士专题库,警务参考,湖北警官学院研究成果,公安案例数据库,多媒体教学资源库,随书光盘

表4.24　湖北省高校图书馆自建特色数据库类型统计

数据库类型	数据库数量(个)	所占比率(%)
学科专题特色	51	49.5
地方文化特色	9	8.7
本硕博论文库	17	16.5
教参系统课件库	4	3.9
教师成果库	7	6.8
投稿指南	2	1.9
其他	13	12.6

7.2.1.2　数据库内容丰富,专题特色突出

从表4.24中可以看出特色数据库的类型主要有以下几种:

(1)学科专题数据库。学校的学科特色体现了一所大学的办学特色、办学定位以及服务地方经济建设需要,因此高校图书馆注重以本校专业的特色来建设学科专题特色数据库,此类特色数据库最多,共有51个,几乎占了整个数据库的一半,如武汉大学图书馆的中国水力发电工程特色资源数据库,华中科技大学图书馆机械制造及自动化特色库,武汉理工大学图书馆的复合材料专题特色数据库以及华中农业大学图书馆的猪养殖特色数据库,等等。

(2)本硕博论文库。这类数据库占了整个特色数据库的16.5%,大部分高校起初考虑建设的就是这类数据库。因为这类数据库收集数据简单,加工层次低,对于没有建库经验的图书馆建设起来比较简单,而且本身也起到对于本校资源的收集和典藏作用,给教学和科研提供了便利,如武汉大学图书馆的武汉大学博硕士学位论文数据库,华中科技大学图书馆的华中科技大学学位论文全文数据库,中南财经政法大学图书馆的中南财经政法大学博硕论文库,以及武汉纺织大学的硕士研究生学位论文全文数据库,等等。

(3)地方文化特色数据库。指反映特定地域和历史传统文化,或地方政治、经济和文化发展密切相关的独特资源为对象,构建具有地理或人文特色的数据库,如武汉大学图书馆的武汉大学图书馆馆藏民国文献,三峡大学图书馆的三峡工程与环境库,黄冈师范学院图书馆的苏东坡黄州诗词数据库,中南民族大学图书馆的吴泽霖特色数据库以及湖北大学图书馆的《红楼梦》特色数据库等。

(4)教师成果库。主要指收集本校教职工历年来的科研信息,包括专著、教材、论文、实验报告、发明创造及重大的技术改进项目等。这类数据库是各校科研发展历史的真实记载,是各校学术成就的积累。它真实地记录着各高校科研的起步与发展。因此,它能激发各校教师及科研人员奋发向上,是重要的信息资源,如武汉理工大学图书馆的SCI/EI/ISTP收录本校教工文库,华中农业大学图书馆的我校SCI论文收录数据库,湖北工业大学图书馆的湖北工业大学科研论著数据库,湖北经济学院图书馆的教师学术成果数据库,等等。

(5)其他数据库。诸如中南财经政法大学图书馆的视频点播、随书光盘发布系统,武汉体育学院图书馆的武汉体院学报全文库,等等。

7.2.2 特色数据库建设存在的问题

7.2.2.1 数据库深层次加工力度不够

目前,湖北省高校图书馆特色数据库的数量不少,已经具有一定的规模,但是大部分数据库还处在初级阶段,即仅仅是将纸本文献转化为数字文献或者是简单的复制,这些数据库没有或者很少进行深层次的知识加工,没有提供增值服务,比较明显的如本硕博论文库和教师成果库等。

7.2.2.2 资源不能共享

高校图书馆的资源大部分采用IP地址进行控制,非校园网内的用户无法利用这些电子资源,特色数据库只能供校园网用户内部使用,高校之间的资源无法实现共享,还处在自我欣赏阶段,这在一定程度上违背了特色数据库的建设方针和建设目标,使特色数据库无法走出校门。

7.2.2.3 数据库的后续维护不够

特色数据库的建设是一个持续的过程,需要几代人不断地更新和维护,但是目前人员的流动、投资资金的短缺都使得数据库的维护力不从心,有些数据库的数据还处于一次性的阶段,如武汉纺织大学图书馆的优秀本科生学位论文全文数据库,该库目前基本处于停建阶段,后续维护困难。

7.2.2.4　建库的标准与规范亟待解决

由于各高校图书馆自主选择建库软件，致使软件平台不一，因此各高校所建的网络信息资源不仅数据结构本身不兼容，而且用户检索界面、检索语言等方面也存在很大的差异，这些都直接影响了数据库的质量和查询服务效果，给数据交换也带来很多不便。很多已建成的数据库未按照《UNIMARC格式和手册》、《国际标准书目著录》、《中国机读规范格式》等国际国内有关文献数据库的标准和要求及图书馆自动化集成系统的技术规程进行数据处理，导致特色数据库建设过程中元数据使用标准不一致，造成数据转化和二次开发方面存在一定的问题。

7.2.2.5　建库的知识产权问题日益突出

就大部分图书馆而言，建设特色数据库的方式主要有特色馆藏文献的数字化、加工利用本馆购买的数据库以及开发利用网络信息资源。无论是图书馆对现有馆藏纸质文献进行数字转换，还是引用其他电子数据库和网络资源，如果处理不当极易涉嫌侵权。国务院2008年颁布的《国家知识产权战略纲要》提出"有效应对互联网等新技术发展对版权保护的挑战。妥善处理保护版权与保障信息传播的关系，既要依法保护版权，又要促进信息传播"。只有及时有效地解决了特色数据库建设中涉及的知识产权问题，特色数据库才能可持续发展。

7.2.2.6　建库的技术力量薄弱

特色数据库的建设涉及众多的技术，如超大规模内容数据的管理技术、多媒体技术、人工智能技术、XML技术和媒体数字化技术，这些技术的发展也是日新月异、层出不穷。但是，就目前高校图书馆的现状，很难拥有这样一只高水平高技术的专业力量，很多图书馆还没有建设特色数据库很可能跟技术力量薄弱有关。

7.2.2.7　宣传力度不够，处于可有可无状态

很多图书馆比较重视特色数据库的建设，投入了大量的人力和物力，但是受各种因素的影响，图书馆对数据库的宣传力度远远不够，而是更注重购买的商业数据库的利用和宣传，因而，特色数据库的利用率往往远低于商业数据库，处于可有可无的状态。

7.3　湖北省高校图书馆特色数据库建设的发展策略

7.3.1　统一规划，实现资源共享

各高校图书馆在进行特色数据库建设时，必须协调管理、分工协作、联合建库、共建共享。各个高校图书馆可以充分发挥各馆的特色和优势，优化资源，合作共享，合理划分数据库类型、等级和评估标准，消除各自为政、各建其库的弊端，实现资源共享。

7.3.2　突出专题特色，创立品牌效应

湖北省高校集中，各校都有自己的学科特色，如武汉大学的水利学科，中国地质大学的地质学科，华中科技大学的自动化学科，武汉理工大学的复合材料学科以及武汉纺织大学的纺织服装学科。利用这些已有品牌效应的学科建设特色数据库，可以快速吸引用户的眼球，迅速提高利用率，达到品牌效应。

7.3.3　严格执行建库标准

规范数据库建设的标准，是建设高质量数据库的重要保障之一，只有标准化的数据库系统才具有真正的活力，它不仅保证了可靠性、系统性、完整性和兼容性，而且有利于实现真正意义上的网络资源共享。

7.3.4　注重知识产权

特色数据库建设中涉及的知识产权问题不容忽视，在建设过程中要注意合法的利用和规避。王孝亮在《江苏省高校图书馆自建数据库问题综述》一文中建议：①对于超过著作权

保护期的文献资源可放心使用;②正在保护期内的文献则应谨慎对待,根据相应的法律法规与作者、出版社等签订使用协议;③对于商业数据库资源,要取得商业数据库公司和原作者的双重授权许可;④网络资源引用时要注明信息来源、时间、版权说明。同时也要对利用本馆的特色馆藏资源建立的数据库进行版权保护(如采用DRM、水印技术等),以免引起版权争议。

7.3.5 加强后续维护力度

特色数据库的建设是一项长期而艰巨的工程,需要大量的人力和物力的持续投入。特色数据库的维护工作主要包括两个方面:一是正常使用的维护,这是最基本的责任,数据库一旦投入使用,就应该24小时正常运转,这需要技术人员的全力支持;二是数据库的不断更新,数据库建成以后,要不断地添加新数据、新资源,不能一劳永逸,否则用户看不到最新的信息内容,从而使数据库失去活力。

7.3.6 加强技术力量的培训和管理

高校图书馆技术力量的薄弱已经成为不争的事实,引进高端技术人才是最佳的选择。但是,对于技术人员而言,图书馆的吸引力和发展空间远远比不上院系。对于这种情况,可以继续招聘技术人员,也可以在馆内部培养和挖掘技术人才。通常来讲,图书馆员的可塑性很强,特别是新进的员工,计算机基础较好,工作热情很高,领导不妨以一帮一的形式培养技术力量,缓解图书馆技术人员的工作压力。

7.3.7 加强宣传力度

特色数据库建设的最终目标是数据库的使用,而了解是使用的前提。特色数据库应该采用多种方式对外宣传和推广,使更多的用户认识和了解该数据库。宣传和推广的手段主要有:①利用图书馆主页。在图书馆主页醒目的位置对特色数据库进行简介和推介,帮助读者一目了然找到并利用该库。②利用文献检索课教学。在课堂上,文献检索课老师可以对该库进行简单介绍,使学生对该库产生较深的印象,培养潜在的用户。③利用学科馆员。学科馆员直接面对教师和研究生,比较了解这类用户的特点,可以根据不同层次的需求采用不同的方式进行宣传和推广。④举办培训和讲座。主要讲解数据库的使用范围和使用技巧,使用户方便又快捷地利用该数据库,形成好的口碑。

8 山东省高校图书馆特色数据库建设研究

高校图书馆特色数据库是指一个图书馆面向特定服务对象而形成的具有自己独特风格的信息资源。特色数据库建设反映了馆藏个性,是高校图书馆资源建设的重要组成部分,随着高校图书馆创新服务的深入开展,我国各系统高校图书馆特色数据库建设已经成为高校图书馆数字资源建设工作的重要任务之一。山东省是一个教育大省,省内许多高校都具有较强的办学规模,还有较强的专业特色和地域特色,因此各高校图书馆在自建特色数据库建设方面也呈现较强的特色。为全面掌握山东省高校图书馆自建特色数据库的建设情况,对山东省25所本科院校图书馆通过网页访问和电话咨询的方式进行调研,了解其自建特色数据库的建设现状,分析其建设特点及存在问题,为我国高校图书馆特色数据库建设与发展提供有益的借鉴,使各高校图书馆自建特色数据库建设实现更好的发展。

8.1 山东省本科院校图书馆自建数据库建设情况统计分析

为保障此次调研的准确度,通过筛选山东省教育厅网站公布的本科院校名单,根据其地域分布情况,选取具有一定办学规模的25所学校为调查对象,就各馆自建特色数据库建设情

况进行

8.1.1　调查的方法

调查的方法采用点击网页访问和电话咨询两种方法相结合,调查时间为2013–2014年。

8.1.2　自建特色数据库建设总体分布

被调研访问的25所本科院校图书馆都建有自建特色数据库,只是侧重点各有千秋。25所本科高校图书馆共有自建特色数据库101个,平均每个图书馆拥有4.04个。各高校图书馆自建特色数据库总体建设情况详见表4.25。

表4.25　山东省高校图书馆特色数据库建设一览

单位名称	数据库数量	特色数据库名称
青岛科技大学图书馆	4	教师学术论文库,教师学术专著,硕博学位论文库,随书光盘数据库
青岛理工大学图书馆	4	硕士学位论文库,博士学位论文库,优秀学士论文数据库,随书光盘库
济南大学图书馆	8	产学研信息数据库,专家学者库,随书光盘库,学位论文库,精品期刊数据库,二级学院信息管理库,新能源信息库,毕业生就业指导信息库
山东建筑大学图书馆	4	硕士学位论文库,优秀本科学士论文库,随书光盘库,建筑特色图书数据库
齐鲁工业大学图书馆	4	食品信息库,特种文献,硕士学位论文库,随书光盘库
山东理工大学图书馆	2	学位论文库,随书光盘库
山东农业大学图书馆	4	随书光盘库,数字化标本馆;山东地方文献大典,学位论文库
青岛农业大学图书馆	6	学位论文库,植物源农药数据库,克隆牛数据库,教师成果库,外文期刊目次库,随书光盘库
山东师范大学图书馆	4	大学生必读书目库,教育资源特色库,学位论文库,非书资料库(随书光盘库)
曲阜师范大学图书馆	2	学位论文数据库,随书光盘库
聊城大学图书馆	5	中国运河文献库,馆藏古籍书目库院,系统一检索库,研究生学位论文库,非书资料库(随书光盘库)
临沂大学图书馆	7	馆藏地方文献库,临沂地方文献库,优秀学士学位论文库,外语学习视频库,在线电影,电视剧视频库,随书光盘库
滨州学院图书馆	4	孙子研究库,黄河三角洲文献库,地方志数据库,优秀学位论文库
菏泽学院图书馆	4	菏泽地方文献库,菏泽地方文献目录库,优秀学士学位论文库,随书光盘库
枣庄学院图书馆	7	枣庄地方文献库,江北水城,运河古城库,中国墨学网,墨子文化库,鲁班文化库,奚仲文化库
烟台大学图书馆	6	万方外文传递文献回转库,随书光盘库,随书外语磁带库,随刊光盘库,硕士学位论文库,馆自建外文库
山东艺术学院图书馆	4	齐鲁文化艺术资源库,学位论文库,山东艺术学院民间剪纸图片库,山艺非书资料库(随书光盘库)
山东政法学院图书馆	8	山政学者期刊论文库,山政学者会议论文库,山政学者著作,山政五四论文库,山政法律大讲坛,山政实践教学案例库,法学期刊篇名索引库,随书光盘库
山东交通学院图书馆	2	学士学位论文数据库,随书光盘库

续表

单位名称	数据库数量	特色数据库名称
山东女子学院图书馆	2	女院文库，随书光盘库
山东警察学院图书馆	2	公安特色库，随书光盘库
潍坊学院图书馆	2	学士学位论文库，随书光盘库
德州学院图书馆	2	学士学位论文库，随书光盘库
泰山学院图书馆	2	学士学位论文库，随书光盘库
山东工商学院图书馆	2	学士学位论文库，随书光盘库

（1）学科特色数据库

学科特色数据库是某重点学科某特定专题或交叉学科和前沿学科能体现高等教育特色的资源。在25所本科院校图书馆的自建特色数据库中，有9所学校建有体现学科特色的专题数据库，共12个，仅占自建数据库总量的11.88%，反映学科特色的数字资源库明显偏少，其分布情况详见表4.26。

表4.26　山东省体现学科特色的数据库分布

单位名称	数据库数量	特色数据库名称
济南大学图书馆	1	新能源信息库
齐鲁工业大学图书馆	1	食品信息库
山东建筑大学图书馆	1	建筑特色图书库
山东师范大学图书馆	2	教育资源特色库，大学生必读书目库
青岛农业大学图书馆	2	植物源农药库，克隆牛数据库
山东农业大学图书馆	1	数字化标本馆
山东艺术学院图书馆	2	山东艺术学院民间剪纸图片库，齐鲁文化艺术资源库
山东政法学院图书馆	1	法学期刊篇名索引库
山东警察学院图书馆	1	公安特色库

（2）地方特色数据库

地方特色数据库是指具有一定的地域和历史人文特色，或与地方的政治、经济和文化发展密切相关的资源，在25所本科院校图书馆的自建特色数据库中，只有5所学校建有体现地方特色的数据库，共13个，占自建数据库总量的12.87%（详见表4.27）。其中聊城大学自建的"中国运河文献数据库"，不但具有很强的地域特色，而且成功申报国家社科基金项目；滨州学院自建的"黄河三角洲文献数据库"，为山东省实施蓝黄经济战略提供有力的信息保障；枣庄学院自建的"墨子文化数据库"、"鲁班文化数据库"不但特色鲜明而且具有极高的研究参考价值，其分布情况见表4.27。

表4.27　山东省体现地方特色的数据库分布

单位名称	数据库数量	特色数据库名称
聊城大学图书馆	1	中国运河文献数据库
临沂大学图书馆	1	临沂地方文献库
滨州学院图书馆	3	孙子研究数据库，黄河三角洲文献数据库，地方志数据库
菏泽学院图书馆	2	菏泽地方文献库，菏泽地方文献目录库
枣庄学院图书馆	6	枣庄地方文献库，江北水城，运河古城库，中国墨学网，墨子文化库，鲁班文化库，奚仲文化库

（3）馆藏特色数据库

馆藏特色数据库是指他馆、他校所不具备或只有少数馆具备的特色馆藏，或散在各处、难以被利用的资源，主要涉及馆藏古籍、珍本、善本、图书、中西文期刊、科技成果等内容。在25所本科院校图书馆的自建特色数据库中，有11所学校建有体现馆藏特色的数据库，体现馆藏特色的数据库有18个，占自建数据库总数的17.64%。其中临沂大学图书馆的"馆藏特色地方文献库"，山东农业大学"数字化标本馆"库，山东艺术学院的"山东艺术学院民间剪纸图片库"具有较强的代表性（其分布情况见表4.28）

表4.28 山东省体现馆藏特色的数据库分布

单位名称	数据库数量	特色数据库名称
青岛科技大学图书馆	2	教师学术论文库，教师学术专著
青岛农业大学图书馆	1	教师成果库
齐鲁工业大学图书馆	1	馆藏特种文献数据库
山东农业大学图书馆	2	山东地方文献大典；数字化标本馆
聊城大学图书馆	1	馆藏古籍书目数据库
山东建筑大学图书馆	1	馆藏建筑图书数据库
烟台大学图书馆	1	馆藏自建外文库
临沂大学图书馆	1	馆藏地方文献库
山东艺术学院图书馆	1	山东艺术学院民间剪纸图片库
山东政法学院图书馆	6	山政学者期刊论文库，山政学者会议论文库，山政学者著作，山政五四论文库，山政法律大讲坛，山政实践教学案例库
山东女子学院图书馆	1	女院文库

8.2 山东本科院校图书馆自建特色数据库存在的问题

8.2.1 建库没有统一规范标准，资源缺乏联合共享

通过调研发现，各馆自己建立的特色数据库没有统一的标准和规范，大多是自主开发或合作开发的软件平台，对资源的建设管理没有统一的规划，各校之间缺乏横向联系和整体协调，仅仅是满足自建自用，没有长远的计划，影响自建数据库的易用性、可扩展性和共享性。

8.2.2 自建特色数据的独特性、新颖性欠缺

已建成的特色数据库，多数以文本数据库为主，图片库、视频库很少。大多数馆都是以本校的学位论文数据库为基本库，真正体现本校特色的数据库所占比例偏少。

8.2.3 自建特色数据库后期维护与更新欠缺

调研发现，各馆的自建特色数据库并没有形成规模和特色。也许是受技术、资源、设备、环境等客观条件的限制，有的数据库后期缺乏维护，数据很久没有更新。此外，大多数馆的特色数据库都仅供校内用户使用，校外读者无法访问使用，导致各馆自建的特色数据库利用率不高，没能获得读者的广泛关注。

8.3 山东本科院校图书馆自建特色数据库的几点建议

8.3.1 数据库建设要统一规划，统一标准

高校图书馆特色数据库质量的高低，直接反映高校图书馆馆藏数字资源建设水平。因此，在自建特色数据库时，要以标准引领、规范建设为原则。在特色数据库建立时应参照已有的标准进行，以我国数字图书馆标准规范研究项目所推的一系列相关标准、元数据标引格式

规范、文献著录的有关国际标准和国家标准进行建设;也可借鉴和参照CALIS在特色库建设方面制定的一系列标准规范,保证数据库的完整性、系统性、连续性、可扩展性和兼容性,建立标准化高、规范统一的特色资源数据库。

8.3.2 加强馆际合作,实现特色数据库的共建共享

自建数据库建设要耗费大量的人力、物力和财力,单个图书馆必然会受到技术、人才、资金及信息资源等多方面的制约,很难保证建设的质量和可持续发展性。为形成特色数据库的建设规模,各图书馆在特色数据库建设过程中,本着分工协作、联合建设、共建共享的原则,可以探索尝试"联合建库、文献互补、成果共享"的建库方式,由不同的图书馆共同完成一个或多个数据库的建设,从各学校地域特色、专业特色、馆藏特色等多个角度,集中多个图书馆的力量联合构建特色数据库,实现对特色数字资源利用最大化,达到实现特色数据库共建共享的目的。

8.3.3 发挥高校自身专业优势,加强地域特色数据库建设

各高校图书馆根据自身的文献资源优势,在专业特色上寻找资源建设突破口,将高校的专业资源优势转化为当地的资源优势,在发挥本校各自专业优势的基础上结合地域特色,建立地域特色数据库,使其为当地经济建设发展服务。山东省经过多年的发展逐步形成了特色鲜明、学科专业优势突出的一批高校,为建设具有特色数据库提供了有力保证。因此,山东省高校图书馆要发挥资源优势,收集、整合与山东省重点产业、特色产业相关的数字资源,建立特色数据库为山东省重点产业快速发展、科技创新提供信息资源和服务保障。

9 四川省高校图书馆特色数据库建设研究

9.1 调查说明

本次特色数据库建设调查样本范围采用了高等学校图书情报工作指导委员会主编的《中国高等学校图书馆大全》(2008年6月第1版)中所有的四川省范围内的高校图书馆(含民办院校、独立学院、高等职业技术学院),采用公网上网, 逐个上网访问、查阅《中国高等学校图书馆大全》相关资料的方式, 完成了四川省内高校图书馆特色数据库调查。

9.2 四川高校图书馆特色数据库建设概况

9.2.1 越来越多的高校图书馆开始了特色数据库建设工作

本次调查,共调查四川省内高校图书馆78所,有34所高校图书馆(占44%)已经建成了特色数据库,另有44所高校图书馆(占56%)尚未建有特色数据库。

9.2.2 大部分类型高校图书馆已经开始特色数据库建设

在建有特色数据库的34所高校图书馆中,普通本科高校图书馆24所,普通专科学校图书馆3所,职业技术学院图书馆5所,民办高校2所。从这一情况看来,不仅建设有特色数据库的普通高校图书馆大量增加,职业技术院校、民办高校图书馆也开始了特色数据库建设;在未建设特色数据库的44所高校图书馆中,普通本科高校图书馆有5所,普通专科学校图书馆1所,职业技术学院图书馆29所,民办高校1所,独立学院图书馆8所,职业技术院校因数量较多,在数量上占据了较大的绝对值,但独立学院图书馆却以一个未建的现实成为了未建特色数据库的高校类型中最大的比例。

9.2.3 特色数据库建设成果喜人

从本次调查的结果来看,四川省高校图书馆特色数据库建设成绩显著,34所高校共建有特色数据库139个,这其中包含有CALIS"十五"项目(如四川大学图书馆的"巴蜀文化特色

库"），CALIS重点学科网络导航系统（如电子科技大学图书馆的"学科导航库"），也有四川CALIS特色数据库项目（如四川理工学院的"中国盐文化数据库"），还有四川省教育厅重点数据库建设项目（如西南民族大学图书馆的"羌族文献数据库"）。详见表4.29。

表4.29　四川省高校图书馆特色数据库建设一览

单位名称	数据库数量	特色数据库名称
四川大学图书馆	10	巴蜀文化特色库，高等学校中英文图书数字化国际合作计划特色库，口腔医学网络资源导航库，皮革导航数据库，四川大学教学参考书系统，四川大学图书馆随书光盘发布系统，四川大学学位论文数据库，中国藏学研究及藏文化数据库，中国循证医学特色库，中国语言文字网络资源导航库
成都理工大学图书馆	2	恐龙数字图书馆，四川省地质矿产资源文献数据库
西南石油大学图书馆	1	石油天然气特色数据库
西南交通大学图书馆	3	交大文库，教学参考书，峨眉山专题数据库
电子科技大学图书馆	10	本校学位论文全文数据库，馆内刊物全文数据库，随书光盘，"芝麻开门"机构知识库学术资源，电子科技大学学科导航，电子科技大学教学参考书，成电人著作收藏库，磁带目录，西文电子期刊，会议录导航
西南财经大学图书馆	4	学科导航库，经济类报刊篇名数据库，MBA经典案例库，学校博硕士论文库
西南科技大学图书馆	3	新书全文数据库，无机非金属材料特色库，西科大硕士学位论文全文数据库
四川农业大学图书馆	9	四川农大教师论文数据库，猪的营养中外文专题数据库，植物无融合生殖专题数据库，玉米遗传育种专题数据库，水稻遗传育种专题数据库，小麦遗传育种专题数据库，大熊猫专题数据库，禽流感中外文专题数据库，四川农大重点学科专题导航库
西南民族大学图书馆	5	学位论文数据库，西南民族大学科研成果库，少数民族信息资源数据库，羌族文献数据库，彝族文献数据库
成都中医药大学图书馆	10	川产地道药材库:黄连，川产地道药材库:川芎；川产地道药材库:草乌；川产地道药材库:附子。重大疾病库:类风湿；重大疾病库:糖尿病；重大疾病库:肝肺肿瘤；重大疾病库:不孕症。常见症库:脾虚。常用补益方库:四君子汤
四川师范大学图书馆	6	考研数据库，教育专题数据库，精品课程数据库，本校学位论文数据库，本校科研成果数据库，四川省旅游资源特色数据库
西华师范大学图书馆	6	随书光盘数据库，珍稀动物数据库，学位论文数据库，学科导航，学科研究信息，南充名人信息系统
成都大学图书馆	6	民俗研究全文库，成大学报全文库，成大科研成果库，地方文献数据库，高校发展研究动态，图书馆视频点播系统
四川理工学院图书馆	3	腐蚀与防护数据库，中国盐文化数据库，酿酒数据库
中国民航飞行学院图书馆	7	民用航空技术与飞行安全数据库，民用航空技术与飞行安全数据库（英文），馆藏航空期刊篇名数据库，学士学位论文数据库，民航各型飞机故障汇编数据库，随书光盘发布系统，民航各型飞机机型资料库

续表

单位名称	数据库数量	特色数据库名称
成都信息工程学院图书馆	5	学科导航系统,随书光盘发布系统,西南地区气象专家论文数据库,气象类期刊篇名数据库,学位论文数据库
泸州医学院图书馆	1	教学参考书系统
成都医学院图书馆	2	随书光盘发布系统,学位论文数据库
乐山师范学院图书馆	3	郭沫若研究,三苏研究,乐山旅游研究
成都体育学院图书馆	10	中外体育社会科学研究,规则裁判法数据库,体育法律数据库,外刊文摘数据库,体育报刊题录库,本院博硕论文全文库,本院优秀学士论文库,学院竞赛视频库,影视文艺欣赏,光盘资料
四川音乐学院图书馆	5	王光祈全文数据库,馆藏王光祈书目,西南地区民族民间音乐书目库,本院师生作品书目库,赠书书目库
四川文理学院图书馆	1	川陕苏区文献研究数据库
攀枝花学院图书馆	4	苏铁数据库,中国苴却砚图文数据库,钒钛数据库,教学参考书数据库
宜宾学院图书馆	3	酒文化数据库,竹文化数据库,随书光盘库
四川烹饪专科学校	2	烹饪特色数据库,随书光盘库
成都纺织高等专科学校	2	纺织特色数据库,试点业导航库
阿坝师范专科学校	2	英语视听在线,网络信息导航
四川建筑职业学院图书馆	2	建筑特色全文数据库,建筑学科网络导航数据库
四川管理职业学院图书馆	4	四川省情全文专题数据库,西部大开发全文专题数据库,三个代表全文专题数据库,党的建设全文专题数据库
成都农业科技职业学院图书馆	1	学科导航数据库
宜宾职业技术学院图书馆	2	教学资料影视数据库,学科导航数据库
四川职业技术学院图书馆	1	随书光盘库
四川天一学院图书馆	2	随书光盘库,视频光盘
四川标榜职业学院图书馆	2	中国传统养生美容特色数据库,精品课程数据库

9.2.4 建成的特色数据库以自建自用为主,对校外用户限制较多

对各数据库逐一访问,在以上34所建有特色数据库的图书馆中,完全限制外网IP访问的图书馆有四川农业大学图书馆、成都中医药大学图书馆等21家,占62%的比例;在139个特色数据中,限制外网IP访问的达94个,占68%的比例,这二者的比例是基本上相称的。在完全不限制外网IP访问的6家图书馆和42个数据库中,若是有涉及版权问题的部分,所有图书馆都均做了保护。如四川大学图书馆的巴蜀文化特色库,当链接到期刊原文或者是相关电子图书时,均要求内网IP方可访问。

9.2.5 全文数据库所占比例较高

因外网IP限制,无法对所有数据库一一访问,根据已经访问的数据库标题等明显特征计算,在总共139个特色数据库中,有67个特色数据库可确定数据库类型,其中全文数据库有26个(含学位论文库),书目摘要文摘数据库18个,学科导航库11个,随书光盘库12个。可以看出,近年来四川各高校图书馆对建设全文数据库(包含图文数据库、多媒体数据库)的重视程度越来越高,其所占比例也最大。

9.2.6 数据库检索功能有所增强

因外网IP限制,笔者仅能对139个特色数据库中的37个数据库进行网上检索,根据调查结果,在总共37个数据库中,目前有28个特色数据库都能够提供多检索点,进行逻辑组合检索;有1个特色数据库可提供简单检索;但也有8个数据库只能进行浏览查询,根本不提供检索途径。

9.2.7 数据库文种比较单一

建成的数据库中,以国内中文文献资源为主,外文或者中外文文献资源数据库较少。在总共139个特色数据库中,除部分学科导航库外,仅有四川农业大学、中国民航飞行学院等4家图书馆共建设有5个包含有外文文献或中外文文献的特色数据库。

9.2.8 学位论文数据库建设受到重视

除已经普遍开始建设博、硕士学位论文库外,部分高校图书馆已经开始了学士学位论文数据库建设,如中国民航飞行学院图书馆的学士学位论文数据库,成都体育学院图书馆的优秀学士论文库。

9.3 四川高校图书馆特色数据库建设的综合分析

9.3.1 特色数据库覆盖专业面较广,题材丰富

四川省大多数高校图书馆除自建了硕博士论文数据库和重点学科导航库、随书光盘资料库等传统数据库外,还结合本校重点学科特点、地域特色自建了各种数据库。这些数据库覆盖专业面较广,题材丰富。理、工、农、医、文、史、哲等各个专业均有涉及。如西南石油大学图书馆的"石油天然气特色数据库"、四川大学图书馆的"皮革特色导航数据库"、四川农业大学图书馆的"玉米遗传育种专题数据库"、成都中医药大学图书馆的"重大疾病库"、宜宾学院图书馆的"酒文化数据库"、四川大学图书馆的"中国藏学研究及藏文化数据库"、成都体育学院图书馆的"中外体育社会科学研究数据库"等。此外,部分图书馆还将本院校师生所有著作集合起来,形成了特色数据库,如电子科技大学图书馆的"成电人著作收录库",西南交大图书馆的"交大文库",四川音乐学院图书馆的"本院师生作品音乐书目库"。

9.3.2 建库目标明确,数据库特色主题鲜明

四川省大多数院校图书馆建设的特色数据库,除随书光盘库外,大都选择了本校的重点学科、具有较高学术价值和利用价值、具有鲜明的学科特色、馆藏特色、地方特色、文化特色的文献进行数字化作为特色数据库的目标,因而所建数据库主题鲜明。

(1)所建设的特色数据库反映了地域历史、传统文化,或与地方政治、经济和文化发展密切相关。如四川大学图书馆的"巴蜀文化特色库"、西南交通大学图书馆的"峨眉山专题特色库"、乐山师范学院图书馆的"三苏研究"、"郭沫若研究"特色库、四川管理职业学院图书馆的"西部大开发全文专题数据库"。

(2)所建设的特色数据库基于学校学科专业的发展,体现出了所在高校的办学特色。如四川大学图书馆的"皮革特色导航数据库"、成都理工大学图书馆的"四川省地质矿产资源文

献数据库"、四川建筑职业技术学院图书馆的"建筑特色全文数据库"、四川国际标榜职业学院图书馆的"中国传统养生美容特色数据库"。

（3）所建设的特色数据库基于学校教研成果，反映了所在高校的科研能力。如西南交通大学图书馆的"交大文库"、电子科技大学图书馆的"成电人著作收藏库"、四川音乐学院图书馆的"本院师生作品音乐书目"、成都大学图书馆的"成大科研成果库"、四川管理职业学院的"三个代表全文专题数据库"。

（4）所建设的特色数据库基于馆藏特色书刊资料，是他馆、他校所不具备或只有少数馆收有的特色馆藏，馆藏特色鲜明。如四川大学图书馆的"高等学校中英文图书数字化国际合作计划特色数据库"，收录了馆藏"文革"后硕博士论文及民国图书、民国期刊、地方志、新中国成立前外文图书的数字化资源；成都信息工程学院的"西南地区气象专家论文数据库"。

9.3.3 数据库学科针对性较强，学术利用价值较高

总的来说，四川省内各高校图书馆所建设的特色数据库都具有较强的学科针对性，学术利用价值较高，如四川理工学院图书馆的"腐蚀与防护数据库"、四川农业大学图书馆的"禽流感专题数据库"、成都中医药大学图书馆的"重大疾病系列库"等，从对相关图书馆的调查统计数据来看，正是因为学科针对性较强，实用价值高，因而实际利用率也较高。

9.4 四川高校图书馆特色数据库建设发展对策

9.4.1 充分认识自建特色数据库的重要性和紧迫性，加快特色数据库建设步伐

目前，大多数高校图书馆已经充分认识到建设特色数据库是本馆文献资源建设中较重要的一部分内容，但相当多的一部分职业技术学院、独立学院尚未开始特色数据库建设，还没有意识到及早开展特色数据库建设对图书馆自身发展建设、学院发展建设的积极意义。

9.4.2 加强特色数据库建设前的论证工作，避免盲目选题，重复建设

根据调查，部分数据库为重复建设，且部分数据库建成后利用率较低。选题是特色数据建设的第一步，也是非常关键的一步，要充分考虑数据库的需求，以利用为目的。首先要对用户进行前期调查，征询领域专家的意见，对欲建库进行需求性调研，然后再开始数据库的建设工作，避免出现数据库建成后却无人问津的局面。

9.4.3 统一数据库建库标准

规范数据库建设的标准，是建设高质量数据库的重要保障之一，只有标准化的数据库系统才具有真正的活力，它不仅保证了可靠性、系统性、完整性和兼容性，而且有利于实现真正意义上的网络资源共享。虽然CALIS专题特色数据库选定了《我国数字图书馆标准规范建设》项目推荐使用的5个系列、11种规范格式及其著录规则作为专题特色库初步实行的元数据规范格式及其著录规则，但从目前四川省内各高校图书馆已经建成的特色数据库来看，还需要大力加强这方面的工作，避免日后造成数据接收和二次开发的困难。

9.4.4 数据库维护工作有待加强

数据库建成后并不意味着大功告成，还要进行经常性的更新和维护，结合用户在使用过程中发现的问题确定改进措施，定期对数据内容进行更新追加、清理和修正，才能保持生命力。从目前实际访问的效果来看，在CALIS重点学科网络导航库出现了无效链接。

9.4.5 数据库访问速度有待提高

在调查访问中，部分高校图书馆的网站打开非常慢，甚至无法打开。随着将来数据库建设高潮的进一步兴起，各类全文数据库、多媒体数据库等对网络带宽的需要将进一步增加，对此，省内各高校图书馆应采取各种技术措施，提高网络访问速度。

9.4.6　分工协作，共建共享，避免重复建设

从调查的结果来看，相当一部分省内高校图书馆建成的数据库都采取了外网IP限制。事实上，由于特色数据库的建设要耗费大量的人力、财力、物力，对省内各高校图书馆来说，单馆建库必然会受到技术、资金、信息资源的制约，这样很难保证建库质量，与数据库建设的规模化发展也不相适应，甚至出现了数据库的重复建设。因此，省内各高校图书馆之间应该打破界限，从推进网络资源共享的要求出发，实现各单位人力、财力、物力的优势互补，发挥群体力量，走联合共建之路。各图书馆应创造条件，积极参加CALIS的共建共享，并在CALIS全国中心、地区中心的指导下，根据各校特色馆藏资源和重点学科建设的需要，进行统筹规划和分工，开展特色专题数据库建设工作。

10　江西省高校图书馆特色数据库建设研究

当今时代，随着计算机的普及和发展，图书馆逐步走上了数字化建设的道路。在数字图书馆的建设过程中，作为其重要组成部分的特色数据库建设也在不断地推进。特色数据库能为用户提供个性化的信息需求，深化了图书馆的服务能力，提高了图书馆的服务效率。中国高等教育文献保障系统（简称CALIS），是经国务院批准的我国高等教育"211工程"、"九五"、"十五"总体规划中三个公共服务体系之一。其宗旨是：在教育部的领导下，把国家的投资、现代图书馆理念、先进的技术手段、高校丰富的文献资源和人力资源整合起来，建设以中国高等教育数字图书馆为核心的教育文献联合保障体系，实现信息资源共建、共知、共享，以发挥最大的社会效益和经济效益，为中国的高等教育服务。全国高校专题特色数据库是CALIS "十五"建设的子项目之一，目前全国共有61所学校的75个项目获立项，其中江西有2个，在此项目推动下，各地纷纷建立了一批特色数据库。为了更全面地了解江西高校图书馆特色数据库建设的现状，通过访问江西高校各图书馆的主页，对此情况进行了调研，了解已经取得的成绩，明确存在的问题，为进一步促进江西高校图书馆的特色数据库建设、提升图书馆为学校教学科研和社会服务的能力提供参考。

10.1　江西高校图书馆特色数据库现状分析

本次调查是根据教育部公布的全国普通高校名单中江西省的73所（含民办院校、高职高专）高校进行的，通过访问各校图书馆的主页，并且通过QQ、邮件、电话等方式完成此次调研，以确保数据尽可能完整、准确（具体情况见表4.30）。尽管如此，由于网络等原因，数据可能存在小的偏差。

表4.30　江西省高校图书馆特色数据库一览

单位名称	数据库数量	特色数据库名称
南昌大学图书馆	6	红色江西特色数据库，南昌大学博、硕论文数据库，中外文核心期刊刊源目录，南昌大学术会议报告数据库，潘际銮院士赠书阅览室，CALIS重点学科导航库
江西理工大学图书馆	2	随书光盘数据库，有色金属公共服务平台
东华理工大学图书馆	2	临川文化名人，学科导航
南昌航空大学图书馆	7	学位论文数据库，外语光盘音频数据库，航空特色数据库，外文全文数据库，图片资料库，PPT演示库，台湾博硕学位论文
江西农业大学图书馆	1	博硕论文库

续表

单位名称	数据库数量	特色数据库名称
江西师范大学图书馆	7	导读书目, 江西师范大学硕士学位论文数据库, 江西师范大学专家学者论文数据库, 线装古籍书目数据库, 南昌大学藏书书目数据库, 图文信息荟萃, 学科导航
江西财经大学图书馆	9	经济管理信息专刊, 教学研究参考信息数据库, 学术期刊(国内)投稿, 江西财经大学博士学位论文全文库, 江西财经大学硕士学位论文全文库, 江西经济, 自建电子图书, 中国地区经济发展报告, 随书光盘数据库
井冈山大学图书馆	2	宋代庐陵文化名人研究, 随书光盘库
景德镇陶瓷学院图书馆	4	中外陶瓷专利数据库服务平台, TPI数字图书馆, 中国陶瓷信息资源网, 中国陶瓷知识产权信息网
江西中医学院图书馆	5	中医药内科病案库, 江中学术论文库, 中医资源导航, 江西省道地药材库, 中医古籍书目检索
赣南医学院图书馆	3	随书光盘数据库, 学科导航, ebook数字图书
赣南师范学院图书馆	4	重点学科导航库, 客家文化数据库, 随书光盘数据库, 苏区文化数据库
上饶师范学院图书馆	2	朱子研究, 随书光盘
江西警察学院图书馆	2	外文警学期刊库(参与建设), 公安期刊全文库
九江学院图书馆	9	学科导航库, 生态鄱阳湖, 随书光盘系统, 医学信息, 多媒体资源系统, 高教信息, 庐山云雾茶文化数据库, 陶渊明文化研究数据库, 中国大学视频公开课
新余学院图书馆	2	"胡述兆教授文库"数据库, 随书光盘
宜春学院图书馆	1	学科导航
江西蓝天学院图书馆(民办)	3	本科毕业论文, 学科导航, 随书光盘数据库
华东交通大学图书馆	2	学科导航, 硕士学位论文
江西服装学院图书馆	1	随书光盘数据库
江西信息应用职业技术学院图书馆	5	优秀论文, 课件中心, 光盘数据库, 骨干专业数据库, 视听中心
江西管理职业学院图书馆	6	中央苏区和井冈山革命根据地专题库, 江西省委党校数字图书馆, 省情研究资料库, 教研参考资料库, 江西党校系统信息资源共享服务平台, 领导论坛
江西现代职业技术学院图书馆	6	江西现代示范专业精品课程信息动态, 中文核心刊源刊目录, 教师毕业生优秀论文, 教学科研成果, 定题服务, 现代学报及其他
萍乡高等专科学校图书馆	4	文廷式特色专题文献数据库, 萍乡高专人文库全文光盘数据库, 萍乡市傩文化数字资源库, 萍乡高等专科学校图书馆光盘资源数据库

10.1.1 数量分析

本次调查的73所院校,包括24所本科院校,49所专科(含高职)院校,建有特色数据库的学校共24所,共计95个,其中32.88%的高校建有自己的数据库。在95个数据库中有2个数据库是CALIS"十五"全国高校专题特色库,分别是南昌大学的"红色江西特色数据库"和上饶师院的"朱子研究"。仅从本科院校来看,24所本科院校有20所建有特色数据库,占本科院校的83.33%。2011年广东本科院校建有数据库的图书馆占所有本科院校图书馆的77.8%,可见江西省高校图书馆在特色数据库建设方面取得了一定的成绩,形成了一定的规模。

10.1.2 地域分析

江西省共有11个区市,除了鹰潭市外,其他10个市都有高校建有自己的特色数据库(见表4.31),南昌的13所高校共建有60个数据库,所拥有的高校数占建有特色数据库的高校数的54.17%,建有数据库的数量占所有数据库的63.16%,可见作为省会的南昌,半数以上的高校建有超过半数的数据库,充分表明了南昌这座江南历史文化名城,中国东南部重要的经济城市,是全省的政治、经济、文化、科技中心,也反映了江西省高校特色数据库的建设发展不平衡,这和各市的高校数量也有关系,省城以外的地区高校对特色数据库的建设有待进一步加强。

表4.31 江西省特色数据库的地域分布

城市	建有特色数据库的高校数量(所)	建有特色数据库的数量(个)
南昌	13	60
赣州	3	9
抚州	1	2
吉安	1	2
景德镇	1	4
上饶	1	2
九江	1	9
新余	1	2
宜春	1	1
萍乡	1	4

10.1.3 层次分析

95个数据库中本科院校拥有74个,占总数的77.89%,其他的专科(含高职)院校占22.11%。本科院校中建库最多的院校是江西财经大学和九江学院,各建了9个数据库,另外民办高校江西蓝天学院建有3个,4所专科院校中有3所是职业学院。这说明江西省高校图书馆特色数据库建设主要分布在本科院校,同时民办高校、专科院校(含高职)也逐渐开始了建立特色数据库的步伐。

10.1.4 主题分析

为了了解江西省高校建设的特色数据库的类型,为以后的进一步建设提供参考和依据,笔者对95个数据库进行主题分析(见表4.32)。由于网络和访问受限等原因,有些数据库无法确定其主题类型,这类数据库都统一划分到"其他类",这可能导致有些数据库该划分到具体的类型里实际却没有。另外,学科导航库从广义来说是属于学科特色库的,为了更清晰地了解各主题数据库的数量,这里分开来统计。从表4.32可以看出江西省特色数据库的主题主要集中在学科专业、地方文化特色、本校师生的论文(论著)、随书光盘等四个方面,所占比例均在12%以上。学科专业库略高于其他类型数据库，这方面的数据库有江西中医学院的"中医药内科病案库"、"江西省道地药材库"等。地方特色库和本校论文（著）数量相等，具有地方特色的数据库有井冈山大学的"宋代庐陵文化名人研究"，九江学院的"生态鄱阳湖"、"庐山云雾茶文化数据库"和"陶渊明文化研究数据库"等。建有本校论文（著）库的有南昌大学的"博硕论文数据库"和江西蓝天学院的"本科毕业论文"等。

表4.32　江西省特色数据库的主题分析

类型	数量（个）	占总数比例
学科专业库	15	15.79%
地方特色库	14	14.74%
本校论文（著）库	14	14.74%
随书光盘库	12	12.63%
学科导航库	9	9.47%
教参库	4	4.21%
其他类	27	28.42%

10.2　江西高校图书馆特色数据库建设存在的问题

江西高校图书馆在特色数据库建设上取得了一定的进展，但是还存在不足之处。这些问题和其他兄弟省份有一定的共性，主要表现为以下几个方面。

10.2.1　没有联合建库而各馆单独建库

在建有数据库的高校馆中，发现只有江西警察学院的"外文警学期刊全文数据库"是由公安院校图工委组织各成员馆开发，江西警察学院参与共建的，其他高校的数据库笔者还未发现是联合建库的。

10.2.2　在特色数据库建设方面重数量轻质量

从数量上看，江西省高校图书馆确实建设了一批特色数据库，但调查发现很多数据库的质量不高，收藏的数据也不多，有些数据库根本无法访问，数据更新不及时。

10.2.3　特色不突出，传统数据库较多

全省高校共建有学科专业库15个，占总量的15.79%，东北高校在53个建有特色数据库的图书馆中，有24个馆建有学科特色资源数据库，共计47个特色数据库，占特色数据库总数的22.4%。江苏省高校特色数据库总量中，学科特色的数据库24个，占总量的28.57%。可见，江西省在这方面即使是比例最高的学科专业库也没有表现出明显的优势，相比较而言，本校论文（著）库、随书光盘库、学科导航库这些传统的数据库所占比重较大。

10.3　江西高校图书馆特色数据库建设的发展方向

10.3.1　进一步加强地方特色文化数据库建设

地方特色文化数据库就是以地方特色文化为数据报道源而建立的数据库。它是指某一地区特有的且又有一定影响和较大价值的文化，具有一定的地方性、特色性、影响性、价值性等特点，它既包括物质文化也包括精神文化。赣文化是中华文化园中的一朵奇葩，它孕育于汉代，经过魏晋的快速发展，到宋明时期达到顶峰，赣文化在历史长河的推陈出新、整合新变中逐渐形成，熔铸了其鲜明的特质。近年来，江西人将赣文化总结为"三色文化"，即"古色文化、红色文化、绿色文化"。古色文化即指江西在漫长的历史长河中形成的辉煌文化，代表人物有陶渊明、欧阳修、文天祥、王安石、朱熹等等；红色文化即指现代革命文化，江西在现代革命史上也产生了重大的影响,英雄城南昌、井冈山革命根据地、中华苏维埃共和国临时中央政府所在地瑞金等;绿色文化即指江西特有的民俗和地方戏剧,例如采茶戏。这些都使得江西与其他兄弟省份相比,有着自己独特的魅力,反映了江西人民的知识、素养、情趣、理想、追求和愿望,具有浓郁的地方色彩。江西高校图书馆可以这些为题材,建立各种具有地方特色的数据库,目前已经有一批这样的数据库,例如南昌大学图书馆立足于采集、加工、整合江西独特的红色文化资源,建立了"红色江西"数据库;赣南师范学院的"客家文化数据库";萍乡高等专科学校的"文廷式特色专题文献数据库",等等。江西高校作为这片红土地上的高等学府,还要加大建设力度,进一步保护和弘扬赣文化。在江西还有不少这样的地方具有发展的空间,例如江西的庐陵文化是赣文化的重要源流和支柱,这里有文天祥、欧阳修、杨万里等彪炳史册的文化名人,也有新干商代的青铜器、禅宗圣殿青原山、宋代的白鹭洲书院、历史悠久的吉州窑等。2000多年的沧桑岁月,使得庐陵积淀了深厚的历史文化底蕴。地处庐陵的井冈山大学对保留和弘扬庐陵文化具有得天独厚的优势,图书馆拥有《四库全书》、《四库全书存目丛书》、《续修四库全书》三部大型书,另外还拥有《古今图书集成》、《江西通志》、《庐陵县志》、《吉安府志》、《青原山志》等约4万余册古籍。学校的庐陵文化研究所拥有一批潜心研究孜孜以求的教师、学者,收藏的江苏古籍出版社出版的《中国地方志集成》、《全宋文》等为进行庐陵文化研究提供了文献资源保障。井冈山大学图书馆正在建设的"庐陵文化文献资源数据库",目前已经建立了"宋代庐陵文化名人研究"部分,收录了所有与宋代庐陵文化名人相关的资料,汇集其生平简介、著述作品以及后人的研究资料等三个方面的文献。其他部分正在建设当中,这不仅可以推动庐陵文化研究,还可以增强图书馆为江西乃至全国社会科学研究的信息资源服务能力。

10.3.2　进一步加强学科特色数据库建设

学科特色数据库是特色数据库的一个重要组成部分,许多高校在办学过程中在某一学科或专业领域形成了自己的学科特色和专业特色,图书馆要针对性地建立这样的数据库,为这些学科和专业提供深层次的信息服务。目前江西高校也建立了一批这样的数据库(具体情况见表4.31)。例如南昌航空大学的"航空特色数据库",江西财经大学的"经济管理信息专刊"、"中国地区经济发展报告",景德镇陶瓷学院的"中国陶瓷信息资源网"、"中外陶瓷专利数据库服务平台",等等。2010年江西高校的10个重点实验室和2个工程技术研究中心成功入选省级科技平台。为了提高高等教育贡献率,江西省实施高校科技创新"311工程",计划到2012年,在全省高校建设30个高水平重点学科、10个高水平重点实验室和10个高水平工程技术研究中心。2011年江西省高校"十二五"重点学科公布一级学科66个,二级学科33个,这些都将促进这些重点学科的特色数据库建设。各高校可以根据自己的馆藏情况建立相应的数据库,例如江西农业大学重点收藏了农业和生物技术的文献,形成了具有本校学科特点和地方农业特色的藏书体系,丰富的文献资源为建立相关的数据库提供了基础。

10.3.3　进一步加强省内图书馆的共建共享

1999年1月,由国家图书馆牵头,全国124个图情单位共同签署了《全国文献信息资源共建共享倡议书》,共建共享成为当今图书馆的目标和方向。在特色数据库的建设过程中也要走共建共享的道路,共建共享包含三方面的内容。

一是省内高校之间的协作。以往江西省高校馆的合作主要停留在电子资源的联合采购方面,主要是一些商业数据库的采购,例如2002年联合采购了重庆维普公司的《中文科技期刊数据库(全文)》及《外文科技期刊数据库(文摘)》、Springer LINK数据库等。2004年继续联合续订了重庆维普公司数据库及Springer数据库,同时新增4个数据库,即EBSCO公司的ASP+BSP数据库、清华同方公司的中国期刊网(2004年数据)和清华同方公司的中国优秀博硕士学位论文全文数据库、新华社高等教育专供数据库。各高校要进一步加强在特色数据库方面的合作和交流,推进数据库的共建进程。

二是高校馆和公共馆的协作。2009年12月23日,在江西省图书馆学会第五次会员代表大会上,江西省图书馆学会网站正式开通。这次会议确定,江西省将创建公共图书馆、高校图书馆馆藏联合书目数据库系统;并开发建设江西特色资源数据库和学科文献检索中心的网络服务平台;逐步构建全省公共文化服务网络平台。在这次会议上,代表们倡议"构建江西数字资源共建共享联盟",相信借着这次大会的东风,江西省高校馆和公共馆共同努力,在特色数据库建设方面加强沟通和协作,实现互助共赢。

三是高校馆和商业公司之间的协作。由于商业公司有着自身的优势,可以充分利用他们的技术、产品和服务,弥补各高校图书馆在数据库建设中加工、更新滞后等不足,在确保数量的基础上,进一步提高特色数据库的建设质量。

总之,图书馆实现网络化和自动化后,就逐渐开始建设特色数据库,特色数据库是信息时代对图书馆的要求,代表了网络环境下图书馆的发展方向。江西省高校图书馆已经建立了一批这样的数据库,取得了一些成效,具有了一定的规模,但是还有很大的发展空间。建设特色数据库,单纯依靠一个馆的力量,无论是资金、技术,还是建库人员、文献收集等方面都有很大的局限性,因此各高校要根据自身的情况,在省高校图工委的统一部署下,在省馆际协作组织的指导下,根据各校特色馆藏资源,进行统筹规划和分工,积极开展特色数据库建设工作。可喜的是,江西省已经走出了重要的一步,在未来的发展道路上各高校图书馆要积极参与,注重本校的学科特色、地方文化特色,建设一批高质量的数据库,真正做到在全省高校甚至在全省范围内文献资源的共建共享。

11 广西壮族自治区高校图书馆特色数据库建设研究

特色数据库是指依托馆藏信息资源,针对用户的信息需求,对某一学科或某一专题有利用价值的信息进行收集、分析、评价、处理、存储,并按照一定的标准和规范将本馆的特色资源数字化,以满足用户个性化需求的信息资源库。在新技术环境下,建设特色数据库已成为图书馆丰富数字资源、传承历史文化、服务社会的一种重要手段。近年来,随着信息技术手段在图书馆领域的广泛应用,以及在CALIS地方特色数据库建设项目的支持下,广西各高校图书馆发挥区域优势,依托得天独厚文化信息资源,建设成了一批具有地方特色的专题数据库。

11.1 广西高校图书馆特色数据建设现状

11.1.1 调查范围

教育部2013年5月公布的高校名单名录显示,目前广西共有23所普通本科院校,37所高职(高专)院校和9所独立院校。考虑到特色数据库主要是通过各高校图书馆的主页进行发布,调查针对这69所高校图书馆的主页进行调查,了解各高校图书馆特色数据库的建设情况。就网络调查了解到的情况来看,在69所高校图书馆中,有57所图书馆有自己的主页,其中3所高校图书馆主页因网络原因无法访问,4所高校图书馆主页只能通过内网访问,实际纳入本文调查范围的高校图书馆共50所,所占比例达72%,调查范围较为全面,具有一定的代表性。

11.1.2 建设现状

在被调查的50所高校图书馆中,共有21所高校图书馆建设有特色数据库,占被调对象总数的42%。这21所图书馆共建有57个特色数据库。从表4.33可以看出,广西高校图书馆在特色数据库建设方面已取得了一定的成绩,在建设有特色数据库的21所高校图书馆中,15所来自于普通本科院校,所占比例达71%;高职高专4所,所占比例为19%;独立院校有2所,所占比例为10%。从以上数据不难看出,特色数据库建设力量主要集中在普通院校,特色数据库的建设有待于向高职高专和独立院校纵向延伸。

表4.33　广西壮族自治区高校图书馆特色数据库一览

单位名称	数据库数量	特色数据库名称
广西大学图书馆	6	广西大学博硕士学位论文全文库,广西大学博硕士学位论文摘要库,广西大学优秀本科毕业论文(设计)数据库,课程参考书书目数据库,广西大学重点学科导航,广西大学随书光盘发布系统
桂林电子科技大学图书馆	1	随书光盘
广西中医药大学图书馆	3	广西中医药大学教师论文库,抗病毒中药数据库,壮医壮药数据库
广西师范大学图书馆	8	广西师范大学硕士论文库,馆藏民国广西图书,教学参考书全文库-韩国语,馆藏古籍善本,教学参考书全文库,广西语言资料库,广西民族民俗资料库,馆藏广西旧地方志
广西民族大学图书馆	5	广西民族大学学位论文全文数据库(硕士论文库),东盟文献、壮侗语族文献、壮学文献、亚非语言文献全文资源库,广西民族大学教程参考书书目数据库,广西民族大学中学语文教学法数据库,广西作家库
桂林航天工业学院图书馆	1	随书光盘下载
广西科技大学图书馆	2	信息素养教育网络平台,最新科技、会议信息发布系统
桂林医学院图书馆	4	教学图片数据库,查新数据库管理系统,随书光盘下载,学科信息门户网站
右江民族医学院图书馆	1	随书光盘
河池学院图书馆	9	刘三姐文献数据库,桂西北作家文献数据库,仫佬族文献数据库,韦拔群文献数据库,黄庭坚文献数据库,本科生优秀毕业论文数据库,河池学院学报篇名数据库,学科教学资源库,馆藏期刊篇名索引数据库
玉林师范学院图书馆	2	桂东南特色文化资源专题网站,桂东南地方文献特色数据库
广西艺术学院图书馆	1	随书光盘
百色学院图书馆	1	随书光盘
贺州学院图书馆	1	随书光盘
钦州学院图书馆	3	优秀毕业论文,刘冯数据库,海洋数据库
桂林旅游高等专科学校图书馆	1	旅游管理与执法光盘库
柳州执业技术学院图书馆	1	学院数字博物馆
南宁执业技术学院图书馆	1	随书光盘
广西电力职业技术学院图书馆	1	随书光盘

续表

单位名称	数据库数量	特色数据库名称
行建文理学院图书馆	1	随书光盘
广西师范大学漓江学院图书馆	4	精品课程, 教学成果展示, 图书光盘镜像下载, 教育技术

11.1.3　特色数据库类别

广西高校图书馆经过多年的发掘, 逐渐建设成了一批独具特色、种类繁多的特色数据库, 按其性质划分, 主要可分为本校师生论文库、学科特色数据库、地方文化特色数据库、馆藏特色数据库、学校特色数据库、随书光盘六大类别, 详见表4.34。其中教学、学科类特色数据库和地方文化特色数据库类共占有54.4%, 可见广西高校图书馆特色数据的特色性比较突出, 内容涵盖了教学、科研、政治、历史、经济、文化等方面, 收录内容广泛、特色鲜明、有较强的唯一性, 为相关的科学研究带来了便利。

表4.34　广西壮族自治区特色数据库类别

类别	数据库数量	占总数百分比(%)
本校师生论文库	9	15.8
教学、学科特色数据库	19	33.3
地方文化特色数据库	12	21.1
馆藏特色数据库	4	7
学校特色数据库	2	3.5
随书光盘	11	19.3

11.1.4　使用情况

特色数据库的建设一方面要体现对特定文化信息资源的传承和保护, 另一方面也要体现特色文化信息的实用性和可用性, 就目前广西各高校图书馆使用情况而言, 并不乐观, 21所高校图书馆建设的57个特色数据库中, 共有20所高校图书馆通过IP访问限制、用户访问限制等方式, 对特色数据库作了访问限制, 受限数据库共计45个, 这样的做法有悖于数据库建设的初衷。

11.2　广西高校图书馆特色数据库建设存在的问题

11.2.1　特色数据库建设发展不平衡

广西高校图书馆特色数据库的建设主要集中在普通本科院校图书馆。特色数据库建设数量最多的为河池学院图书馆, 建有9个, 其次为广西师范大学图书馆, 建有8个, 大部图书馆只建有3个以下的特色数据库, 数据库建设数量不均衡, 差距较大。同时, 数据库类别发展不平衡, 随书光盘数据库所占了很大的比例, 而且多个图书馆均建有这类数据库, 存在重复建设情况。

11.2.2　特色数据库建设标准不统一

数据库建设的标准化主要表现为两个方面: 一是数据库管理系统的标准化; 二是数据库数据著录的标准化。目前国内特色数据库建设管理系统主要有清华同方TPI内容管理系统、麦达高校特色库系统、TRS信息资源库建设系统、方正德赛特色资源库建设系统、中科软件集团的资源数据库建设服务系统等, 这些数据库建设管理系统在对数据信息进行著录、索引、发布等功能的设计上，参照国际、国内的数据库著录标准、数据格式标准、数据标引标准、规范控制标准及CALIS特色数据库建设的相关标准和要求进行设计开发。从广西高校图书馆的57个特色数据库来看，部分特色数据库采用了TPI和TRS数据库建设管理系统，而大部图书馆采取了自主研发的方式建设特色数据库，因此在对特色数字信息的加工处理过程中，难免出现著录标准不统一、元数据的编目不规范、检索结构多样化等情况，不利用数据信息的共享和用户体验。

11.2.3　各自为政，共享度低

广西高校图书馆特色数据库的建设，都是以本校或本地区的实际需求为出发点，在建设时，各地高校图书馆之间缺乏必要的沟通与交流，各自为政，没有统一的机构进行协调与管理，所以虽然已建成了57个特色数据库，但是数据库的类别比较单一，且部分数据库存在重复建设情况，特别是随书光盘类数据库重复现象特别严重，这样不仅加大了数据建设的成本，同时也造成了人力、物力资源的浪费。另外，已经建成的57个数据库中，有45个只能通过校园网进行访问，使得特色数据库的利用率不高，不利于特色数据库的建设与发展。

11.3　广西高校图书馆加强特色数据库建设对策

11.3.1　统一规划，协调建设

近年来，在CALIS发起的地方特色数据库项目组的推动与协调下，广西各高校图书馆在特色数据库建设方面有了明确的目标，各高校图书馆把握特色数据库的建设方向，形成了一批独具地方特色的数据库集群，如河池学院承建的"桂西北地方资源文献数据库"，桂林理工大学南宁分校承建的"广西与东盟民族文化旅游信息库"等。各地区可以成立特色文化信息的相关研究机构，对特色数据库的建设进行统一的协调、规划、指导，充分挖掘高职高专、独立院校在特色数据建设方面的潜力，扩展特色数据库的建设主体，均衡发展，激活特色文化信息数据库建设的活力。

11.3.2　加强合作，共建共享

高校图书馆应该加强与地方其他机构之间的合作，在建设地方文化类特色数据库时，地方部门如博物馆、文化馆、文化展示中心等相关的文化部门往往掌握原始信息资料，这类信息资源较为珍贵，图书馆在建设这类特色数据库时需要与地方合作与交流，共同建设。可以由地方文化部门提供文献信息资源，图书馆提供硬件设备和技术支持，建成数据库后与地方共享资源的形式进行开发；图书馆之间应加强合作与交流，共建是实现共享的手段之一，各高校图书馆在建设特色数据库时，可以分工协作，合作开发，按照统一的标准共同建设，这样不仅可以提高数据库建设的效率，还可以极大地调动各高校图书馆参与特色数据库建设的积极性。

11.3.3　统一数据库建设标准

特色数据库的建设标准不统一不仅仅是广西高校图书馆在特色数据库建设过程所遇到的问题，也是全国众多高校图书馆在数据库建设过程中所遇到的问题。用什么样的标准建设特色数据库，尚未有相关的规范出台，目前全国高校图书馆特色数据库建设所参照的标准有《UNMARC格式和手册》、《国际标准书目著录》、《中国机读规范格式》等，CALIS地方特色数据库建设项目则在协议上明确要求建议方要遵循委托方统一制定的标准规范和标引细则，进行元数据标引，随着CALIS地方特色数据库建设项目在全国的普遍开展，CALIS制定的特色数据库建设标准已经被大多数高校图书馆采用，广西高校图书馆在特色数据库建设过程中，可以参考CALIS特色数据库建设的相关标准，规范特色数据库的建设。

总之，广西各高校图书馆经过多年的努力，已经建成一批特色鲜明、种类繁多、地域文化突出的数据库群。这些特色数据库，提高了图书馆的核心竞争力，丰富了特色馆藏信息资源，创新了图书馆的服务模式。虽然广西各高校图书馆在特色数据库的建设方面虽然存在一定的不足，但只要各高校图书馆不断摸索和创新，逐渐形成一套特色数据库建设的方法，必将推动广西特色数据库建设事业的蓬勃发展。

12 云南省高校图书馆特色数据库建设研究

12.1 云南高校特色数据库建设现状调查

根据中国教育在线的"全国普通高校名单"，云南共有高校（包括高职高专和独立学院）67所。在公网平台上对这67所高校逐个进行网上访问，首先了解其网站、图书馆网页情况（见表4.35），对于可以访问网站的图书馆进行了多次访问调查，结合CALIS专题特色资源数据库网站和云南高校图书馆共享平台特色库网站中的资源，调查了高校图书馆特色库资源的建设现状。截至2015年4月，云南共有17所高校已有自建特色库资源，占比仅为25.37%。特色数据库总数为48个（见表4.36）。

表4.35 云南高校图书馆网站访问情况

学历层次	高校数量	无网站的图书馆		有网站但无法访问的图书馆		可以访问的图书馆	
		数量	百分比（%）	数量	百分比（%）	数量	百分比（%）
普通本科	22	0	0	2	9.09	20	90.91
高职高专	38	13	34.21	3	7.89	22	57.89
独立学院	7	0	0	0	0	7	100

表4.36 云南高校图书馆特色数据库一览

单位名称	数据库数量	特色数据库名称
云南大学图书馆	9	CALIS导航库，云南特色花卉库，禁毒防艾库，西南民族研究库，自制电子资源，云大硕博论文，精品期刊，云大文库，机构知识库
昆明理工大学图书馆	1	冶金专业硕博士学位论文全文库
云南师范大学图书馆	10	西南联大文库，西南当代文学艺术文库，云南民族教育特色数据库，能源环境与生物技术特色资源数据库，古籍文献，西南联大特藏，伍谢瑞芝书库，云南当代文学艺术文献信息中心，昆明中日交流之窗，智者书林
云南民族大学图书馆	1	西南少数民族特色文献数据库
云南财经大学图书馆	5	云南财经大学学位论文库，云财文库，云南地方经济文库，东盟数据库，工商管理学科图书资源库
昆明医科大学图书馆	2	健康社会科学研究文献库，昆明医科大学2003-2013年SCI收录论文题录集
云南农业大学图书馆	5	云南生物多样性文库，云南农业大学学位论文，教学参考资料互动平台，农耕文化展数字化收藏，云南农业大学文库
云南警官学院图书馆	1	公安学特色资源数据库
云南中医学院图书馆	2	云南地产中药（民族药）数据库，云南少数民族医药单验方数据库
云南艺术学院图书馆	1	云南民族艺术特色资源数据库
大理学院图书馆	2	南诏大理文献专题数据库，CALIS大理学院项目

续表

单位名称	数据库数量	特色数据库名称
文山学院图书馆	1	文山民族资源数据库
红河学院图书馆	1	哈尼文献数据库
楚雄师范学院图书馆	4	地方文献，师院文库，四部系列，彝族文献
昆明学院图书馆	1	云南旅游研究文献数据库
昭通学院图书馆	1	昭通地方文献资源数据库
普洱学院图书馆	1	普洱民族文化特色数据库

从调查的结果来看，云南高校图书馆特色库建设取得了显著的成果，各高校主要通过以下3种途径建立特色数据库：①通过CALIS三期特色资源数据库子项目建设后，云南大学建成了西南民族研究文献特色数据库和禁毒防艾特色数据库，数据量分别为59084条和75983条，均在CALIS专题特色资源数据库网站和各自图书馆网站上为读者提供服务。②通过中央财政支持地方高校发展专项资金支持的"云南高校数字图书馆共享平台—特色资源数据库建设"子项目建设后，云南师范大学、云南大学、昆明理工大学等14所高校建成了17个特色资源数据库。数据库文献类型丰富，有电子图书、中外文报刊、学位论文、会议论文、音频、视频资料、图像资料、手稿、地方志、网络资源等，数据量已达407836条，而且数据量在持续不断递增。这17个数据库均通过"云南高校数字图书馆共享平台"向高校师生提供检索、下载和全文传递服务。③红河学院、普洱学院和楚雄师院也基于本校的实际情况和学科专业特色，分别建立了哈尼文献数据库、普洱民族文化特色数据库和师院文库、彝族文献等特色库资源。参与CALIS项目建设的14所高校除了完成CALIS特色库建设工作以外，也建立了彰显本校特色的数据资源库。

12.2　云南高校特色数据库建设现状分析

12.2.1　特色数据库的选题

（1）学科特色数据库

学科特色数据库是指以某特定学科专业为对象而建立的、以本学科相关信息为基本内容的数据库。学科建设是高校发展的命脉，每个高校都有自己的办学特点和不同的重点学科，每个高校图书馆也都会根据本校的特色学科收藏文献资源，形成较为丰富的馆藏文献。云南大学图书馆的"西南民族研究文献特色数据库"依托于国家级重点学科—民族学和教育部社科重点研究室—西南边疆民族文研究中心，整合了民族学相关文献资源，为教学和科研服务；昆明理工大学图书馆的"冶金专业硕博士学位论文全文库"依托于国家级重点学科——冶金工程，收集了大量学科相关的学位论文文献资源；云南民族大学图书馆的"西南少数民族特色文献数据库"依托于本校的办学特色和优势学科——民族学，收集了西南各少数民族的古籍文献和口头传承整理文献；云南财经大学图书馆的"工商管理学科图书资源库"依托于工商管理特色专业和重点学科，整合了本校馆藏工商管理学科和云南当地工商学科的文献资源；昆明医科大学图书馆的"健康社会科学研究文献库"依托于本校办学特色和重点建设学科，整合了本校相关文献资源、云南省健康与发展研究会文献资源和在线文献资源；云南师范大学图书馆的"能源环境与生物技术特色资源数据库"、云南艺术学院图书馆的"云南民族艺术特色资源数据库"和云南警官学院图书馆的"公安学特色资源数据库"都是整合了本校办学特色和优势学科的文献资源，为本校重点学科教学科研提供文献支持。

（2）馆藏特色数据库

馆藏特色数据库是以馆藏某种文献的优势为依托而建立的数据库，所收录的资源都是本馆所特有的，其他馆所不具备或只有少数馆具备的，或散在各处、难以被利用的特色馆藏。云南各高校根据自己的学校特色和办学历史，结合自己的特色馆藏，建立了一大批特色馆藏数据库，例如云南大学的"云大文库"、"精品期刊"和"自制电子资源"，云南师范大学的"西南联大文库"、"古籍文献"、"西南联大特藏"和"伍谢瑞芝书库"，云南财经大学的"云财文库"，云南农业大学的"云南农业大学文库"，楚雄师范学院的"师院文库"等特色数据库都是在本校经典馆藏的基础上建立的文献信息资源库。

（3）地方特色数据库

地方特色数据库主要收录反映特定地域的政治经济、历史文化、文学艺术、自然资源、地理环境、山水风貌、名胜古迹、民族宗教、人物典故、风土人情、物产资源、重要人物事件及方言等各方面的文献资料。云南各高校结合自己的地域优势，建立了众多包含地域资源、文化和突出地方特色的文献特色资料。如云南大学的"云南特色花卉研究数据库"，云南师范大学的"西南当代文学艺术文库"、"云南民族教育特色数据库"、"云南当代文学艺术文献信息中心"和"昆明中日交流之窗"，云南财经大学的"云南地方经济文库"和"东盟数据库"，云南农业大学的"云南生物多样性文库"和"农耕文化展数字化收藏"，云南中医学院的"云南地产中药（民族药）数据库"和"云南少数民族医药单验方数据库"，大理学院的"南诏大理文献专题数据库"，文山学院的"文山民族资源数据库"，红河学院的"哈尼文献数据库"，楚雄师范学院的"地方文献"，昆明学院的"云南旅游研究文献数据库"，昭通学院的"昭通地方文献资源数据库"，普洱学院的"普洱民族文化特色数据库"等特色数据库整理收录了云南地区大量的地方特色文献，为云南文化研究提供信息服务。

（4）专题特色数据库

专题特色数据库是根据本馆的条件，为了满足读者的特定需求，围绕某一特定的研究专题而建立的数据库，可以为特定用户和特定任务提供有针对性的专题信息服务。如云南大学、昆明理工大学、云南财经大学和云南农业大学均收集、整理、加工了本校博士、硕士研究生的学位论文，建立了相应的学位论文资源库为师生提供信息服务；根据师生的信息需求，云南大学建立了"CALIS导航库"、"禁毒防艾库"和"机构知识库"，云南师范大学的"智者书林"，云南农业大学的"教学参考资料互动平台"，楚雄师范学院的"四部系列"和"彝族文献"，昆明医科大学建立了本校的"2003–2013年SCI收录论文题录集"，充分反映和彰显了学校的教学科研成果。

12.2.2 特色数据库数据资源类型

云南高校图书馆特色数据库文献类型多种多样，除有图书、期刊、论文和报纸，很多特色数据库还搜集了大量有特色的手稿、人物名师、地方志等资源，构成了具有音频、视频等丰富多媒体信息的特色库。根据CALIS专题特色资源数据库网站和云南高校图书馆共享平台特色库网站上的数据统计，云南高校一共建立了133319本图书、315010篇期刊论文、26918篇学位论文、1748篇会议论文、24910份报纸、4765份视频资料、1781位人物名师、21854份手稿、5274份图像资料、4083份网络资源、229份音频资料、3012份地方志，总文献资源记录共542903条，成果显著。

12.2.3 特色数据库网站建设

特色数据库网站是特色数据库的服务窗口，必须以方便读者获取所需资源为宗旨，结合服务模块合理排版布局,根据资源分类设置清晰明了的导航栏目,并设计快速多样的检索途径,提供题名、作者、摘要、出版者、关键词、中图分类号和刊名/书名等关键检索字段。特色数据库网站应该整合各种资源库,实现对多种类型资源或多个数据库的跨库检索,方便读者一站式检索和使用特色资源。由于外网IP限制,无法对部署在内网上的特色数据库网站进行访问和检索,在能公开访问的网站中,CALIS三期特色资源数据库子项目建设支持下的14所高校的19个特色数据库建立了较为完善的网站,资源组织分类清晰,导航效果良好,检索功能较为丰富,统一提交了文献资源的元数据,构建了统一的公共检索平台。其余没有参与CALIS建设的资源库则只建立了简单的网站,资源导航和检索功能仍需进一步加强。

12.2.4 特色数据库系统平台

在CALIS技术中心的指导下,参与CALIS特色数据库建设的云南高校各图书馆均采用了符合CALIS标准的系统平台进行建设,如北大方正电子有限公司的德赛特色资源库建设系统,清华同方知网技术有限公司的TPI信息资源建设与管理系统,成都联图科技有限公司的RISS2(锐思)资源建设与服务平台,这些系统平台均包含了资源采集系统、资源加工系统、资源标引著录系统、资源发布与检索系统、用户认证、权限和角色、系统管理和开放元数据接口等功能,并提供统一的元数据标引著录规范,统一的OAI收割接口、METS收割接口、OpenURL接口认证和统一认证接口,读者可以登录公共检索平台进行跨库资源检索,找到需要的文献后申请全文传递服务。而其他特色数据库采用的系统平台参差不齐,功能有限,导致数据标引不规范,检索功能不完善,不利于共建共享。

12.3 云南高校特色数据库建设存在的问题

特色数据库的建设是一项系统工程,建成后需高校继续投入建设,持续运行维护,长期服务。云南高校图书馆特色数据库建设虽然取得了一些成绩,但同时也存在一些问题。

12.3.1 部分高校建库意识较弱,特色库数量明显偏少

从表4.35可以看出,云南现有高校67所,拥有图书馆特色数据库的高校仅17所,比例不到1/4。38所高职高专和7所独立学院均未建立自己的特色数据库,22所本科院校中,还有5所高校未建特色资源库。仅建立了48个特色数据库,与省外经济发达省份相比,数量偏少。

12.3.2 地区发展不均衡,专业性较低

拥有特色数据库的高校大部分集中在昆明地区,其他地区仅有大理学院、文山学院、昭通学院、普洱学院和楚雄师范学院等少数几家图书馆建设了少量特色库。云南地处西南边陲,具有其相对的地域优势,素有"有色金属王国、植物王国、动物王国"的美誉,丰富而绚丽多彩的少数民族文化资源在全国独具特色,蕴藏着丰富的自然与人文地理、动植物、矿产水利、民族历史、语言文化以及旅游等多方面的资源。而目前针对这些资源建设的特色数据库仅有几个,相对可开发资源总量来说,数量明显偏少。而已经开发的特色库中,与学校的特色学科专业结合不够紧密,缺乏学术深度,不能为师生提供更好的服务。

12.3.3 数据标准化程度不高,不够规范

高校图书馆在进行特色数据库建设时,按照元数据标准和著录规范对相关的文献信息资源进行加工、整理和组织,虽然CALIS项目组制订了一系列的标准和规范,但在实际的实施过程中,部分高校缺乏对资源组织的规范化与标准化,存在标引不规范等问题,已建特色库大都是在各自的系统平台进行建设,没有统一标准,导致特色库资源不能被有效地检索利用,缺乏共享而形成"信息孤岛"。

12.3.4 存在重复建设现象

在已建成的特色数据库中, 云南大学的"西南民族研究文献特色数据库"和云南民族大学的"西南少数民族特色文献数据库"均是有关西南少数民族文献资源的搜集、加工和整理方面的数据库, 如果能建立联合共建共享模式, 有效分工合作, 就能够在共建时避免资金和人力的重复浪费, 共享时能促进学校之间更多的学术交流, 达到资源利用的最大化。

12.3.5 资源利用率不高

在已建成的48个特色库中, 仅有19个特色库提供读者上网浏览、检索和全文传递服务, 而且大多数特色库是自建自用, 有内外网IP限制, 对校外读者限制较多。已建特色数据库存在数据质量不高、信息不完备、检索不方便、全文保障率不高、不能正常提供访问等许多问题, 加之宣传推广力度不够, 导致师生对已经建成的特色数据库利用率不高。

12.4 云南高校图书馆特色数据库建设对策

随着我国高等教育事业的飞速发展, 特色办学已经成为国内高校的生存策略和发展战略。将自己拥有的具有特色的信息资源数字化, 建立特色数据库来为读者、教学和科研提供更好的服务, 是特色库建设的最终目的。

12.4.1 提高认识, 加大投入, 联合共建, 加快建设步伐

利用信息技术自建特色数据库是开展数字图书馆建设的必由之路。云南高校图书馆管理层应该充分认识到本省高校数字资源建设的差距, 加大资金投入, 进一步完善硬件设施, 加强馆员培训的力度; 采用图书馆馆际之间联合、图书馆与档案馆、学院等联合的多种联合共建共享模式, 完善共建共享机制, 加大特色数据库建设进展, 确保特色库建设按预期目标顺利进行和完成。

12.4.2 加强标准化建设, 促进共建共享

CALIS高校专题特色数据库遵循"分散建设、统一检索、资源共享"的原则, 制订了一系列的建库标准, 建成一批特色资源数据库, 成功构建了统一的公共检索平台。我们在进行特色数据库建设时, 必须严格遵循特色库建设的基本信息规范、元数据规范、对象数据加工规范、资源组织、数据转换、资源检索、资源获取和展现等标准规范, 避免信息孤岛, 最终实现共建共享, 最大限度发挥特色库资源的使用价值。

12.4.3 加强人才培养, 提高信息技术利用水平

高素质的图书馆员队伍是建设特色数据库的核心和关键, 特色数据库建设人员应具备一定的专业知识以及技术技能, 同时对特色库着重的方向和发展动态有比较深入的了解, 能对文献信息进行加工、组织和准确标引。特色数据库建设涉及数据库的开发与管理、数字化资源的加工与处理等, 对建库人员的多媒体技术与计算机技术有较高的要求, 需要技术性人才的参与。因此, 应该对建设队伍进行针对性的定期培训, 促进知识结构互补和更新, 提高业务水平。

12.4.4 加强特色数据库的宣传和推广, 提高资源利用率

与特色数据库建设力度相比, 图书馆对特色库的宣传推广力度明显不足, 这是特色数据库的利用率总体上偏低的原因之一。建库的目的是供读者使用, 特色数据库发布使用后, 图书馆应把宣传和推广放在更加重要的地位, 采取主页宣传和开展使用方法培训等各种方式扩大特色数据库的影响力, 同时利用特色数据库为师生开展课题服务和学科服务等个性化服务方式, 使更多的人认识和了解数据库的价值, 进而利用该数据库。

12.4.5 做好特色数据库的更新维护, 重视评估反馈

数据库建设是一项持续的系统工程, 建成以后还要对其进行更新、维护和数据备份, 对

于数据库建设中出现的一些错误应及时更正,保证数据库质量。通过对特色数据库的评估检查,检测其水平和发现问题找出差距,完善和提升特色数据库的建设水平和效益。特色库网站应该设置点击率、对资源的评价建议和推荐、留言等反馈机制,通过互动交流和对反馈内容的统计分析,安排专门人员定期或不定期对数据内容进行更新追加、清理和修正,结合读者在使用过程中发现的问题和建议确定改进措施,使数据库逐步完善。

总之,特色数据库建设是当前高校图书馆工作的重要任务之一。国家教育部颁布的《普通高等学校图书馆评估指标》中,将特色数据库建设作为一项重要评估指标。针对云南高校图书馆特色数据库建设情况的调查研究,能发现特色库建设过程中存在的问题,并对问题进行分析,提出解决对策,积极推广成功的管理办法和经验,改进和完善特色数据库建设策略,提高特色数据库的科学管理水平,为特色库建设提供智力保障和发展思路,促进特色数据库建设的健康发展。

13　浙江省高校图书馆特色数据库建设研究

国家教育部在《普通高等学校图书馆评估指标》中明确规定:特色数据库的建设是衡量高等学校图书馆建设的重要评估指标。中国高等教育文献保障系统管理中心(简称CALIS),把全国高校专题特色数据库作为重要的建设任务,大力提倡高等学校特色数据库的建设,足见国家有关部门对特色数据库建设的重视。特色数据库的建设,对于高校图书馆充分开发各种类型信息资源,服务高校学科教学与科研,促进地方政治、经济、文化发展方面具有重要意义。立足于浙江省高校图书馆特色数据库的建设现状,对浙江省高校图书馆的特色数据库建设情况进行梳理,对其建设现状进行探讨与分析,以期更好地服务于浙江省内外各级读者。

13.1　浙江省高校图书馆特色数据库的建设现状

浙江省目前共有高校78所(包括高职院校),网上查询到已有36所高校建立了57个特色数据库,隶属于浙江省高校数字图书馆(简称ZADL)共有33个特色数据库,见表4.37。

表4.37　浙江高校图书馆特色数据库一览

单位名称	数据库数量	特色数据库名称
浙江大学图书馆	4	浙江历史文化研究论著数据库,民国期刊(以江浙为对象)特色数据库,浙江古今学人及著述特色数据库,浙江大学核农业专业数据库
中国计量学院图书馆	1	质量检验特色文献数据库
中国美术学院图书馆	1	美术特色资源数据库
浙江财经学院图书馆	2	浙商数据库,诺贝尔经济学奖文献信息库
浙江师范大学图书馆	1	儿童文化研究特色资源数据库
浙江工业大学图书馆	2	浙江省大学生人文素质教育数据库,浙江省高校信息素质教育资源特色数据库
浙江中医药大学图书馆	1	浙江中医药古籍数据库
浙江工商大学图书馆	1	浙江省高校文库联合目录库
浙江理工大学图书馆	2	纺织服装信息资源特色数据库,浙江丝绸文化特色数据库
浙江传媒学院图书馆	2	传媒特色视频库,电视节目研究数据库
宁波大学图书馆	4	甬江片方言数据库,港口物流特色库,宁波帮自建库,浙东文化数据库
杭州电子科技大学图书馆	1	超声理论与工程应用数据库

续表

单位名称	数据库数量	特色数据库名称
杭州师范大学图书馆	1	音乐学特色资源数据库
浙江农林大学图书馆	1	竹类专题特色数据库
浙江树人大学图书馆	1	浙江省地质资源调查报告数据库
浙江海洋学院图书馆	2	海洋、水产数据库,中国海洋文化专题数据库
绍兴文理学院图书馆	2	陆游研究全文数据库,蔡元培研究全文数据库
湖州师范学院图书馆	4	湖州历史人物研究数据库,矛盾题录库,朱熹题录库,沈行楹联艺术馆
温州大学图书馆	2	民俗学文献与温州地域特色文化资源数据库,温州海洋文化特色数据库
温州医科大学图书馆	1	眼视光学科专题库
嘉兴学院图书馆	1	嘉兴名人研究特色库
台州学院图书馆	2	台州市民营企业信息数据库,佛教天台宗教数据库
丽水学院图书馆	3	刘基研究特色资源库,陶行知研究信息服务平台,畲族研究特色资源库
浙江工业职业技术学院图书馆	1	数字控制技术特色资源数据库
浙江科技学院图书馆	1	浙科院学位论文全文数据库
浙江万里学院图书馆	1	宁波市创意产业特色数字文献资源特色库
浙江水利水电专科学校	1	浙江水利资源数据库
浙江医药高等专科学校	1	宁波医药产销特色库
浙江工商职业技术学院图书馆	1	机电塑料模具特色资源库
浙江机电职业技术学院图书馆	1	机械制造工艺信息与教学资源数据库
浙江商业职业技术学院图书馆	1	中式烹饪特色资源库
杭州万向职业技术学院图书馆	1	万向节特色资源库
宁波城市职业技术学院图书馆	1	休闲旅游特色数据库
宁波职业技术学院图书馆	1	机电模具特色资源数据库
宁波工程学院图书馆	2	浙江慈善文化特色资源数据库,宁波化工产业特色数据库
温州职业技术学院图书馆	1	温州职业技术学院优秀毕业生论文库

13.2 浙江省高校图书馆特色数据库建设现状分析

13.2.1 特色数据库的选题丰富多彩

特色数据库是指图书馆根据本馆所处的地理位置、历史传统及其主要读者群的需要,在收藏文献资料过程中有意识地选择并逐渐形成的具有一定特点和优势的馆藏体系。正因为如此,浙江省高校图书馆特色数据库的选题呈现出百花齐放的特点:①依托高校所在地区历史文化和社会经济建立起来的地方文献数据库,如浙江大学的浙江历史文化研究论著特色数据库,浙江财经学院的浙商数据库,温州大学的民俗学文献与温州地域特色文化资源数据库,台州学院的台州市民营企业信息数据库,湖州师范学院的湖州历史人物研究数据库等;②以特定的服务对象为依托建立起来的数据库,如浙江工业大学的浙江省大学生人文素质教育数据库,浙江师范大学的儿童文化研究特色资源数据库,浙江水利水电专科学校的浙江水利资源数据库,浙江商业职业技术学院的中式烹饪特色数据库,宁波城市职业技术学院的休闲旅游特色数据库,浙江农林大学的竹类专题特色数据库等;③依据重点学科建立起来的特色数据库,如浙江大学的核农学专业数据库,浙江中医药大学的浙江中医药古籍数据库,中国美术学院的美术特色资源数据库,杭州师范大学的音乐特色资源数据库,温州医学院的眼视光学科专题库等;④高校师生的学术学位论文,如温州职业技术学院的优秀毕业生论文库、师生成果展示库,浙江科技学院的浙科院学位论文全文数据库等。

13.2.2 特色数据库建设水平与服务水平日臻完善

浙江文化底蕴深厚,经济、科技发达,这为浙江省高校图书馆特色数据库的建设提供了肥沃的土壤。目前,浙江省高校图书馆已建立特色数据库57个,涵盖了历史、经济、烹饪、音乐、文学、旅游、商业、民俗、海洋、农业、传媒、美术、人物等专题。其中,隶属于浙江省高校数字图书馆(ZADL)的特色数据库共有33个,浙江省高校图书馆协会分别在省中心、下沙中心、滨江分中心、小和山分中心、宁波分中心、温州分中心等地完成了数字图书馆服务平台硬件的配置与安装,培养了一支专门服务于数字化管理的人才队伍,基本建成了覆盖全省高校图书馆的数字化文献信息库和数字化服务共享体系,这为特色数据库与数字图书馆的统一检索、联合目录、参考咨询、馆际互借等服务和应用奠定了坚实的基础,特色数据库的建设水平与服务水平日臻完善。

13.2.3 特色数据库的入藏呈立体化倾向

特色数据库通常是围绕某一主题,将多种信息资源进行集成,同时综合了多种形式而成的信息资源几何体。浙江省高校图书馆特色数据库除了收藏图书、期刊、会议记录、论文集等传统文献类型以外,有些数据库还收入了图片、音频、视频等信息,成为名副其实的多媒体特色数据库。如浙江海洋学院的海洋水产数据库、浙江理工大学的纺织服装特色库、浙江传媒学院的电视节目研究等特色数据库入藏了丰富多彩的图片、音频、视频等信息,极大地深化了特色数据库所蕴涵的广度与深度,更好地满足了用户对特色数据库不同层次与不同维度的需求,凸显出立体化的入藏倾向。

13.3 浙江省高校图书馆特色数据库存在的问题及建设对策

13.3.1 注重统一性与标准化

特色数据库的建设,往往牵涉到不同的建设主体与不同的建设单位,这容易形成标准不一的状况。因此,特色数据库的建设必须遵守统一性与标准化原则,即特色数据库的开发与建设必须遵守统一的网络传输协议和数据加工标准,履行国际数字图书馆的建设标准和CALIS特色数据库的建设规范。目前,浙江省有36所高校共建设了57个特色数据库,隶属于浙江省高校数字图书馆(ZADL)旗下的特色数据库共计33个,这33个特色数据库在开发建设过程中较好地遵守与执行了统一性与标准化原则,但同时也在这方面存在一些问题。正因为如此,高校特色数据库建设必须遵循统一性与标准化原则,这是大势所趋。只有这样,才能打造出高素质、高水平的特色数据库。

13.3.2　遵循分工协调共建共享的原则

浙江省高校图书馆特色数据库不可避免地存在分工不畅、各自为政的情况。为了避免高校图书馆特色数据库的重复性建设,各高校图书馆必须做到协调管理、分工合作、联合互助、共建共享。特色数据库的建设要从全局出发,统筹规划、合理布局,有重点有组织地进行,最终建成一体化功能的特色资源体系。浙江省高校图书馆特色数据库应尽可能纳入到浙江省高校数字图书馆(ZADL)的统一管理之下,让特色数据库能够物尽其用,物有所值,尽最大的可能产生最大的社会效益与经济效益。

13.3.3　狠抓安全性与实用性

安全性与使用性是高校图书馆特色数据库建设过程中所必须考虑的问题。高校图书馆在进行特色资源数据库建设时,需对海量的数字资源进行采收、加工、储存、送传和管理,并对终端用户提供各种信息服务。因此,加强特色资源数据库的系统安全工作显得十分重要。同时,特色数据库在建设的过程中要考虑到实用性原则,即根据当地的文化优势与文化特色和社会需求来制定科学合理的信息资源建设体系,要做到物尽所用、物尽所值。

13.3.4　重视知识产权保护

以前,许多高校图书馆特色数据库的建设不太重视知识产权保护。其实,特色数据库的建设艰巨异常,要耗费大量的人力、物力与财力,为捍卫与保护自己的劳动成果,知识产权保护应成为特色资源数据库建设的重大问题。各高校图书馆应该熟知与知识产权法相关的法律、条例、规则,遵守与履行数字图书馆建设相关的知识产权法律法规,减少可能发生的麻烦。

13.3.5　加强宣传推广

目前,浙江省很多高校图书馆特色数据库在宣传语推广上做得不够。好酒也怕巷子深。高校图书馆特色数据库建设的最终目的是为广大用户服务,因此,有必要加强对特色数据库的宣传与推广。各高校图书馆要利用好报纸、广播、电视、网络、博客、微博等传播媒体与传播方式,介绍特色数据库的特色属性及使用方法,扩大与推广特色数据库建设的影响力,从而最大限度地实现特色数据库的价值。

国家图书馆馆长周和平先生曾对中国数字图书馆发展作出如下评价:"我国的数字图书馆建设,无论是数字资源建设、技术研发,还是服务等方面并不落后。但从加快发展的现实需要出发,我国数字图书馆的建设还存在不少问题。目前,我国的各大数字图书馆已初步建了海量数字资源。但由于标准规范不一,未能按统一的技术规范进行整合,许多资源无法实现共享和有效利用。因此,抓紧制定和出台数字图书馆建设的主要标准规范,成为当务之急"。正因为如此,浙江省高校图书馆在建设数字图书馆与特色数据库之时,一定要统一好数字化文献资源库和应用服务体系,做到合作共建;整合好全省可用资源,做到资源共知,依托好门户提供一流资源和联合服务,做到服务共享。只有这样,才能做好浙江省高校图书馆数据库的建设。

14　贵州省高校图书馆特色数据库建设研究

近年,贵州各高校的科研成果中,明显突出了贵州社会经济、文化、教育的地域性研究特点,各高校图书馆在文献收藏中也特别注重对地方特色文献的搜集整理。图书馆在完成了自动化、网络化基础建设后,逐步将特色库作为资源建设的一个重点。

14.1　贵州高校图书馆特色资源建设现状

14.1.1　贵州高校图书馆特色资源建设已有的成果

贵州省现有本科院校18所,其中9所是省直属高校,9所是近年合并升格的新建本科院校。贵州省直高校图书馆已建成并在主页上提供利用的主要特色库见表4.38。

从表4.38不难看出,省直高校图书馆的特色库大多数是依托本校办学的积累,结合学科专业特色建立起来的。

表4.38　贵州省高校图书馆特色数据库一览

单位名称	数据库数量	特色数据库名称
贵州大学图书馆	1	贵州大学硕士学位论文库
贵州师范大学图书馆	3	贵州省地方志全文数据库,基础心理学专业系列数据库,贵州省文史资料选辑数据库
贵州医科大学图书馆	3	贵州医科大学"教学成果","科技成果"数据库,贵医研究生论文数据库
贵阳中医学院图书馆	4	苗族医药文化数据库,贵州省道地药材数据库,中医五行说数据库,大学生素质拓展平台
贵州民族学院图书馆	5	民族网站导航,民族文化图片资料,民族文献信息资料,民族文化音像资料,师生论文库
贵州财经学院图书馆	5	贵州哲社获奖成果全文库,贵州财经学院学位论文数据库,贵州省情文献篇名数据库,贵州财经学院教师科研成果目录数据库,贵州财经学院学报数据库

14.1.2　贵州高校图书馆新建的特色资源库

目前,贵州省高校图书馆的特色库建设步入了一个快速发展期。以2011年CALIS三期特色库建设项目立项来看,贵州高校就有6个子项目,详见表4.39。

从表4.39可以看到,各馆特色库建设仍是依托学校的优势学科和本馆地方特色资源的积累。同时,新建院校也在着手建设特色库。

表4.39　CALIS三期贵州高校立项的特色数据库

单位名称	特色数据库名称
贵州师范大学	贵州全省地方志全文数据库建设
贵州医科大学	贵州省医学昆虫(蚊类、蚋类)标本网络资源数据库
凯里学院	苗族侗族文化专题数据库
贵阳学院	贵阳文化特色数据库
兴义民族师范学院	贵州省黔西南州地方古籍文献数据库
贵州民族学院	傩文化专题数据库

14.2　贵州高校图书馆特色资源建设的问题

14.2.1　特色资源基础薄弱

贵州省18所本科院校中,纸本馆藏达到200万册以上的有2个,150万册左右的有2个,大多数院校图书馆的纸本资源积累均在70万册上下,值得注意的是这样的文献储备量有不少是在近年本科教学水平评估指标中"生均占有图书"要求下突击建设的结果。没有量的积累就难以有质的提升,在基础藏书量缺口较大的前提下,特色资源的储备薄弱是较为普遍的问题。

14.2.2 特色资源的界定不一

教学参考书、教师论著、随书光盘、音视频资源、古籍检索、学科导航、学位论文、联合目录等是否属于特色数据库,各家观点不一,在申报教育部高校图书馆事实数据库时,这一项数据库的理解也存在较大差异。贵州各高校在特色库建设中对此也没有定论,因此,仍有不少学校花费大量人力物力建设随书光盘、师生论文等数据库。

14.2.3 馆际横向合作不足

共建共享作为一种理念已深入人心,但在特色资源建设中,共建共享却因体制因素的干扰,举步维艰。以地方志类地方文献为例,各校图书馆都在积极收藏并加以数字化,而贵州师范大学的全省地方志数据库建设已接近尾声;再有,各校图书馆都挤出经费到地方出版社搜集本土出版的图书,并将其纳入特色库,这就造成了资源建设的重复。由于没有形成共建的合作,共享就只能停留在口号上。

14.2.4 建与用的有效机制不健全

由于目前所建的特色资源大多只允许局域网内部访问,加之资源库存储量和检索便捷等问题还有待改善,很多特色库的利用情况不乐观。在实际利用中,除用户需求不足外,还存在许多客观的(如网络、终端硬件)和主观的(如资源宣传推介不够、用户利用习惯)阻碍因素,造成利用不畅,也因此造成用户流失。

14.3 特色库建设的思考与对策

14.3.1 科学选定特色库建设项目

特色建设强调"人无我有,人有我优",目前已有的高校特色库中汇集性资源居于主流,主要有三大类型:一是学科特色库,二是地方文化特色库,三是独有资源特色库。其中学科特色库所占比例约在2/3。贵州高校图书馆的特色库建设应充分开展前期调研,要充分考虑长效建设的可行性、可用性,要避免盲目建设造成无特色、无规模、无价值的"三无"数据库。

14.3.2 做好特色库建设规划

做好建设的规划是建好特色库的前提。特色库建设是耗费人力、财力较高的项目,要注重建设的效益,避免短期建设行为,应将特色库建设纳入图书馆整体资源建设规划中,从图书馆整体资源建设和持续发展的角度长效规划,通盘考虑人员队伍、设备配置、管理机制、建设流程和建设阶段及建设周期等问题。

14.3.3 重视特色资源的保障体系建设

特色库建设的基本保障至少应当包括经费、技术和服务队伍三个方面。特色库建设不能完全依靠短期的项目资金来提供长期的建设和服务,其建设和维护经费应纳入图书馆业务专项费中。目前,特色库建设对外包的技术依赖较强,特色库建成以后的维护、更新、平台升级等技术问题会长期存在,技术支持(如:响应时间、解决办法、支付与补偿等)必须在委托合同中落实。无论技术如何变革,服务队伍始终是保障服务水平和质量的重要因素。从原文献搜集到提供服务的每个环节,机器都不可能取代人的主观能动性,因此,在建设特色库中必须重视服务队伍的配备和培训。

14.3.4 加强建设过程的细节管理

首先,规范数字化和特色库建设标准。文献数字化流程基本包括原文献搜集、整理,前期模数转换处理,后期数据标引建库和文献复原和信息发布等步骤。特色库建设的任务就是构建特色资源的对象数据和元数据,因此,特色库建设无论是自行加工还是外包加工,在设计方案时都应遵照《中国数字图书馆标准规范建设》项目所推荐的相关标准和CALIS特色库项目制定的特色库建设系列规范文件，如：《特色库子项目本地系统基本技术规范》、《特色库子项目描述元数据规范及相关规则》规范相应数据格式与建设标准。其次，建立适度的法律保护制度。依据《著作权法》是特色库建设必须高度重视的，而适度的法律保护是完全必要的。《著作权法》的"汇编作品"规定较切合特色库的特点和法律保护需要的。首先，因特色库的创作模式不一、作品类型各异，在权利主体的确定上，可由高校（图书馆）、委托单位（或个人）、个人（或团队）制作者来分享不同的权利归属。其次，在权利内容上，权利主体本应享有版权法所规定的所有相关权利，但基于高校特色库的公益服务性质，制作的数据库不可能不发布，因此，权利人享有的人身权主要指署名权、修改权和保护作品完整权，而财产权权利行使是受到极强限制的，但这并不意味着完全不具有，相关权利人起码可依法保有排除他人获取相关财产权的权利，保证用户可免费使用特色库资源。第三，重视纸本资源重组排架与数字资源的对应关系。对建设过程的管理和对细节的控制是建立适于用户利用又便于与数字资源同步的管理方式的关键所在。许多图书馆建特色库时，同步将对应的纸本特藏单独开辟出来。这时要重视特色库建设的数字资源标引标准、MACR的特有字段区分规范、资源的检索点设置、纸本馆藏标签更换以及馆藏地址变更，也要重视（纸本）资源重组时的排架组织。以贵州学院图书馆"王阳明研究特色库"为例，特色资源的分类号和排架号仍沿用筛选前的，没有对数据字段进行标识，仅更改了馆藏地址，新组建的"王阳明研究专题阅览室"也沿用了原来的分类排架规则。但在实际利用中，我们发现，数字资源和纸本资源的对应关系也应做出规范化管理，图书馆员习惯用分类法途径查找资源，研究者多习惯于按四角号码或汉字笔画笔顺来查找纸本资源，因此在纸本资源的排架组织中，需要从分类、字顺、主题等途径进行综合考虑，确定组织规则和操作细则，并在特色库的利用中不断加以完善。

14.3.5 建立健全共享机制

贵州经济基础薄弱，信息化、数字化起步晚，特色地方文献分散，加强合作，以有限的投入换取建设的成果，是现阶段的需要。然而，在CALIS特色库建设项目三期申报期间，贵州省共有6所院校申报了子项目，却没有一个是联合建设项目。在建设地域特色数据库时，要以提供地方经济建设服务为宗旨，其建设应重视打破严格的行业界线，高校图书馆应积极与公共图书馆、博物馆、档案馆寻求合作共建，汇聚建设地方文化资源总库。有些被视为镇馆之宝的独有资源，可能分散在若干学校图书馆中，例如："苗族侗族文化"文献的收藏，在贵州民族学院、凯里学院、黔南民族师范学院等都有收藏，其数据库建设也应走联合建设之路，才能建出质量。应总结和借鉴"贵州数字图书馆"和"贵州省科技文献共享平台"的建设经验，构建特色库的省级中心组织和政策体系，建设省特色资源联合库，实现各馆特色资源的优势互补，以共享方式供省内成员馆免费利用。

总之，"服务"是图书馆永恒的主题，高校图书馆的特色资源建设与其他所有资源一样是以用户利用为目的的。特色库的建设还要充分考虑用户利用的保障机制建设，要建立用户参与的评价机制，特别要顺应开放存取服务的时代潮流，制定合理的校外用户利用规范，使所建的资源用起来、活起来。

15 海南省高校图书馆特色数据库建设研究

同国内其他省份高校图书馆相比，海南高校建馆历史较短，信息网络建设起步晚，文献资源相对匮乏。但在特色数据库建设方面并不落后，2001年网络化建设基本任务完成后，海南高校图书馆就分工协作开展了特色数据库的建设，采取了联合共建的方式，建立起一批具有地方特色的专题文献数据库, 成绩显著。

15.1 海南高校特色数据库建设现状

通过访问主页、电话采访、搜索引擎等方式, 对海南高校图书馆的特色数据库建设情况进行了调查。结果显示, 海南有12所高校图书馆建有37个不同类型的特色数据库(见表4.40), 占所查询的20所高校图书馆的66%。其中海南大学、海南师范大学、海南医学院、琼州学院、海南政法学院、海南经贸职业技术学院、琼台师范高等专科学校、三亚学院等8所院校联合共建的"海南地方特色文献数字资源库群", 目前已有10个特色数据库, 是海南高校图书馆数字化建设的重要项目。该项目在2002年开始启动, 目前已进行了第三阶段的建设, 取得了一定成效。现在正准备申报CALIS "十二五"特色专题数据库建设的子项目。海南外国语职业图书馆无特色数据库, 海南广播电视大学、海南科技职业学院、海南工商职业学院等3所学校图书馆无独立主页, 无特色数据库, 少数图书馆的主页无法打开, 特色数据库的建设情况不详。通过对上表的分析发现, 海南省高校图书馆现有特色数据库主要有以下几种类型:

表4.40 海南省高校图书馆特色数据库一览

单位名称	数据库数量	特色数据库名称
海南大学图书馆	9	海南旅游数据库, 海南热带农业数据库, 热带海水养殖数据库, 海南低碳数据库, 张云逸专题数据库, 罗门蓉子诗集数据库, 海南记忆网, 海南大学学位论文数据库, 随书光盘数据库
海南师范大学图书馆	10	海南历史文献数据库, 海南报刊资料数据库, 海南图书内篇目题录数据库, 《海南日报》索引数据库, 海南现代文学馆数据库, 海南抗癌药用植物资源数据库, 海南有毒野果图数据库, 海南师范大学科研图书数据库, 海南师范大学学术论文数据库, 海南师范大学硕士学位论文数据库
海南医学院图书馆	5	海南热带医学特色文献数据库, 南药资源库, 黎药资源库, 海南医学院科研成果(专著)数据库, 海南医学院科技成果(论文)数据库
琼州学院图书馆	2	海南少数民族全文数字资源库, 重点学科导航
海口经济学院图书馆	1	海经院教学科研全文数据库
三亚学院图书馆	1	热带旅游资源数据库
海南经贸职业技术学院图书馆	1	海南地方特色经济贸易文献数据库
海南软件职业技术学院图书馆	1	海南软件职业技术学院科研成果档案数据库
海南职业技术学院图书馆	2	汽车库, 珠宝库
琼台师范高等专科学校	1	琼台书院特色数字资源库
三亚航空旅游职业学院图书馆	1	学科导航
海南政法职业学院图书馆	3	海南地方法规数据库, 法律职业教育研究数据库, 学院科研成果数据库

15.1.1　以学校自身特色和专业学科为背景的数据库

这类数据库主要以学校办学特色和有关学科专业的建设情况为背景进行规划建设,能为学科发展提供文献信息服务。如海南大学图书馆的"海南热带农业数据库"、"热带海水养殖数据库",海南医学院图书馆的"海南热带医学特色文献数据库",海南政法职业学院图书馆的"法律职业教育研究数据库",海南职业技术学院图书馆的"汽车库"和"珠宝库",海南经贸职业技术学院图书馆的"海南地方特色经济贸易文献数据库"等。

15.1.2　学校教学科研成果数据库

这类数据库集结了学校教师在教学科研方面取得的成果,能够反映出一个学校的教学科研水平。如海南师范大学图书馆的"海南师范大学科研图书数据库"、"海南师范大学学术论文数据库",海南医学院图书馆的"海南医学院科研成果(专著)数据库"、"海南医学院科技成果(论文)数据库精品课程知识库",海南政法职业学院的"学院科研成果数据库",海南软件职业技术学院图书馆的"海南软件职业技术学院科研成果档案数据库"等。

15.1.3　学位论文数据库

海南高校中只有海南大学有博士学位授予权,因此海南大学图书馆的"学位论文数据库"收集了该学校的博士、硕士和优秀学士学位论文;海南师范大学图书馆建有"海南师范大学硕士学位论文库"。这类数据库在一定程度上反映学校学位论文的学术科研水平和教育培养质量。

15.1.4　馆藏特色数据库

图书馆在长期的发展过程中,积累了一些具有特色的文献资源,形成了馆藏特色。这些资源展示了馆藏亮点,是其他学校图书馆不具有的。如海南师范大学图书馆的"海南报刊资料数据库"、"海南图书内篇目题录数据库"、"《海南日报》索引数据库"等。

15.1.5　地方特色文献数据库

为地方社会经济发展服务是地方高校图书馆的职责,因此地方高校图书馆要充分挖掘地方文献资料。这类数据库集中反映了历史传统文化和地域特色,反映了地方政治、经济和文化发展。海南高校图书馆在海南地方特色文献数据库方面的建设力度较大,已建成了一些有一定影响的数据库。如海南大学图书馆的"海南旅游资源数字资源库"、"海南记忆网",海南师范大学图书馆的"海南历史文献数字资源库"、"海南现代文学馆",海南医学院图书馆的"南药资源库"、"黎药资源库",琼州学院图书馆的"海南少数民族数字资源库",琼台师范高等专科学校图书馆的"琼台书院特色数字资源库"等。

15.2　海南高校特色数据库建设存在的问题

调查中发现,海南地方特色文献数据库的建设存在不少问题,主要有:

15.2.1　经费严重不足,建设能力参差不齐

同内地发达省份相比,海南经济还相对落后,高校经费还相当紧张。海南地方特色文献数据库群作为海南省教育厅和高校图工委的重点项目,每个子项目在第一期和第二期建设中都只有3万元的经费。从2002年到2008年两期建设总共投入了30万元的经费。到了第三期,由于增加了5个专题库,每个数据库的投入只有2万元,10个数据库也只有20万元。投入的经费总额是增加了,但每个库的相对投入量却少了。这同内地一些发达省份相比,差距悬殊。比如"十五"期间,江苏省教育厅共投入JALIS二期数字图书馆建设项目34项,经费共计1355万元,其中特色数据库建设4项,计161万元。海南地方特色文献数字资源库建设经费严重不足,已经影响了数据库各项工作的正常开展。各承建高校显现出不同的建设水平和能力。海南各

高校的发展历史不同,各图书馆的实力存在很大差距。本科院校人才队伍和资源都比高职高专院校要强。因此在技术力量、基本的软硬件、对数据库建设的认识、发展规划等方面,高职高专院校的建设特色数据库的能力明显落后于本科院校。

15.2.2 特色数据库规模小,数据量少,整体水平不高

虽然海南高校图书馆建设特色数据库已经开展了不少年,但是大部分规模还小,数据量较少。比如:海南师范大学图书馆的"海南抗癌药用植物资源数据库"仅有120条数据,海南大学图书馆的"张云逸专题数据库"内容简单。海南高校图书馆目前还没有参与CALIS"十五"全国高校专题特色库立项项目,也还没有参加CALIS全国学位论文服务系统建设,有些高校图书馆甚至还没有建设特色数据库。这些都反映了海南省高校图书馆特色数据库建设的整体水平不高。

15.2.3 重复建设严重,共享效益很不理想

从表4.40中可以看出,特色数据库交叉重复建设现象相当严重。比如,海南大学的"海南名胜古迹游"的解说词与海南师范大学图书馆的历史文献内容重复,琼州学院的少数民族史中有许多的黎族历史等内容与海南师范大学图书馆的历史文献数字资源库内容亦有交叉。海南大学图书馆的"海南旅游数字资源库"和海南大学三亚学院的"热带旅游资源数据库",明显重建,琼台师范专科学校的"琼台书院特色资源数据库",很有地方特色,而且能充分体现该校的办学历史,但是内容与海南师范大学图书馆的历史文献数字资源库内容亦有交叉。海南大学图书馆的"海南记忆网建设"基本是重复了海南师范大学图书馆的历史文献数字资源库和琼州学院图书馆的"海南少数民族数字资源库"中所建设的内容。特色数据库的建设普遍存在重建轻用、宣传推广力度不够的现象,缺少宣传,致使建立的数据库不为读者了解,甚至有的数据库根本就不为人所知。加上知识产权、发布平台等方面的原因,向社会开放的程度不够、影响力小、联网使用率低,导致共享效益低。

15.2.4 数据更新维护滞后,硬件设备,尤其发布平台不稳定

缺乏数据维护意识,造成了数据库数据更新滞后的问题,图书馆自建数据库根本无法与每日更新的商业数据库相提并论。具体表现为:数据库中最新数据无法得以体现,错误数据没有得到及时更正。海南高校图工委组织各高校统一购置的北大方正德赛(DESI)数据库创建及发布软件组群,虽然在当前国内业界技术领先,但由于该软件的设计思想最初是基于电子图书加工流程开发的,与科技论文数据库的功能、多媒体资源整合功能要求有较大的距离,虽然在建设使用过程中,不断进行改版和升级,但软件系统功能还是存在很多不完善的技术问题,显示出不适合于制作特色数据库。因此进入第三阶段,海南高校图工委根据各建设单位的意见,正准备选用DIPS数字文献处理系统。

15.3 加强海南高校特色数据库建设的对策

海南是地方文献的宝库,是特色资源的汇聚地。这些年高校发展很快,图书馆工作必须迎头赶上。其中,特色数据库的建设不仅是提高本省高校教学科研水平的主要资讯支撑,而且还是全国乃至全球高校了解海南的地方文化、区域优势资源的重要信息窗口。今后的发展对策主要有:

15.3.1 加强组织领导,实现资源共享

首先,海南省教育厅和高校图工委有必要进一步加强对全省高校图书馆特色数据库建设的领导。要制定全省高校特色数据库建设的长远规划方案和具体的实施方案,规范特色数据库建设。按照"长远规划,整体论证设计,分阶段实施,联合共建"的数字化建设规划要求,

构建科学的管理机制、运行机制、服务机制和评价机制。要对特色数据库的建设情况进行检查、评估、验收,督促各图书馆严格执行CALIS标准规范,实现资源共享,发现问题,总结经验,进一步推进海南省高校图书馆特色数据库的建设。加强对建库人员的技术培训,为特色数据库的共建共享和质量控制提供技术和人力支持;采取有效措施,加强全省高校图书馆之间的合作,实现优势互补,注意解决建设过程中遇到的知识产权保护问题,实现资源共建共享;充分认识特色数据库建设的重要性,争取在人力、物力、财务等方面提供充分的保障。

15.3.2　加强人才培养,为数据库建设提供保障

数据库建设需要有专门的高水平的技术人员,没有高素质的人才就不能建设高质量的数据库。要针对数据库人才知识结构的特点,制定有效的人才培养方案,提高数据库建设人员的理论水平。培养一些对种类文献有精深的了解,熟练掌握文献的著录标引,对各种标准规范有深入研究的人才。数据库建设人才不仅要具备一般图书馆专业知识,而且还要掌握信息技术知识,甚至还要有一定的管理能力和协调能力,数据库建设需要的是复合型的人才。要有组织有计划地安排数据库建设人员到省外进行交流学习,扩大视野,提高业务水平。加强各馆之间的经验交流,更好地丰富建设人员的建库经验。同时要为数据库建设人员创造良好的工作条件,为他们专心工作营造良好的工作氛围。总之要采取各种措施,通过各种方式,培养一支理论水平高、建库技术良好、责任心强的数据库建设队伍。

15.3.3　整合优化数据库资源,实现一站式服务

对一些数据量少、不成体系或内容交叉重复的数据库,要进行合并整合,避免重复建设,把数据库规模做大做强,促进高校图书馆之间联合建库。比如海南师范大学图书馆的"海南抗癌药用植物资源数据库"很有特色且有实用价值,但是规模太小,可与海南医学院图书馆的"南药资源库"、"黎药资源库"整合,优势互补。海南大学图书馆的旅游资源数据库与三亚学院的热带旅游数据库,同是以旅游为内容的特色数据库,应该进行内容整合,可以联合共建。这种整合,可以使特色数据库的内容更加完整、更加系统,特色更加突出,以达到"人无我有、人有我优"的特色数据库建设目标。除了进行内容上的整合,还应充分利用海南高校科研数字图书馆的平台,把全省高校图书馆的特色数字资源,整合到统一检索平台上来,实现资源的一站式服务,把数据库的服务水平提高到一定的水平,方便读者的使用,提高使用效率。通过这一统一平台,打破建库中的各自为政的局面,提高特色数据库的知名度,更好地发挥特色数据库的社会效益,实现共建共享。

15.3.4　重视知识产权问题,讲究实际应用效果

知识产权问题是图书馆特色数据库建设的一大瓶颈。很多数据库建成后无法共享,原因不是在于网络技术问题,而是在于知识产权问题还没有得到很好的解决。海南高校图书馆在特色数据库建设中也注意了知识产权问题,比如海南医学院图书馆通过与作者签约的方式,让文献的作者同意在数据库建设中可以无偿地使用其作品,很好地解决了版权问题。但这种方式也要花费大量的人力、物力,要有相关的行政管理部门的参与。这是好多图书馆无法做到的。目前只有在严格遵守知识产权法相关规定的情况下进行数据库建设。对公有领域的作品,我们可以进行全文数字化,对于无法解决知识产权的作品,我们采取题录、摘要等方式进行建库,这样可以避免知识产权纠纷。只有有效地解决了知识产权问题,数据库建设才能够健康发展,数据库才能够实现全面共享。特色数据库建设的宗旨是为读者服务,发挥社会效益,但数据库建设过程中重建轻用的问题还很严重,好多数据库建成后就闲置起来,不为读者所知,无人问津,造成了浪费。因此大力宣传推广数据库,为读者展示数据库成果,应该引

起高度重视。图书馆的主页应该设有特色数据库的介绍宣传栏,并且要把特色资源设置在重要的位置上,方便读者的利用。要通过各种有效方式,如广告宣传,举办专题讲座等,向读者介绍特色数据库的内容及各种功能,让读者了解掌握数据库的检索方法和技巧。同时要为读者提供良好的服务,能为有需要的读者提供个性化服务。要注意收集读者使用的反馈意见,注意对数据库的修改和维护,不断改进完善数据库,保证数据库的可持续发展。

16 宁夏高校图书馆特色数据库建设研究

特色数据库是图书馆将能反映本馆馆藏特色或专业、学科特征的文献信息资源,通过收集、分析、整理并按照一定的标准和规范数字化,来满足特定用户个性化需求的信息资源库。2004年3月,中国图书馆学会举办了"数字化专题、专藏与特色数据库建设研讨班",从此我国大部分图书馆都将特色数据库建设正式列为图书馆文献信息资源建设工作的重要内容。特别是教育部高等学校图书情报工作指导委员会在颁布的《普通高等学校图书馆评估指标》中,将"有无自建特色数据库情况、数据库正常维护更新"作为一项重要评估指标之后,我国高校图书馆特色数据库建设工作进入了迅速发展阶段,特色数据库建设的重要性被提高到一个新的高度。同时,为了倡导各高校图书馆自建特色数据库,中国高等教育文献保障系统管理中心(CALIS)专设了"全国高校专题特色数据库"。自此我国各地区高校图书馆依托CALIS收集整理特色文献资源,建立相关特色数据库,取得了巨大成果。宁夏位于我国古代陆路"丝绸之路"上,处于东西部交通贸易的重要通道,作为黄河流经的地区,这里有着古老悠久的黄河文明和多姿多彩的少数民族文化风情。历史上党项族就曾在这里建立盛极一时的西夏王朝。目前生活在宁夏回族自治区的有回族、维吾尔族、东乡族、哈萨克族、撒拉族和保安族等信奉伊斯兰教的少数民族,也有信仰佛教、基督教、道教、天主教等其他宗教的少数民族和汉族。这些民族历史悠久,在长期的生产生活中创造了独特的民族文化,留下了大量珍贵的非物质文化遗产。这种地域文化赋予了宁夏地区高校图书馆独特的文献信息资源。为了进一步了解宁夏地区高校图书馆特色数据库建设现状,以宁夏地区高校图书馆为研究对象,通过访问其图书馆主页、引擎搜索、电话咨询等方式,对该地区高校图书馆的特色数据库建设进行调查研究,了解其建设现状、建设特点、建设中存在的问题以及未来的发展方向等,为当地今后的特色数据库建设提供参考。

16.1 宁夏地区高校图书馆自建库概况

根据教育部网站公布的"普通高等学校名单",宁夏地区现有本科院校7所,高职院校8所。其中中国矿业大学银川学院、宁夏防沙治沙职业技术学院、宁夏工业职业技术学院和宁夏民族职业技术学院由于技术等原因没有图书馆主页,因此不在此次调研之中。各院校自建库概况如表4.41。

表4.41　宁夏高校图书馆特色数据库一览

单位名称	数据库数量	特色数据库名称
宁夏大学图书馆	6	宁夏生物制药工程文献数据库,本馆馆藏古籍目录,西夏文化数据库,宁夏科技产出数据库,西夏文化题录数据库,西北地区大学网站罗列数据库资源列表
北方民族大学图书馆	4	回族学,西夏学,宁夏地方文献,随书附件
宁夏医科大学图书馆	1	多媒体光盘资源下载
宁夏师范学院图书馆	1	视频点播

单位名称	数据库数量	特色数据库名称
宁夏理工学院图书馆	2	教学资源，随书光盘
宁夏工商职业技术学院图书馆	1	随书光盘
宁夏职业技术学院图书馆	1	随书附件

　　宁夏两所综合性本科院校学科门类较为齐全。其中北方民族大学有文学、理学、工学、法学、历史学、管理学、经济学、艺术学8个学科门类；有中国少数民族史、计算数学、语言学及应用语言学、计算机应用4个国家级特色专业，购买中外文数据库24种，自建库3种。宁夏大学是宁夏回族自治区与教育部共建的综合性大学，国家"211工程"重点高校，有民族学、水利工程、草学3个博士后科研流动站，8个国家级特色专业，购买中外文数据库17个，自建库5个。宁夏唯一一所医药类本科院校即宁夏医科大学也根据学科特色购买中文数据库7个，外文数据库8个，但是还未建设特色数据库。宁夏师范学院是宁夏唯一的师范类本科院校，购买中文数据库2种，外文数据库2种，图书馆也根据学科特色收集有教师教育、固原历史文化特色文献信息资源，并进行专题库建设，但仅限于纸质文献，尚未将其数字化，很难实现信息共享。另外，宁夏两所理工院校也购买了一种中文数据库，同时通过CALIS宁夏中心共享所有数据库，宁夏理工学院的教学资源和随书光盘特色库正在建设中，银川能源学院还没有开展这方面的工作。除此之外，宁夏8所职业院校也在共享CALIS宁夏中心数据库的基础上，根据自身实力不同程度购买一到两种数据库。但是在特色库建设方面均落后于其他院校，在调查的所有职业院校中，除了宁夏工商职业技术学院建设有随书光盘外，其余职业学院都没有开展特色库建设。

16.2　宁夏高校特色库建设特点

16.2.1　特色库建设处于起步阶段

　　通过宁夏地区高校图书馆特色库的调查数据，可以看出宁夏地区高校图书馆特色库建设正处于起步阶段。宁夏大学、北方民族大学、宁夏医科大学、宁夏师范学院、宁夏工商职业技术学院5所院校已经建设有特色库，宁夏理工学院和宁夏职业技术学院特色库也正在建设中。但其他职业院校、独立院校还没有开展这项工作。跟东部发达地区及全国水平相比，宁夏地区高校特色库建设才刚刚起步，相对还比较落后。

16.2.2　特色库突显地域特色、民族特色

　　高校图书馆作为文献信息中心应担负起保护和传承民族特色文化的责任。宁夏地处我国西部，少数民族种类较多，民族特色突出，民族地方文献也相对丰富且保存完整，为数据库资料的收集提供了便利。这一类数据库基本反映了本地区历史、文化或地方政治、经济等相关内容。宁夏高校特色库建设大都着眼于西夏文化和回族文化，如宁夏大学的宁夏生物制药工程文献数据库、西夏文化数据库、宁夏科技产出数据库、西夏文化题录数据库等；北方民族大学也根据馆藏特色将文献资源数字化建立了回族学、西夏学、宁夏地方文献数据库。

16.2.3　信息参考数据库初现端倪

　　信息参考数据库就是为读者提供参考、决策的数据库或资源。在本次调查中宁夏大学图书馆建设有西北地区大学网站罗列数据库资源列表，为了解西北地区高校图书馆数字资源提

供了参考。可见在宁夏地区,信息参考类数据库已经崭露头角,但发展还有待规模化。

16.3 特色库建设中存在的问题

16.3.1 特色库建设水平相对落后

与国内中东部地区相比,宁夏是一个欠发达地区,地区内各地市经济发展不平衡,从而造成总体上各高校图书馆投入经费有限,各地市高校图书馆发展参差不齐。宁夏高校图书馆目前发展情况特别是自建数据库状况不容乐观,处于相对较低的水平。当中东部地区特色数据库建设如火如荼时,宁夏地区还一片茫然,无从下手。在电子资源数据库方面,也只有北方民族大学、宁夏大学、宁夏医科大学有少数的外文资源数据库;而部分职业技术学院竟然连一个中文数据库都没有。特色数据库建设方面,在本次调查中仅有5所院校真正建有特色数据库,占全区高校的1/3。相对于宁夏蕴藏的特色资源来说,特色库数量偏少。

16.3.2 未能彰显学校教研成果

高校的教研成果反映了该校的科研能力,主要包括:①本校师生撰写的学术著作、论文;②硕博生及本科生学位论文;③学校出版的学报等。在此次调查中,除了北方民族大学正在建设硕士论文库外,其余院校,如宁夏大学和宁夏医科大学虽然科研能力较强,但反映本校教研成果的数据库却是一片空白。

16.3.3 未能体现学校学科特色

特色学科专业的发展不仅是学校发展的基础,还是体现学校办学特色和学科优势的关键,学科特色数据库是指高校图书馆根据自身的馆藏文献资源优势,结合本校教学科研的特点,围绕学校重点特色学科建立的一种具有学科特色的数据库。因此,建设学科特色数据库成为众多高校图书馆自建数据库的主要内容。但在宁夏大学、北方民族大学、固原师范学院这些已经建有特色数据库的高校,均未以学校的学科特色为主题而建库。宁夏大学和北方民族大学仅仅以宁夏地方文化或宁夏民族特色为主题进行建库;而固原师范学院只是以简单的视频点播作为特色数据库。其他专业特色明显的职业院校也没有建设学科特色数据库。

16.3.4 各自为政,重复建设

由于宁夏地区各高校管理机制不同,又分别隶属于不同的部门,各高校图书馆分别履行着管理部门规定的不同职能,没有一个专门机构对图书馆特色数据库建设进行宏观调控,这样造成各成员馆合作较难开展,即使在同一个城市也缺乏沟通。据调查数据显示,只有宁夏大学图书馆、宁夏医科大学图书馆、北方民族大学图书馆合作购买了Springer LINK全文电子期刊、CNKI(中国知网)两个电子数据库。其他多数高校都程度不等地单独购买了中国知网(CNKI)、方正、超星、维普、Springer LINK等中外文电子文献。宁夏地区现在已经有3所高校开展了馆藏特色体系建设,除宁夏师范学院图书馆建设了固原历史文化特色和教师教育特色馆藏体系外,宁夏大学图书馆和北方民族大学图书馆在数据库建设中都是以西夏学、回族学为特色进行数据库建设,造成人力、物力及信息资源的浪费。

16.3.5 经费、人才、技术力量不足

特色数据库的建设涉及众多环节,如经费投入、高素质人才及技术力量等方面。宁夏地区各高校投入到图书馆的经费最多的是一年500万,最少的学校对图书馆的年投入为0;而图书馆员年龄偏大,学历较低,图书馆数字化建设所需的高素质人才严重匮乏;技术力量上超大规模内容数据的管理技术、多媒体技术、人工智能技术和媒体数字化技术落后。由于受经费、人才、技术等诸多因素的影响,宁夏绝大多数的高校图书馆还没有开展特色数据库建设。

16.3.6　重建设, 轻利用

在调查中, 了解到宁夏地区各高校图书馆都很愿意承担建设特色数据库的任务, 也很积极努力地去完成, 但缺乏较好的服务理念, 总认为只要数据库建成、只要拥有特色数据库就万事大吉了, 对后期网络服务平台管理和服务水平不够重视, 使校外或其他高校用户受IP地址限制无法访问本校的特色数据库资源, 造成特色库资源利用率较低, 违背了CALIS建设项目服务于高校、服务于社会的初衷。

16.4　未来发展的策略

16.4.1　加强数据库建设标准化

数据库建设标准规范化, 是保障高质量数据库建设的重要前提。虽然我国在2002年就发布了《数字资源加工标准规范与操作指南》, CALIS专题特色数据库也选定了《我国数字图书馆标准规范建议》项目推荐使用的5个系列和11种规范格式及其著录规则作为特色库建设中的元数据规范格式和著录规则, 但从目前宁夏地区已经建成的特色数据库来看, 还需要大力加强自建数据库的标准化工作, 以保证特色数据库的完整性、兼容性, 从而实现网络共享。

16.4.2　联合建库, 提高共享程度

现代化的社会, 单个图书馆的信息资源已无法满足学校师生对文献信息的需求。而特色数据库建设也要耗费大量的人力、物力和财力, 单个部门建库必然会受到各方面因素的制约。就目前宁夏各高校图书馆情况来看, 尤其是部分高职院校图书馆, 经费投入没有保障, 纸质资源数量积累严重不足, 电子资源及数据库建设方面处于空白。2010年9月, 经CALIS管理中心批准, 宁夏回族自治区成立了"CALIS宁夏回族自治区文献信息服务中心"。宁夏所有高校图书馆均加盟CALIS, 成为CALIS成员馆。因此宁夏各高校图书馆应依托CALIS走联合建库之路, 实现资源、人力、物力和财力的优势互补, 加强合作单位之间的组织和协调, 实现资源共享, 共同受益。

16.4.3　做好前期信息调查工作

在建特色数据库之前, 对宁夏各高校文献资源进行摸底调研, 掌握文献资源数量、分布情况、载体形式等内容。在对服务对象、用户需求信息进行调查分析的基础上, 以用户反馈的信息指导数据库建设, 通过科学论证, 统一规划, 选择既有馆藏特色又具有较高利用率和较大需求量的文献资源进行数字化加工。同时立足本校重点学科及精品课程, 将学术价值和利用价值较高的文献建设成为特色库, 以满足本校教学科研的需要。

16.4.4　特色库建设制度化

将特色库建设形成制度, 把联合开发特色数据库作为日常工作内容之一。设立特色库专项基金, 每年注入的基金只能用于特色库的建设、更新、维护等。目前, 宁夏所有高校均未有特色库建设专项资金, 资金投入的随意性很大, 很难保证特色库建设的持续性。

16.4.5　完善特色数据库评估体系

特色数据库建设应有完善的质量评估体系, 应成立专家评估小组, 制定合理的评价指标, 定期对特色数据库元数据著录、链接成功率、共享程度、维护更新程度、服务水平及利用率等方面进行评估。主要用来检测特色数据库是否达到"凝练特色、服务大众、提升实用价值"的建库目标。良好的评估体系有利于避免盲目建库的行为, 有利于建设高质量数据库, 有利于区域内实现资源共建共享。

16.4.6　加快构建宁夏地区图书馆联盟

图书馆联盟(Library Consortia)是图书馆之间为了实现文献信息资源共享、利益互惠, 保

障区域信息公平、公民文化权利的目的而组织起来的，受共同认可的图书馆联合体。有的由政府主办，有的是自发组织。我国现有比较成功的高校图书馆联盟主要有北京高校网络图书馆、上海教育网络图书馆、天津市高等院校数字化图书馆、浙江省滨江高教园区网络图书馆、河北省高等学校数字图书馆、广东省网络图书馆等。实现信息资源共建共享，实现宁夏各高校之间优势互补、协同发展，成立图书馆联盟是一种最有效的途径。宁夏地区在1982年就成立了宁夏高校图工委，2010年又成立了CALIS宁夏回族自治区中心，这些年在图工委和CALIS宁夏中心几届领导机构和成员的努力下，开展了高校图书馆之间的文献资源共建共享活动。CALIS宁夏回族自治区文献信息中心借助宁夏高校图工委已有的组织架构及合作基础，为宁夏各高校图书馆之间的合作与交流提供了管理和运行保障。可以说宁夏地区高校图书馆联盟已有发展基础。宁夏地区高校可以借鉴国内图书馆联盟成功经验，结合自身特点成立图书馆联盟，共享各自特色文献信息资源及网络资源，通过取长补短、相互协作的方式进行特色资源的建设与开发。

17 上海高校图书馆特色数据库建设研究

特色数据库是指依托馆藏信息资源，针对用户的信息需求，对某一学科或某一专题的信息进行收集、分析、评价、处理、存储，并按照一定标准和规范将其数字化，建设以满足用户个性化需求的信息资源库。CALIS"九五"期间建设了7个地区性文献信息中心，上海地区中心设立在上海交通大学图书馆，大部分文献信息需求通过地区中心的协调服务来实现。通过上海交通大学的带头作用，上海高校特色数据库建设取得了骄人的成绩，根据王喜和等人的统计数据，上海高校建库总量在全国排名第七。对上海地区普通高等学校图书馆特色数据库建设现状的进行了深入调查，调查的主要指标项目包括特色库数量、名称、类型（包括形式与内容）、简介、访问限制情况、所在栏目、软件平台、检索方式及效果、更新情况、立项项目、提供服务情况、知识产权保护情况等。在这些指标的基础上分析了上海高校特色数据库建设现状、存在的问题并提出相应的对策。

17.1 上海市高校图书馆特色数据库建设现状

上海市教育网（http://www.shmec.gov.cn/）截止于2012年3月发布的上海市普通高等学校一览表显示，上海高校有66所，其中本科院校35所，专科院校5所，高职院校26所。对这66所高校进行了调研访问，共建有特色数据库88个，66所高校有22所建有特色数据库，占到总比例的3.33%，另外有5所高校没有图书馆网站或外网不能访问（详见表4.42）。

17.2 上海市高校图书馆特色数据库特点分析

17.2.1 类型分析

表4.42 上海高校图书馆特色数据库一览

单位名称	数据库数量	特色数据库名称
复旦大学图书馆	8	外国教材中心，复旦人著作，文科外文图书引进中心书库，学位论文，古籍书目检索系统，民国期刊，教参书，随书光盘
上海交通大学图书馆	7	上海交通大学民国报刊数据库，上海交通大学会议录数据库，上海交通大学学生优秀论文数据库，多媒体资源管理系统，随书光盘检索系统，上海交通大学学位论文系统，钱学森图书馆
同济大学图书馆	7	随书光盘，自建光盘数据库，VOD点播，建筑科技与市场，汽车行业信息服务平台，医学与生命科学学科服务平台，建筑信息门户

续表

单位名称	数据库数量	特色数据库名称
华东理工大学图书馆	5	网上华理人文库,学位论文,期刊联合查询,工科教参图书数据库,工具书随书光盘
东华大学图书馆	2	博文随书光盘管理系统,现代纺织信息参考平台
华东师范大学图书馆	6	华东师大教学参考信息数据库,华东师大硕博士论文数据库,华东师范大学图书馆全文电子书库,中国年谱数据库,网上报告厅本校视频,推荐书目数据库
上海外国语大学图书馆	9	中国与国际组织特色文献,二语习得与英文教学特色文献库建设,中国中东研究特色文献,跨文化研究特色文献,德语近现代文学研究特色文献,近当代英语课程教材和教材研究特色文献,俄罗斯文学特色数据库,日语语言学专业文献库,国际工商管理案例库
上海财经大学图书馆	1	500强企业文献资料特藏库
上海理工大学图书馆	1	本校硕博论文库
上海大学图书馆	4	钱伟长特色数据库,上海大学硕博士学位论文数据库,上海作家数据库,上海大学教学参考书数据库
上海中医药大学图书馆	4	中医文化书目提要数据库,中医药文化景点导游,古籍善本书目查询系统,中医古籍善本书目提要数据库
上海师范大学图书馆	4	教师教育特色资源数据库,上海师范大学学位论文数据库,馆藏新中国成立前报刊题录数据库,近代上海方志资料数据库
上海对外贸易学院图书馆	5	WTO研究资料,本校硕士论文,非关税措施协定专题库,商务英语专题库,贸易文献数据库
上海海关学院图书馆	1	海关资讯
上海海事大学图书馆	5	国际海事信息网,教学参考信息资源数据库,上海海事大学硕士学位论文库,法律法规库,水运数据信息库
华东政法大学图书馆	1	华图法学文献数据库
上海体育学院图书馆	8	体育视频库,体育珍藏文献数据库,体育外文期刊篇名目录数据库,体院人著作数据库,F1专题网站,力量训练文献数据库,休闲与体育专题库,《国外体育之窗》数据库
上海立信会计学院图书馆	1	会计学信息资源平台
上海第二工业大学图书馆	3	公共安全教育,精神文明建设,莫言与诺贝尔文学奖文献数据库
上海医疗器械高等专科学校	2	医疗器械全文标准数据库,医疗器械样本库
上海旅游专科学校	2	旅游特色数据库,旅游教育参考数据库
上海工商外国语职业学院图书馆	2	高职高专教育与改革文献库,高职高专专业文献库

从内容上可分为馆藏特色数据库、学科特色数据库、地方特色数据库、学校特色数据库、其他专题特色数据库。

(1)馆藏特色数据库

馆藏特色是特色数据库的一种重要类型,国外有些大学图书馆是以其特色馆藏而闻名于世,如英国剑桥大学图书馆和美国耶鲁大学图书馆。我国部分大学图书馆馆藏特色也颇具规模,将这部分资源数字化并建设馆藏特色数据库,成为高校图书馆一项重要任务。上海高校中,复旦大学、华东师范大学、上海中医药大学、上海体育学院四所院校建设的馆藏特色类数据库均在两个以上。如复旦大学的"古籍书目检索系统"、"民国期刊",华东师范大学的"华东师范大学图书馆全文电子书库"、"中国年谱数据库";上海中医药大学的"古籍善本书目查询系统"、"中医古籍善本书目提要数据库",上海体育学院的"体育珍藏文献数据库"、"体育外文期刊篇名目录数据库"、"《国外体育之窗》数据库"等。

(2)学科特色数据库

学科特色数据库通常建成学科信息门户的形式,包含图书、期刊、标准等各种文献类型,并且从网上搜集学科相关信息(包括行业新闻、短评、成果、人物、机构等)组成专题列表,如同济大学的"建筑科技与市场"、"汽车行业信息服务平台"、"医学与生命科学学科服务平台"、"建筑信息门户",东华大学的"现代纺织信息参考平台",上海海关学院的"海关资讯",上海海事大学的"国际海事信息网"等。

(3)地方特色数据库

地方特色数据库是基于地域资源、突出地方文化、历史、经济特色的数据库。上海高校图书馆建设的地方特色数据库较少,调查中发现,从图书馆网站访问到的只有两个数据库,分别是上海大学的"上海作家数据库"、上海师范大学的"近代上海方志资料数据库"。

(4)学校特色数据库

学校特色数据库主要反映学校在教学科研方面和办学方面所取得的成果,包括各类师生著述、科研成果、学位论文、学校出版的各种刊物、课件、各类专家演讲等。学校特色数据库是上海高校图书馆中建设数量最多的一类,共有29个,占数据库总数的33%。

(5)其他专题特色数据库

其他专题特色数据库包括人物、事物、事件等特色数据库。上海高校图书馆中建设的名人数据库有上海交通大学的"钱学森图书馆"、上海大学的"钱伟长特色数据库",特定研究领域专题数据库有上海外国语大学建立的8个特色文献数据库,上海对外贸易学院的"WTO研究资料"、"非关税措施协定专题库"、"商务英语专题库",上海体育学院的"F1专题网站"、"力量训练文献数据库"、"休闲与体育专题库"等。

17.2.2 办学层次的不同造成数据库建设数量上的差异

上海市高校办学主要有本科、专科、高职三个层次,本科院校中有9所是国家重点建设和资助的211工程院校,各个层次院校建设特色数据库数量如表4.43所示。211工程院校建设特色库数量最多,9所学校共建设50个库,平均每所学校拥有5.6个特色库;普通本科院校共26所,建设特色库数量有33个,平均每所学校拥有特色库数量为1.3个;专科院校只有5所,共建4个特色库,平均每所学校拥有0.8个特色库;高职院校数量较多有26所,但建设特色库只有2个,平均每所学校拥有0.08个。普通本科尤其是211工程院校,图书馆特色资源优势明显,对上海高校图书馆的特色数据库建设工作起着积极的推动与引领作用。专科院校中有些具有独特的学科优势、鲜明的学科特色的高校建设了一批特色数据库,这些数据库较好地发挥了学校的资源优势,为本校师生服务,从而进一步促进了学科的发展。如上海医疗器械高等专科学校建设的"医疗器械全文标准数据库"、"医疗器械样本库",上海旅游专科学校建设的"旅游特色数据库"、"旅游教育参考数据库"等。高职院校由于学校实力、用户需求等原因,特色数据库建设处于停滞状态。

表4.43 上海市各层次高校图书馆建设特色数据库数量

办学层次	学校数量	特色库数量	平均建库数量（个）
211工程	9	50	5.6
普通本科	26	33	1.3
专科	5	4	0.8
高职	26	2	0.08

17.2.3 上海高校图书馆承担CALIS特色数据库项目情况

全国高校专题特色数据库项目是CALIS中国高等教育文献保障体系建设的子项目之一，经过一期、二期和三期项目的建设，在我国特色数据库已经取得长足的进展，建成了一批标志性成果，制定了特色数据库建设的标准和规范。上海高校图书馆积极参与专题特色库项目申请，共立项20个，其中上海交通大学5个，东华大学3个，上海大学3个，华东师范大学2个，其他学校各1个（详见表4.44）。这些数据库系统、建设标准等都遵循CALIS建库的标准。已建成的特色库中可以从图书馆网站上访问的有6个，在表中用★标出。

表4.44 上海高校图书馆承担CALIS特色数据库项目

单位名称	特色数据库名称
上海中医药大学	古典善本题录数据库★
上海海事大学	港航物流数据库
华东师范大学	地方教育志
同济大学	长三角地区城市规划与建筑历史文献特色专题数据库
上海对外贸易学院	贸易文献数据库★
上海交通大学	中国地方契约文书特色数据库
东华大学	纺织服装特色数据库
上海旅游高等专科学校	旅游特色数据库★
上海交通大学	机器人信息系统
东华大学	现代纺织信息参考平台★
上海大学	纳米材料数据库
华东师范大学	中国年谱数据库
上海交通大学	中国民族音乐数据库系统
上海大学	上海百个著名作家学术研究资料数据库
上海大学	钱伟长特色网络数据库★
上海交通大学	上海交通大学学位论文全文数据库★
上海财经大学图书馆	世界银行出版物全文检索数据库
复旦大学图书馆	全国高校图书馆进口报刊预定联合目录数据库
上海交通大学	机器人信息系统
东华大学	新型纺织信息库

17.3 上海市高校图书馆特色数据库建设存在的问题

17.3.1 特色库类型不均，不同层次高校建库数量相差悬殊

上海高校图书馆特色库建设以学校特色类数据库为主，占数据库总量的33%，此类数据

库内容主要包括各类师生著述、科研成果、学位论文、学校出版的各种刊物、课件、各类专家演讲等,这些资料具有收集方便、成本小、资源规模不大、产权清晰等特点,加之2002年CALIS开展了"高校学位论文数据库"子项目的建设,此次举措极大地推动了高校学位论文数据库的建设,一般有博士点和硕士点的高校馆都建设了本校博硕士或硕士论文数据库。然而地方特色数据库数量最少,只占数据库总量的2%,上海是一个拥有深厚的近代城市文化底蕴和众多历史古迹的国际化大都市,从来不缺乏地方特色资源,而高校图书馆相对更重视馆藏特色和学科特色数据库的建设,地方特色数据库却鲜少涉及。值得欣慰的是,自2011年CALIS三期项目启动以来,上海高校申请到了三项关于地方特色数据库的项目分别是华东师范大学的"地方教育志"、上海交通大学的"中国地方契约文书特色数据库"、同济大学的"长三角地区城市规划与建筑历史文献特色专题数据库",使地方特色型数据库数量得到补充,各类型特色库建设逐渐趋向于平衡。从表4.43中可以看出专科和高职院校与本科院校尤其是211工程院校相比,建设特色库数量相差悬殊,主要是因为学校的综合实力及重点学科建设力度方面有很大差异。首先,本科院校经费比较充足,一般建校历史悠久,图书馆的历史沉淀深厚;其次,本科院校图书馆规模比专科和高职院校大,工作人员学历结构层次高;再次,本科院校图书馆服务重点学科力度和服务创新意识都较强。

17.3.2 自我产权意识导致数据库共享程度低,访问受限

上海高校特色数据库共有88个,其中只有33个数据库访问无外网限制,占全部数据库的38%,这些数据库中包括以采集网络资源(如行业新闻、短评、会议、人物、机构等)为主的学科门户网站和书目数据库等。其中6个数据库查看或检索无外网限制,但浏览全文或下载全文则需要内网访问。如上海交通大学的"上海交通大学民国报刊数据库"检索不限外网,报刊浏览限制外网;东华大学的"现代纺织信息参考平台"检索无外网限制,下载则要求是校内用户。另外一半以上数据库提醒"只限校内用户使用",甚至有些数据库网页无法打开,远远没有体现特色数据库应有的社会价值和经济价值。特色数据库建设始终无法规避产权问题,这是造成特色数据库开放程度不够、服务范围和对象狭窄、利用率低下的主要原因。由于特色库建设和使用的各个环节都会涉及复杂的版权问题,而在我国数字版权方面的法律体系还不健全的情况下,解决这些版权问题,阻力重重,举步维艰,因此大多特色数据库采用了"自建自用"的策略。

17.3.3 系统平台参差不齐,服务功能简单

上海高校图书馆绝大多数采取购买商业产品的方式来搭建本校的特色数据库。这些系统包括,杭州麦达的麦达高校特色数据库系统、清华同方的TPI系统、方正阿帕比的数字资源平台、万方数据库的统一资源整合服务平台、南京乐致安的Smart Lib智慧图书馆等,还有一些其他公司研发的产品,这些系统软件只有两个是CALIS管理中心签证认可的,其他系统采用的标准和接口还没有达到认可要求。调查中发现大部分特色库的服务只限于检索和导航功能,很少有提供文献传递、在线咨询、个性化服务、知识发现、主题推送服务等。特色数据库建设的最终目的是为用户服务的,应该利用现代信息技术,积极开发多元化、个性化、主动化、智能化的服务功能,为用户提供全方位服务,使特色数据库资源更好地为用户所用,从而创造更高的价值。

17.3.4 缺乏统一管理

在特色数据库建设成果丰硕的几个省市都成立了相应的管理部门,如江苏省成立了江苏高等教育文献保障系统(JALIS)、湖南省设立了湖南省高校数字化图书馆专题特色数据库

建设项目、天津市的高校特色资源数据库建设项目、福建省成立了福建高等教育文献保障系统（FALIS），这些机构在特色数据库统一规划建设中起到了相当大的作用，为特色库共建共享提供了强大的支撑平台。上海地区并未建立特色数据库专项项目来统一规划、管理和监督特色库的建设工作，而是分散建设、各自为政，从而导致特色库分布不均，重复建设等现象频出。

17.4　上海市高校图书馆特色数据库建设对策

17.4.1　统筹共建，协调发展

面对上海高校图书馆特色库建设条块分割、各自为政的局面，上海市政府部门或教育系统机构应成立专项小组，负责统筹与协调特色数据库的建设工作。专项小组负责组织协调，以课题立项的形式具体实施，多个高校合作建设、分工协作。参与建设的各高校馆申报各自的特色项目，在批准立项后按子项目方式进行管理，并获得课题组一部分经费资助，其他自筹。项目采用集中管理，统一平台，统一标准，分散建库，集中服务，资源共享的模式。课题组负责对子项目进行监督指导和评估验收。通过特色数据库的统筹共建、协调发展，既可以避免重复建设，填补空缺，又可以互通有无，优势互补，共同筑建特色库群，实现特色资源的合理布局和优化整合。

17.4.2　做好调研论证工作，严把选题关

特色数据库建设是一项复杂而艰巨的工程，建库之前一定要经过广泛而深入的调研和缜密的论证，确保数据库建设的可行性，着重分析预建数据库所拥有的或预期拥有的资源丰富的程度，内容系统性、完备性程度，所需的开发周期，以及数字加工技术水平与能力，经费保障力度，人才队伍的数字建设经验、信息技术水平与能力等。在选题时应把握两个原则：一是强调特色、突出优势，不能一味地求"全"求"大"，而应在"精"、"特"上下工夫，努力做到"人无我有，人有我优，人有我精"。二是立足需求、注重实用，选题要面向教学科研、学科发展、文化和经济建设的实际需要，立足现有和潜在用户的需求，考虑用户的需求程度，遵循建以致用的原则，摒弃重建轻用的思想。

17.4.3　标准化建库，提高建库质量

标准化与规范化是高质量数据库的重要保障，也是实现资源共享的前提和基础。特色库的建设标准应遵循现行的标准，如《我国数字图书馆标准规范建设》项目的一系列相关标准、元数据标引格式规范、文献著录的有关国际标准和国家标准，除此之外需要自行研究开发一部分规范，如信息资源异构整合检索规范、信息资源加工规范、专题文献元数据规范、专题数字对象规范、专题文献数据库著录规则等。保证读者能够准确、完整、迅速地检索到所需要的信息资料，并能实现系统的后续开发和功能扩展。

17.4.4　增加服务功能，重视用户参与

现行特色数据库一个普遍的问题就是服务功能过于简单，不能有效地吸引用户使用，聚集人气，从而导致特色库访问率低，资源使用率不高的现象。从用户服务角度分析，特色库面向用户提供的基础服务和增值服务，需要支持如下功能：①专题服务功能：提供订阅推送、信息定制、专家咨询等服务；②检索服务功能：提供快速检索、高级检索、跨库检索、结果检索等功能；③日志管理功能：提供数据访问、系统操作、信息检索等详细日志查询功能；④统计服务功能：对用户浏览、检索下载等操作进行统计；⑤文献传递服务；⑥课题服务和学科服务：提供深层次的课题分析、学科知识发现、主题推送等服务。在提供增值服务的同时也要重视用户的参与，与用户交流互动，用户共建，群体协作，对完善特色库的建设具有重要作用。

第五章　公共图书馆自建特色数据库建设现状研究

　　随着信息技术的快速发展, 面对庞大的数据资源, 数据库建设应该是数字环境下信息资源建设的最佳方案。公共图书馆作为一个地区传承与传播文化的公共机构, 其文献型的信息资源具有广泛的使用价值。于是, 公共图书馆应当充分利用多种数字化资源, 为广大群众的工作、学习提供服务。陈曼认为, 公共图书馆可以借助其丰富的馆藏资源、优秀的地方特色资源以及广泛的用户资源开发特色自建数据库。公共图书馆是每一个地区的藏书枢纽, 理所当然应该承担起保存人类文化产品的责任, 而且应该着力保存地方特色资源, 承担起自建数据库建设的重任。蒲筱哥认为, 网络环境下的信息资源十分丰富, 读者会在庞大的数据库中选择大规模的、有特色的数据库进行使用, 而各具特色的自建数据库充分发挥了公共图书馆个性化服务的优势, 可以满足读者不同的信息需求, 因此, 图书馆必须开发自建数据库。目前, 越来越多的公共图书馆正在依靠自身丰富的馆藏资源以及信息资源来构建各种不同类型的自建数据库。

一、公共图书馆数据库建设

　　四十年前, 我国公共图书馆开始实施数据库的建设, 发展至今已具备相当大的规模。陈小敦把我国数据库建设划分为三个阶段: ①起步阶段 (1975—1979年), 主要是引进、学习、借鉴国外数据库的理论成果。②发展阶段 (1980—1993年), 主要是研究和自建中文数据库。③成熟、实用及飞速发展阶段 (1993年至今)。国内对特色数据库的建设和研究始于1997年的"中国国家实验型数字式图书馆"实验项目, 该项目由国家图书馆负责, 联合地方公共图书馆共同完成。

二、公共图书馆自建数据库来源

　　以中国知网为数据来源, 以"篇名=自建数据库+公共图书馆、篇名=特色数据库+公共图书馆、篇名=专题数据库+公共图书馆、关键词=自建数据库+公共图书馆、关键词=特色数据库+公共图书馆、关键词=专题数据库+公共图书馆"为检索式, 检索时间不限, 检索出相关文献共248篇, 而在不限定公共图书馆的情况下, 检索出相关文献共6968篇。由此可知, 对公共图书馆自建数据库的研究成果仅占对自建数据库研究成果的3.5%, 而绝大部分的研究都集中在高校图书馆。有必要对公共图书馆自建数据库进行一次全面的调查及研究。自建数据库包括自建数据资源、各级文化共享工程资源、各图书馆在网站上公开展示的信息资源及品牌讲座视频资源等。

三、我国省、市级公共图书馆的自建数据库

1　我国省级公共图书馆的自建数据库

据调查统计，我国34家省级图书馆当中有两家图书馆的网站一直无法正常访问，它们是内蒙古图书馆和西藏图书馆。其他32家图书馆中，有26家图书馆建立了自建数据库，所占比例为76.5%。在拥有自建数据库的26家图书馆中，共建有298个自建数据库，其中有14个公告可以公开访问的自建数据库无法使用，比例为4.7%。在其他284个自建数据库中，按照地区划分，详情见表5.1。根据调查，这26家图书馆当中，贵州图书馆和甘肃图书馆的自建数据库都需要进行馆外认证访问或者仅限馆内访问。因此，根据制定的调查表格的内容，利用网站访问的方式进行调查时，只调查了可以公开访问的24家省级图书馆，调查结果见表5.2。从表5.2可以看出，省级公共图书馆的自建数据库类型是以地方资料特色数据库和馆藏资源数据库为主。究其原因，这与公共图书馆的职能是密不可分的。公共图书馆在地方特色文化保护方面、公共服务方面更具特点，因此，公共图书馆自建数据库的内容大多数是地方特色文化及特色馆藏资源。普通用户对自建数据库的获取是比较容易的，通常在图书馆的主页上便可找到自建数据库的链接，只有在数据库数量比较多的情况下才需要二次链接。公共图书馆自建数据库的内容以全文为主，而数据格式则以文本为主，图片为辅。自建数据库的文件格式以HTML格式居多，也有相当一部分采用的是PDF格式。另外，在该次调查的24家省级图书馆中，有19家图书馆的自建数据库具有检索功能，有5家自建数据库未设计检索功能，而自建数据库具有使用帮助功能的只有5家，其余19家的自建数据库并没有使用帮助这一项功能。

表5.1　省级公共图书馆自建特色数据库地区分布表

地区	拥有自建数据库的图书馆数量	网站无法访问或者无自建数据库的图书馆数量	自建数据库总数量	自建数据库数量占总数的比例（%）
华北	4	1	59	20.77
东北	2	1	40	14.08
华东	6	0	48	16.9
华中	4	0	34	11.97
华南	2	1	13	4.58
西南	3	2	12	4.23
西北	2	3	18	6.34
港澳台	3	0	60	21.13
总计	26	8	284	100

表5.2　24家省级公共图书馆自建数据库内容调查统计表

内　容	A	B	C	D
（1）自建数据库的类型				
A. 专家成果库				
B. 专业（行业）数据库	1	4	24	13
C. 地方资料特色数据库				
D. 馆藏资源数据库				

续表

内　　容	A	B	C	D
（2）用户对自建数据库获取程度的难易性 　　A.在图书馆网站主页即可进入数据库 　　B.需二次链接进入数据库 　　C.需三次或三次以上链接进入数据库	18	16	0	
（3）自建数据库内的数据项包括哪些类型 　　A.目录　B.索引　C.文摘　D.全文	9	4	7	24
（4）自建数据库内的内容包括哪些类型 　　A.文本　B.图像　C.视频　D.音频	24	23	20	3
（5）自建数据库是否具有检索功能 　　A.是　B.否	19	5		
（6）自建数据库文件的全文格式 　　A.PDF　B.HTML　C.WORD　D.JPG	7	24	0	5
（7）自建数据库是否具有使用帮助 　　A.是　B.否	5	19		

2　我国市级公共图书馆的自建数据库

在291家市级图书馆中，有231家图书馆建有网站，比例达到79.4%，但仅有81家有自建数据库，比例只有35%，其中还有12家的自建数据库无法访问。由此可见，因部分自建数据库管理不完善，导致不能使用。在全国范围内，有81家市级图书馆拥有自建数据库，按照省、市（自治区）划分，详情见表5.3。从表5.3可以看出，超过50%的图书馆都建有自建数据库，而浙江、广东、山东三省的市级图书馆十分重视自建数据库的建设。据统计，全国81家市级图书馆共建有352个自建数据库，其中有5家市级图书馆的自建数据库都需要馆外认证或者仅限馆内访问，其余76家市级图书馆可以公开访问的自建数据库共计313个。通过访问76家市级图书馆的网站，对其自建数据库内容进行了调查统计，调查结果详见表5.4。从表5.4可以看出，在全国市级公共图书馆中，只有6家图书馆有自建专家成果库，4家有自建专业（行业）数据库。其内容以全文居多，有72家市级图书馆的自建数据库以全文的形式提供，而数据则以文本格式及图像为主，视频为辅。这与省级公共图书馆有所不同。同时，有39家市级图书馆的自建数据库拥有视频数据，数据库文件格式以HTML格式为主，也有部分文件以PDF格式为主。自建数据库具有检索功能的有34家，而具有使用帮助功能的只有3家。从该次调查统计的数据结果可以看出，大部分市级公共图书馆的自建数据库的功能并不完善，只是将相关信息资源整合在一起，并未充分加以利用与开发。

表5.3　全国81家拥有自建数据库的市级公共图书馆分布表

省/自治区	市级图书馆数量	拥有自建数据库的市级图书馆的数量	比例（%）
浙江	11	8	72.73
广东	21	13	61.9
山东	17	10	58.82
江苏	13	6	46.15
辽宁	14	6	42.86

续表

省/自治区	市级图书馆数量	拥有自建数据库的市级图书馆的数量	比例(%)
四川	18	7	38.89
吉林	8	3	37.5
江西	11	4	36.36
福建	9	3	33.33
河南	17	5	29.41
广西	14	4	28.57
黑龙江	12	3	25
湖北	12	2	16.67
贵州	6	1	16.67
湖南	13	2	15.38
云南	8	1	12.5
陕西	10	1	10
河北	11	1	9.09
山西	11	1	9.09
内蒙古、安徽、西藏、甘肃、青海、宁夏、新疆、海南	55	0	0

表5.4　76家省级公共图书馆自建数据库内容调查统计表

内容	A	B	C	D
(1)自建数据库的类型 　A.专家成果库 　B.专业(行业)数据库 　C.地方资料特色数据库 　D.馆藏资源数据库	6	4	75	24
(2)用户对自建数据库获取程度的难易性 　A.在图书馆网站主页即可进入数据库 　B.需二次链接进入数据库 　C.需三次或三次以上链接进入数据库	64	23	2	
(3)自建数据库内的数据项包括哪些类型 　A.目录　B.索引　C.文摘　D.全文	24	5	9	72
(4)自建数据库内的内容包括哪些类型 　A.文本　B.图像　C.视频　D.音频	63	53	39	4
(5)自建数据库是否具有检索功能 　A.是　B.否	34	42		
(6)自建数据库文件的全文格式 　A.PDF　B.HTML　C.WORD　D.JPG	17	69	1	11
(7)自建数据库是否具有使用帮助 　A.是　B.否	3	73		

四、我国省市级公共图书馆自建数据库存在的问题

我国目前一些公共图书馆对自建数据库的建设总体来说还是比较重视,地方政府加大了投入力度,自建数据库的建设具有了一定的规模,但还没有形成完整的数据库格局,不具备全面实现自建数据库共建共享的大环境,服务效益并不高,自建数据库的使用价值没有充分发挥出来。

1 数据库建设标准不统一

为了促进信息资源的广泛有效利用,数据库必须要实现共建共享。通过上述调查发现,当前自建数据库的建设存在着严重的标准不统一问题。绝大多数图书馆在建设数据库时,不同的图书馆采用了不同的技术平台,如广州图书馆人物数据库采用专门的TRS数据库管理系统,佛山市经济社会发展综合数据库采用简单的网页管理形式,香港公共图书馆采用自身建设的多媒体资讯系统。数据库不同的技术平台将会导致元数据标准、用户接口标准、资源检索标准等都不统一,以致资源在馆内都难以共享,不利于资源的利用和迁移,更难以在区域馆际间或者全国范围内进行资源深度融合及有效的资源共享。如由广东省立中山图书馆牵头的粤港澳古籍民国文献网上资源共享平台,目前也只是起步阶段,实质的数字资源也只有广东省立中山图书馆的古籍文献,香港及澳门公共图书馆的资源仅显示为"网络正在建设中……"由于各种原因,目前尚难实现自建数据库资源共享。

2 内容不够充实更新频率太低

根据调查,我们可以看到,公共图书馆自建数据库越来越受到专业人士的重视,但是规模还太小。我们统计出全国325家省市级公共图书馆自建数据库的数量,有自建数据库的省市级公共图书馆数量为107家,占全国325家省市级公共图书馆的比例仅为32.9%,这说明了公共图书馆对自建数据库的重视程度不够,没有配备专业的馆员从事这一项目。

自建数据库的建设不能只做一次性的投资,需要在一开始建设的时候就做好统筹规划,做好定期更新维护的实施方案,这样的数据库才更显活力与朝气,才能体现其使用价值,才能发挥其应有的功能。但从调查中可以看到,公共图书馆自建数据库的内容不够充实不够完整,有些内容还比较陈旧过时,更新频率很低,没有跟上时代的步伐。例如云南省图书馆的少数民族视频库,主页上的资源框架整合了傣族、白族、纳西族、傈僳族、普米族等15个民族的资源,但实际上只有傣族和白族是有实质内容的,其他民族没有整合特色资源,此数据库一大特点是采用了图像、声音、视频等多媒体技术,使数据库的表现形式丰富多彩,吸引读者使用。又如广州图书馆的广东历史文献书目数据库,数据资源只更新到2009年10月,在经历了轰轰烈烈的建库过程后,维护成本基本趋于零,数据没有过时,但也没有再次更新。不过值得一提的是,广州图书馆于2015年4月新建广州大典数据库,也许经过6年的洗礼,重复建设的数据库会重新盘活,把资源有效整合起来。

3 信息资源组织方式单一

为了有效地收集、组织、开发、利用信息资源,数据库建设需要构建良好的信息资源组织体系,这样才能有效地整合资源,才能充分发挥数据库应有的功能。但通过对国内34

家省级公共图书馆（包括直辖市图书馆、省图书馆、自治区图书馆和特别行政区图书馆）及291家市级公共图书馆的自建数据库的调查发现，大多数自建数据库的资源组织方式都比较单一，往往只是按照文献标题、作者、出版社等外部属性进行组织，而未通过有效揭示资源内容特点属性来对资源进行组织。如济南市图书馆的济南记忆数据库，包含了老街老巷、民俗风情、考古发现、济南老照片、济南特产、济南大事记、济南名士、济南方言、一代词人李清照、济南名泉共10个子库，但子库之间没有从内容上进行关联，子库都相对独立，简单聚合在一起，没有很好地体现信息资源的关联性及整体性。又如首都图书馆的首图动漫在线，目前数据库包含602条原创动漫短片，共计2500分钟的动漫短片，数据容量不算大，信息组织方式却为简单的网页组织方式，比较单一，不具备扩充为大容量数据库的条件。

4　资源检索功能不完善

资源浏览和检索途径是用户使用自建数据库资源的重要途径，强大的资源检索功能能使用户方便快捷地获取到所需要的资源，也能提高数据库的有效利用率。在调查中，除去没有自建数据库的图书馆，也除去无法正常访问自建数据库的图书馆，只有100家可从内容上进行统计分析，其中只有53家图书馆的自建数据库具备检索功能，刚刚超过半数，其余47家图书馆的自建数据库连最简单的查询检索都没有。

从调查中还可以发现，有相当一部分公共图书馆自建数据库的检索功能十分简单。如杭州图书馆地方文献数据库，子库民国书所使用的标题、出版者、主题词三个字段检索，子库石刻造像所使用的标题、内容两个字段检索，子库名人故居所使用标题、简介两个字段检索。其提供的检索方式就是简单的资源查询功能，未能提供诸如全文检索、布尔逻辑检索等高级检索功能。又如安徽省图书馆徽派建筑数据库，除提供分类、名称、栏目关键词检索，并提供布尔逻辑"与"的检索途径，除此之外，高级检索功能却并不具备。

5　缺少可视化及动态化的设计

友好的用户界面能有效提高信息资源的访问频率，吸引读者长期进行使用。但从调查中发现，绝大多数自建数据库以简单的网页形式展现给读者，用户界面单调，缺少可视化及动态化的设计元素，甚至只提供文字堆砌的页面给读者，无法很好地吸引读者长期进行使用。如广东省立中山图书馆的生态环保图书馆，首页以多列多行多文字的形式展示给读者，让人产生一种文字堆砌的印象，无法掌握整体框架及主旨，无法对内容一目了然，很容易分散读者的注意力，且网页处于静态化，没有使用动态效果，自然难以吸引读者再次使用。又如广州图书馆的视频点播资源库，在笔者访问期间，视频展示页面总是出现偏左的现象，给人整体页面排序混乱的错觉。

五、我国省市级公共图书馆自建数据库建设的对策

公共图书馆自建数据库的建设是一项看似简单实际复杂的系统工程，在建设过程中出现的种种问题亟待解决，如何突破瓶颈，推动数字资源建设工作持续健康发展，已成为当前公共图书馆急需解决的问题。只有不断改进建设体系、共享体系和服务体系，才能真正提高数据库资源的利用价值，使自建数据库真正为人所用，而不仅仅是流于形式。

1 加强区域合作实现标准化规范化

公共图书馆收集特色文献、建设特色文献资源库的最终目的是为了有效地使用特色资源，不让特色资源在历史的浪潮中失去踪影。自建数据库只有真正实现资源共享，才能真正体现其存在的价值。对于整个数字图书馆发展的大环境来说，自建数据库要成为可持续发展的事物，图书馆必须走可持续发展战略，制定好规划路线，有计划地按社会需求优先的原则做大做强自身的数据库建设，建立系统体系，探讨多种资源共享模式，统一规范，统一标准，统筹发展，做到资源可以互联互通的共建共享，杜绝资源的重复浪费建设。共建共享自建数据库，实现多赢局面，是新形势下图书馆事业发展的特点和趋势。实践证明，很多特色文献涉及比邻区域，不可能本馆全部收藏，且财力、物力和技术有限，部分地限制了数据库建库的质量和内容。因此，联合各级各类图书馆建库，利用群体优势，实行分工协作，既可避免重复建设浪费资金资源，实现互通有无、取长补短、优势互补，弥补资金和人力上的不足，又能统一规范数据库的建库标准，夯实资源共建共享的基础。

自建数据库共建共享较为成功的例子，是由国家图书馆牵头的文化共享工程，以及各省市的文化共享工程，这是由国家发布的文化方针政策，由国家图书馆牵头，各地公共图书馆以饱满的热情加入到这一项目中来，这不仅推动了地方自建数据库的发展，还促进了自建数据库的共建共享。如嘉兴市图书馆的嘉兴古代名人、南湖文献，安徽省图书馆的徽派建筑、徽派朴学，河北省图书馆的皇家陵寝、文化旅游、河北戏曲、红色旅游、河北古建筑、民间遗产、河北杂技、手工技艺、唐山皮影等数据库，均由全国文化共享工程进行资金支持与技术支持。大规模的文化共享工程，促进了公共图书馆自建数据库的开发及利用。

另外如浙江省公共图书馆资源服务门户、吉林省数字阅读联盟、佛山市联合图书馆，这些地方组织的共享平台上除了收录引进数据库之外，大部分还以专题的形式展示了各个不同类型的自建数据库。这样的区域联盟有效地推进了自建数据库的共建共享，有效提高了其使用价值及使用范围。

2 不断丰富自建资源并及时更新维护

各级公共图书馆应该统筹建设数据库，需要充分展示各个图书馆丰富的数字资源，自建数据库不但要包括中文资源、外文资源、在线讲座、在线展览、地方特色资源、馆藏特色资源以及古籍特藏等，还要对数字资源进行无缝整合，将离散分布的、异构的、海量的信息整合起来。在科学统筹之下，建设高质量的数据库，整合海量信息资源，提供内容丰富的数据库资源，及时进行更新维护，紧跟时代的步伐，以满足不同用户的信息资源需求。如黑龙江省图书馆，提供了23个自建数据库，内容涵盖了社会方方面面的信息，除了能满足大众的文化需求外，还能提供给研究者重要的文史资料。

在调查阶段，发现在所有的自建数据库中，更新速度最快的当属各省市级公共图书馆的品牌讲座视频库，基本每个月都会进行更新，如南京图书馆的南图讲座，最近的更新时间为2015年10月29日，又如温州市图书馆的温图在线讲座，最近的更新时间为2015年11月5日。在上述案例分析阶段，于2015年11月6日访问首都图书馆的北京记忆乡土课堂栏目，可看到最新的更新时间是2015年10月31日，更新速度较快。

3　构建良好的信息资源组织体系

在建设数据库的统一服务平台时,应该广泛收集用户的使用反馈意见,然后充分整合现有资源,通过提供统一的认证服务和资源检索途径,实现跨库检索、统一资源整合。所有这些都要求自建数据库必须要构建良好的信息资源组织体系,重点是采用数据著录标准格式,完成子库之间的内容关联,注重保留数据库扩展条件等。如广州图书馆的广州人物数据库,在信息资源组织方面做得比较好,它分为人物库和著作评述库两部分,两库之间以人物代码关联,从内容上使两个子库有机结合起来。南京图书馆的百年商标数据库,小小的一个商标就使用了商标名称、商标持有人名称、商标代理人名称、商标编号等15个字段进行标引,详细地记录了商标的各种属性,并可以轻易进行数据库扩展,具有很好的扩展性。又如香港公共图书馆于1999年开发使用的多媒体资讯系统,整合海量的数据资源,提供统一的数字平台,读者根本不用大费周章去寻找自建数据库在哪里,只需要一个访问入口,就能使用庞大的数字资源。

4　加强检索功能的开发及利用

除了提供简单的资源查询功能外,自建数据库还应该注重开发高级检索功能,提供诸如全文检索、布尔逻辑检索等途径。完善检索功能,对检索结果进行二次组织,使用户体验达到最佳效果。据调查,香港公共图书馆和宁波市图书馆在开发自建数据库检索功能这一块都做得比较出色,值得各公共图书馆学习与借鉴。

香港公共图书馆的多媒体资讯系统,提供了跨库检索系统,除了提供简单查询之外,还提供了高级检索、电子资源全文检索等。检索字段总共11个,包含了丛书名、著者、主题、歌曲标题、内容、登录号码、索书号、标准号码、其他标准号码、出版者、简述,可采用布尔逻辑检索。另外还增加了7个筛选条件,包括新增日期、出版日期、资料类型、馆藏名称、长度、颜色、语言,可增加检索的查准率。检索系统还提供了检索记录,使用户能快速回看以前的检索历史,省去再次检索的麻烦。宁波市图书馆的四明丛书数据库,提供了资源导航,帮助读者快速了解数据库中古籍资源的情况;提供了书目检索功能,可从关键字、作者、题名三个途径进行检索,可快速定位到所需古籍;另外还提供简、繁、异体字关联的全文检索。

5　构建可视化和动态化的数字图书馆

构建可视化和动态化的数字图书馆,可以最大化提升用户体验效果,有效加速和加深用户对信息的理解和认知,同时可使人和信息之间的交互更加活跃。如天津图书馆,在网站首页上用可视化的图片把自建资源展现出来,而不是以表格的形式罗列数字资源。津门曲艺、名人故居、京剧音配像、天津民俗四个子库分别使用不同颜色的方块展示,再加上艺术风格的背景图片,增加了美感,吸引了眼球,提高了读者阅读与使用的兴趣。又如首都图书馆的北京记忆数据库,当网页加载完毕,首先能捉住读者眼球的应该是页面上动态的FLASH动画;其次,配以红色底板的"北京记忆"大标题,能让读者非常清楚地知道自己所浏览的数据库的主题;再次,页面以简单的三列框架来展示信息资源,能让读者快速地找到所需要的资源。

总之,在全国文化产业与信息产业迅速发展的时期,面对海量文献及海量的信息资源,图书馆如何体现信息服务的功能,如何在信息社会里占据有利地位,如何为读者提供针对性、个性化服务?此时,充分利用有效的信息资源,开发利用特色信息资源,进行自建数据库建设,在海量的信息中抽取部分有特定意义的资源，面向特定群体，提供特定的服务，就显得尤为迫切及重要。

建设具有地方特色的自建数据库，不仅可以加快图书馆的现代化、数字化进程，提升自身影响力，体现文化价值，更是实现馆藏中珍贵的文献价值的手段，让更多的人认可图书馆的社会作用。数字图书馆的建设还将进一步提升，实现线上线下资源的共享与互动将是未来数字图书馆发展的一个方向。为达到此目标，需要在数字图书馆等方面努力提升用户体验，尽量做到大众化，适合受众的使用习惯。而自建数据库作为公共图书馆的一大特色服务，必将引起多方重视，相信未来我国公共图书馆会建设出更多更加专业的特色自建数据库。

第六章　国外图书馆特色数据库建设情况分析

一、国外图书馆特色数据库众包模式建设调查分析

作为一种全新的理念和业务模式,众包在国外图书馆界引起了广泛的关注,并且在众多实践中得到了成功应用。但是目前国内图书馆界对其研究还处于摸索阶段,更没有大规模引入和推广。随着大数据时代的到来,网络化、数字化、自动化技术的迅速发展,图书馆也越来越重视数字化资源的建设,特别是将特色数据库建设作为提升图书馆自身竞争力的措施之一。因此将众包模式引入到特色数据库的建设中来是一种全新的方式,能够解决特色数据库建设中存在的诸多问题。

1　众包的含义

众包(Crowdsourcing)最早由美国的杰夫·豪(Jeff.Howe)在2006年6月《连线》杂志中提出,他认为众包就是指:"一个公司或机构把过去由员工执行的工作任务,以自由自愿的形式,外包给非特定的(通常是大型的)大众网络的做法。"这种任务建立在互联网基础上,由业务人士或志愿者利用空闲时间通过网络来完成,任务的报酬是不确定的,多半是很少甚至无偿的。

众包与外包的相似之处在于二者都是现代化社会的产物,都是为了利用外界的资源来降低成本、提高效益从而达到提升自身竞争力的目的。众包与外包的区别在于外包是通过签订合同的方式,将工作任务分配给特定的专业机构或者个人,双方明确任务的数量、质量、期限、报酬及权利义务等,外包更注重专业化,接包商必须是专业化机构或专业化人士;而众包并没有特定的任务承担者,所有网络大众都可以参与,众包更加注重社会的多样性和差异性,并期望从中获得更多的创新力量。外包是购买外部资源的一种商业活动,众包则是一种无成本的与用户共同创造价值的理念。

2　国外图书馆特色数据库众包建设现状

澳大利亚国家图书馆是最早开展众包项目的图书馆,2006年开始了"图片澳大利亚"项目,向公众征集有关澳大利亚政治、经济、社会、历史等方面的图片。自此之后,欧洲数字图书馆和牛津大学图书馆、英国伦敦大学学院图书馆、美国普林斯顿大学图书馆、新加坡南洋技术大学图书馆、美国国会图书馆、大英图书馆、丹麦国家图书馆、美国纽约公共图书馆、澳大利亚昆士兰州立图书馆、芬兰国家图书馆和澳大利亚国家图书馆的报纸数字化项目都开始将数据库建设的部分工作进行众包,并取得了成功。

3 国外图书馆特色数据库众包建设的具体应用

3.1 建库前期的应用资源的收集与整理

特色数据库建设首先要保证数据的完整性和准确性，然而图书馆人力有限，很难保证这一点。采用众包模式让广大用户参与数据库资料的收集，有助于扩大收录信息的广度和深度，使收录信息更全面，类型更加多样化。国外图书馆在资源收集方面有很多成功案例：澳大利亚国家图书馆2006年开展的"Picture Australia"项目，向公众征集有关澳大利亚政治、经济、社会、历史等方面的图片，公众参与的积极性非常高，每年图片增幅都在万条以上，在4年的时间里总记录达到5万余条；欧洲数字图书馆联合牛津大学建设的"Europeana 1914–1918"项目也是向公众征集与一战相关的照片、信件、文件、纪念品的原件或数字化版本，截至2013年底，数字化超过6万项，收藏品也超过40万件；美国普林斯顿大学图书馆在构建钱币数据库时，向学生征集钱币照片，最终收藏约10万件。

由于众包模式参与的用户量较大，收集到的信息也会出现重复或者不准确的现象，同样也可以采取众包模式，充分发挥广大用户的力量，将收集到的信息进行整理。如英国伦敦大学学院图书馆在2010年开展英国哲学家杰里米·边沁的手稿录入项目，把边沁的手稿照片发布到专业网站上，让用户浏览照片的同时完成录入工作，最终完成了6万页手稿的录入；美国纽约公共图书馆2011年为了将馆藏的古籍善本菜单图片转换为可检索的文本，采用众包模式，让用户帮助摘抄古籍中的菜单，截至目前用户已经将1325403个菜名从17538份菜单中摘录出来。以上两个案例都是众包模式下资源整理的具体代表。

3.2 建库中期的应用资源的组织与描述

图书馆传统的分类和编目方法比较复杂，大众用户在没有经过培训的前提下很难掌握。因此把众包引入到分类编目工作中来，用户可以根据自己的兴趣、爱好、习惯对数据信息进行分类、标引、描述，并将其补充到特色库元数据中，有利于用户进行多渠道检索，也更符合广大网络用户的需求。国外的成功案例已有很多，如新加坡南洋技术大学图书馆在构建中国旗袍数据库时，让用户挑选出描述旗袍最重要的元数据要素，并进行排序，选出用户认为最重要的要素组成中国旗袍的元数据；美国普林斯顿大学在让学生上传钱币照片的同时，也要求输入钱币的年代、地区、材质等基本信息，来完成钱币数据库的组织描述工作。另外，对资源添加标注和评论也是国外图书馆对数据资源组织描述常用的方法。美国国会图书馆早在2008年就将馆藏的3115幅照片发布到Flickr主页，让公众进行标注和评论，短短10天标注达1万多条，评论2000多条；大英图书馆在2013年也将馆藏的百万张照片发布到Flickr主页，让用户进行标注和评论。而丹麦国家图书馆则采用游戏的方式获得用户标注和评论，短短一周时间，2000多幅照片就获得了2万余条标注，效果可观。除此之外，澳大利亚国家图书馆、昆士兰州立图书馆等机构都采用同样的方式获得标注和评论，用以补充到资源的组织描述中。

3.3 建库后期的应用资源的审校与纠错

数据库在建设过程中，大量的数字转化工程难免会留下各种各样的问题，国外图书馆将众包理念引入到数据审校与纠错工作中并取得实效。这方面比较成功的应用有澳大利亚国家图书馆数字报纸项目，该项目开始于2008年，请用户对OCR识别内容进行校对，截至2014年有1429万篇文章被校对。芬兰国家图书馆的报纸项目则是另一个成功的案例，为吸引用户参与，该项目还专门请公司设计原始扫描图片和OCR识别后图片限时比较查错的游戏软件，为数字化报纸项目进行审校，从2011年到2012年10月，注册用户达10万余人，完成800多万个纠错任务。

4　国外图书馆特色数据库众包建设经验分析

4.1　众包项目的内容

国外图书馆众包项目之所以成功,首先在项目内容上选择的都是有趣的且具有新奇性的、学术性不强的内容。如美国普林斯顿大学图书馆征集钱币的照片;美国国会图书馆、大英图书馆和丹麦国家图书馆都以馆藏照片作为众包内容,因为对大众来说,图片和照片比文字更具吸引力。英国伦敦大学学院图书馆的边沁手稿项目则吸引了大量对历史、哲学、经济,以及对边沁本人感兴趣的专业人士参与,他们在帮助图书馆完成众包任务的同时也了解了自己感兴趣的内容。而纽约公共图书馆要求用户翻译菜名则吸引了众多美食爱好者的关注,在翻译菜名的同时,还能使这些资源更方便地被利用。另外,澳大利亚国家图书馆和芬兰国家图书馆报纸数字化项目,也是由于报纸是通俗易懂又具有吸引力的内容。此外,国外图书馆在开展众包项目时还注重对任务进行分解,把庞大的工作分解成细小的任务,将数据库建设分解成收集、整理、组织、描述、审校、纠错等小任务,参与者只需完成自己的一部分即可,互不干涉,随时参与,随时退出。

4.2　众包项目的平台

特色数据库众包项目想要成功实施需要强大的技术支持,众包项目的发布、管理、完成和宣传都需要在一个平台上完成。国外图书馆在发布众包项目时大都选择本馆网站作为平台,有的则选择第三方专业平台。纽约公共图书馆、普林斯顿大学图书馆、新加坡南洋科技大学图书馆、芬兰国家图书馆选择本馆网站作为众包平台。这样用户相对稳定和专业,但受众面小,限制了众包项目的知晓度。而澳大利亚国家图书馆、美国国会图书馆、大英图书馆、丹麦国家图书馆都将众包任务放在Flickr这样的第三方平台上,Flickr是一个全球知名的图片分享网站,具有广大的用户群,选择这样的平台更容易吸引到项目的参与者。

4.3　众包项目的激励机制

众包项目的用户群存在不稳定性,用户能否持续参与决定了众包项目的成败。因此给予众包项目参与者一定的激励是实施众包的原则之一。目前各互联网网站基本上采用物质奖励、积分升级、个人贡献排行榜等激励方式。但是物质奖励对于非盈利性的图书馆来说是不现实的。国外图书馆也大都采用游戏闯关、积分制和个人贡献排行榜的方式对用户进行激励。

5　国外图书馆特色数据库众包模式对我们的启示

5.1　选择合适的特色资源

影响众包项目的成功因素有很多,如项目内容的新奇性、难易程度、激励手段等。从国外的相关实践可以看出,在引入众包模式时,首先要注重内容的有趣性、有益性,要符合大众的兴趣点,这是众包项目实施的前提,有趣的内容更容易吸引到用户的参与,能使图书馆和参与者获得双赢;其次还要注重工作任务操作简单、单个任务易完成、耗时短并且易于统计工作量,内容枯燥、操作繁杂则找不到有兴趣的参与者,内容复杂也无法对参与者进行培训,更无法保证工作质量,从而导致项目失败。众包项目在启动之初,宜选取一些数据量相对较小,图书馆员易于操控,又能让参与者从自身角度进行工作的任务,这样一方面容易吸引用户的参与,增强参与者的自信心,另一方面能保障良好的完成效果。

5.2 选择合适的平台

选择合适的众包平台是众包项目成功的关键。国外图书馆主要利用社交网站发布众包项目，效果显著。目前我国还没有众包模式的相关应用，但图书馆自动化、网络化、数字化的不断发展，也为引进众包提供了良好的平台。在众包项目建设之初，可以选择本馆网站或本校网站作为众包发布平台，在取得一定效果之后，逐步扩展到馆外、校外用户群较为活跃的论坛、微博、微信等第三方社交平台。一个优秀的平台更容易找到合适的用户，能在短时间内聚集大量的人气，还能提高众包的知名度，使众包项目顺利完成。

5.3 制定有效的激励机制

根据马斯洛的需求层次论，人们在满足生理需求、安全需求、社交需求、尊重需求之后，便会追求自我价值实现的需求。因此在制定奖励机制之前，首先要了解用户参与项目的动机。研究表明用户参与的动机主要有兴趣、求知、交往、挑战困难及自我价值实现等方面。根据用户的动机制定合适的激励措施，更能有效激励用户的持续参与。如对于高校而言，校内用户可以选择延长借阅期限、升级借阅登记，评选优秀读者等方式；校外用户可以采取积分制、游戏闯关和个人贡献排行榜等方式，促进用户间的竞争，推动众包工作的完成。

6 结语

众包模式对图书馆工作带来的优势和价值是显而易见的，不仅为图书馆工作节约了成本，提高了工作效率，还为图书馆工作注入了新能量。但是众包在我国还处于理论研究阶段，相关的成功经验少之又少，只有2002年超星公司曾招募用户对数字图书进行二次分类，设置自己的分类体系，形成新的分类导航体系；百度公司在2008年正式发布的用户参与的内容开放、自由的网络百科全书平台。期待国内图书馆界能拿出敢为人先的精神，开创国内众包模式的先河。

二、美国州立图书馆特色数据库建设研究

特色资源是图书馆间开展共建共享工作的基础和前提。美国自提出"国家信息基础设施"和"全球信息基础设施"行动计划后，尤其是数字图书馆创始计划和美国记忆项目后，加紧建设大容量多媒体的信息处理平台，大规模进行文献信息资源的数字化转换，数据库的理论研究和实践发展不断深入，在全美掀起了建设特色数据库的热潮。州立图书馆作为由州法律指定的负责拓展全州图书馆服务的官方机构，领导开展本州图书馆特色数据库的建设工作。随着数据库技术的进步和图书馆组织管理的发展，越来越多的州立图书馆向居民提供免费数据库服务。特色数据库将分散零乱的文献资源系统有序地组织和整理，充分挖掘资源价值，推动文献资源保藏工作方便、安全地开展。通过网络实现数据库的全文检索和下载功能，有利于达到真正意义的信息资源共享。

通过网络调查方式，对美国50个（不含哥伦比亚特区）州立图书馆的特色数据库建设进行了统计调查，分析探究建设模式，总结归纳建设特点，为公共图书馆特色数据库的建设提供参考。

1 美国州立图书馆特色数据库现状

根据美国各州法和联邦法的规定，州立图书馆建设发展本州图书馆事业，促进全州图

书馆的发展。各州馆立足本州实际，以州居民为主要服务对象，开展特色数据库建设的系列工作。我们将从数量、类型、主题、资源、时间与语种六方面分析各州馆的特色数据库现状。

1.1　数量与地区分布

通过对50个州立图书馆的查询统计，剔除无法打开、无登录账号的州立图书馆网站，共查到29个州立图书馆的特色数据库。由于州立图书馆是州政府机构的一部分，参考美国行政区域划分，调查特色数据库在各地区的分布数量与比例。

统计得知，美国各个行政区域内都有州立图书馆建设了特色数据库。新英格兰地区、中大西洋地区的州立图书馆特色数据库数量最多，在各地区中的分布比例最大；夏威夷和阿拉斯加地区、西南地区以及东南地区的特色数据库数量最少，比例最小。各州馆特色数据库的地区分布呈现出一种从北到南、从东西海岸线向内陆递减的现象。可查的州立图书馆一共建设了181个特色数据库，其中，康涅狄格和西弗吉尼亚州立图书馆的特色数据库建设得最多，俄克拉荷马州立图书馆的特色数据库最少，各州馆特色数据库的平均数量在6个以上，有9个州立图书馆达到全国平均水平。调查发现，康涅狄格州立图书馆建设了若干个类目详细的专题数据库，西弗吉尼亚州也建了多个专题数据库。有的州立图书馆仅有一个综合型数据库，主题繁多，数据量庞大，如佐治亚和北卡罗来纳州馆。数据库数量并不能准确反映各州馆特色数据库的建设质量和发展水平，但在某种程度上说明了部分州和地区特色数据库的建设规模和建设力度。

1.2　类型与各州分布

数据库类型是反映数据库内容深度的重要指标。按存储描述方式，数据库可分为源数据库和书目线索型参考数据库。源数据库包括全文型、数值型和事实型，书目线索型参考数据库包括书目型、题录型、文摘型和网址指南型，又称二次文献信息数据库。根据存储内容，可将数据库分为图片、音频和视频数据库等。统计了这181个特色数据库的各种类型及不同类型数据库分布的州数量。

调查发现，爱荷华州水质数据库内还包括一个地图数据库。从所有特色数据库的类型及其分布州的统计结果看，事实数据库有74个，超过全部特色数据库数量的40%，分布在13个州；其次是书目数据库，有48个，分布范围最广；再次是全文数据库和图片数据库，均有19个，不足事实数据库的1/3，各分布于12个州；文摘数据库仅有1个；视频数据库和题录数据库数量仅有2个。在各州中，西弗吉尼亚州立图书馆的数据库类型最多，包括了事实、书目、题录、文摘、图片和视频数据库；印第安纳州馆和阿拉斯加州馆次之。北卡罗来纳州馆、加利福尼亚州馆、密歇根州馆、南达科他州馆、俄亥俄州馆和佐治亚州馆的数据库类型仅一种。目前，州立图书馆建设的特色数据库类型主要集中在事实、书目、全文和图片数据库，音频、视频和题录数据库建设较少，文摘数据库最少。

1.3　内容主题统计

各州馆的特色数据库内容丰富多样，主题范围不同，可分为专题数据库和综合数据库。其中，专题特色数据库有104个，占所有数据库的57.46%；综合特色数据库有77个，比例为42.54%。建立专题特色库的州立图书馆有16个。在资源内容、经费人员和技术条件具备的情况下，各州馆建立专题特色库，能方便地组织管理专题资源，有利于读者开展专题研究和系列学习。调查的每个州立图书馆都建立了综合特色库。综合特色库便于在统一框架下管理特色文献资源，有利于在更集成的数据库环境中查询检索和对比研究多种资源。专题数据库和综合数据库的建设侧重点不同,主题划分和内容深浅层次不同,分别调查分析。

1.3.1　专题特色库主题

专题特色数据库内容鲜明,主题范围有限,易于归纳分析。将专题特色数据库的主题归纳总结为9个大类,各类专题特色数据库的数量统计见表6.1。

表6.1　美国图书馆各类专题特色数据库的数量统计

序号	数据库主题	数量
1	政治和政府	9
2	军事和战争	15
3	法律和法规	13
4	经济和就业	9
5	交通运输	3
6	文化娱乐	31
7	教育学习	4
8	社会民生	11
9	自然环境	9

(数据来源: 美国各州立图书馆以及各州政府网站。)

9大主题涉及政治、经济、军事、文化、社会等方面。根据对专题数据库数量的调查,最多的是文化娱乐专题数据库,共有13个州建设了31个数据库;交通运输专题数据库最少,仅有2个州建立了3个数据库。战争和军事专题数据库也很多,包括纪念战争、军人服役、士兵肖像、民兵服务等内容。很多州立图书馆专题特色数据库收集本州居民的出生、死亡、婚姻、家庭经济情况等资源,如印第安纳州婚姻许可公开查询数据库,西弗吉尼亚州出生记录数据库、死亡记录数据库和婚姻记录数据库,德克萨斯州南方贫困家庭数据库等。这些与州内居民日常生活密切相关的专题库在国内不多见。

各州馆专题特色库的数量统计见表6.2。

表6.2　美国各州馆专题特色库的数量统计

序号	各州名称	专题特色库数量
1	西弗吉尼亚州	14
2	爱荷华州	13
3	印第安纳州	12
4	康涅狄格州	11
5	怀俄明州	10
6	缅因州	8
7	田纳西州	7
8	德克萨斯州	7
9	伊利诺伊州	5
10	华盛顿州	5
11	弗吉尼亚州	3
12	马萨诸塞州	3
13	佛蒙特州	2
14	阿拉斯加州	2

续表

序号	各州名称	专题特色库数量
15	佛罗里达州	1
16	阿肯色州	1

从表6.2可知,与其他州立图书馆相比,西弗吉尼亚州立图书馆的特色专题库最多,反映了该州馆在专题特色库方面建设力度最大,包括政治和政府、军事和战争、交通运输、文化娱乐、教育学习、社会民生等方面的专题数据库。这些专题数据库通过类似的检索界面管理特色资源,降低了多个数据库的统筹管理困难,提高了数字资源的组织建设效率。爱荷华州立图书馆专题特色库的数量较多,佛罗里达和阿肯色州立图书馆的专题库最少。建设专题库的州立图书馆共有16个,分布在十大行政区域内,也呈现从北到南、从东西海岸线向内陆递减的现象。

1.3.2　综合特色库主题

综合特色数据库资源范围广博,主题多且具体,著录标引详细,如佛罗里达州书目数据库设置了150多个主题,华盛顿州馆农村文化遗产数据库有100多个主题,爱荷华州在线出版物数据库列举了三级类目,仅一级类目就27个。因此,将综合库的主题简单归纳为几个大的主题来研究,无法反映出各个综合特色库的内容深度和资源重点。先调查了所有综合库中条目最多的前10个主题,合并整理后有49个。这些主题条目在综合库中相似度很高,差别在于数量多少和相似程度。笔者从49个主题中又选出条目数量最多,内容最密集的前10个。这10大主题是全美特色数据库建设的核心内容,但并非是每个图书馆的建设重点(选择主题最多的前10位为重点或核心内容范围)。对将各大主题作为建设重点的图书馆数量做了统计,结果见表6.3。

表6.3　将各大主题作为建设重点的州立图书馆数量统计

序号	数据库主题	数量
1	政治和政府	18
2	军事	9
3	种族民族	8
4	地理地质	7
5	科学技术	7
6	文学	9
7	教育	13
8	历史	16
9	商业	13
10	艺术和文化	9

(数据来源:美国各州立图书馆以及各州政府网站。)

由表6.3可知,数量最多的是政治与政府资源,有18个州立图书馆将其作为建设重点,而且是被大多数图书馆认可的建设重点;其次是历史主题资源,有16个州立图书馆将其作为建设重点;再次是商业和教育主题资源,有13个州立图书馆将其作为建设重点。最少的是科学技术和地理地质主题资源,分别有7个州立图书馆将其作为建设重点。十大主题是全美的州立图书馆特色资源建设的核心内容,但在各州馆中,特色资源重点内容存在差异。笔者对各州馆中包括的十大主题数量进行了统计,结果见表6.4。

表6.4 美国各州立图书馆特色数据库十大主题数量统计

序号	各州名称	专题特色库数量
1	西弗吉尼亚州	6
2	爱荷华州	8
3	印第安纳州	0
4	康涅狄格州	1
5	怀俄明州	4
6	缅因州	5
7	伊利诺伊州	4
8	华盛顿州	7
9	弗吉尼亚州	6
10	阿拉斯加州	5
11	佛罗里达州	5
12	特拉华州	4
13	北卡罗来纳州	3
14	佐治亚州	5
15	阿肯色州	6
16	田纳西州	2
17	路易斯安那州	5
18	密歇根州	2
19	北达科他州	7
20	南达科他州	4
21	俄克拉荷马州	4
22	爱达荷州	3
23	新墨西哥州	7
24	俄勒冈州	4
25	加利福尼亚州	1

(数据来源:美国各州立图书馆以及各州政府网站。)

由表6.4可知,爱荷华州馆、北达科他州馆、新墨西哥州馆、华盛顿州馆包含的十大主题最多,包含了美国特色数据库核心内容的大部分,这些图书馆的重点建设内容与十大主题最为一致。印第安纳州馆的建设重点中不包含这十大主题,该馆综合特色库的资源内容多是关于州居民出生、婚姻、死亡、法庭记录等信息。该州馆虽并未将十大主题作为建设重点,但其综合特色库中包括十大主题相关资源。有一部分综合特色库是专门为阅读障碍读者建设的,如爱荷华州盲人和残疾读者数据库,伊利诺伊州有声读物和盲文服务数据库,华盛顿州有声读物和盲人图书馆,内容丰富,类目众多,检索方便,为阅读障碍读者提供了极大便利。

1.4 特色资源类型

美国州立图书馆特色资源多种多样,包括文本、视觉作品、口述历史、电子资源、实物等,具体资源如下:

文本资源包括: 账簿、广告、报告、文章、书、支票、简报、决议、日记、百科全书、财务报表、邀请函、发票、法律文书、法案、信函、手稿、备忘录、报纸、官方报道、期刊、请愿书、本票、收据、年鉴、规范、统计数据、账单登记、小册子、盲文、演说、政务记录、旅游登记、战争记录、盲文等。

视觉作品资源包括: 图画、图纸、印刷漫画、绘画(包括铜版画、石版画等)、雕刻、地图、海报、移动图像、遥感图像、航空摄影、明信片、照片、肖像、草图、商标等。

电子资源主要包括: 录音、音乐、视频资源、网站资源、有声读物、电子书、蓝光、碟片、磁带、录像带、软件、缩微胶卷、缩微平片、缩微卡片、计算机文件, 对象和构件等。

实物(三维物体)资源包括: 设备、投影媒介、模型、教具、早期阅读器, 抽认卡等。

大部分特色数据库都包括文本、图像、音视频资源, 小部分特色数据库有实物资源。在选取过程中, 文本类资源最多, 实物类资源最少。最常见的资源是书、手稿、文档、期刊、地图、照片、目录索引、音乐、音频、视频, 这与表6.2中对数据库类型的统计结果一致。除常见的资源外, 特色资源还有: 账簿报表、手稿、文物信息、请愿书、票据类、记录类、登记信息、广告信息、抽认卡、VHS录像、媒介设备、教学材料、模型等, 如马萨诸塞州馆的史前古器物信息, 德州的总统信息抽认卡, 怀俄明州馆的牙齿模型信息。

1.5　时间跨度与更新频次

数据库采集资源的生命周期与数据库的时间跨度成正比。大部分数据库, 特别是军事类、商业类、法律类专题数据库, 还有部分综合特色库的时间跨度是从建国后到现在, 如康涅狄格大型会议记录数据库, 弗吉尼亚州数字集合库。还有数据库跨度更大, 如佐治亚的数字图书馆数据库收藏了很多早期历史资源, 时间从考古早期到二战后繁荣发展时期。图书馆采集的资源的更新时间与数据库更新时间成正比, 更新频次成反比。数字资源更新时间短, 数据库更新时间短, 更新频次高; 反之, 资源更新时间长, 数据库更新时间长, 更新频次低。康涅狄格州的会议记录数据库保存了州参议院和众议院数百年来的会议记录, 最近更新时间在2016年1月, 更新较慢, 按年更新; 怀俄明州商标数据库保存了1906年至今的州内商标信息, 更新较快, 按月更新; 爱荷华州水质数据库发布州内各站点监测的水域信息, 涉及物理、化学、生物等方面, 在所有数据库中更新最快, 按天更新。大部分特色数据库的最近更新时间在2016年, 部分数据库更新缓慢或不再更新, 如缅因州音频数据库在2014年, 新墨西哥州数字资源库在2010年, 佛蒙特州图书馆系统在2006年, 佛蒙特州1836—1922年数字报纸数据库不再更新。

1.6　语种与传播范围

美国州立图书馆特色数据库的通用语言是英语, 也选择法语、德语、西班牙语、葡萄牙语、意大利语、俄语、汉语、拉丁语、挪威语、瑞典语、立陶宛语、阿拉伯语、希伯来语、古希腊语、现代希腊语、查莫罗语、萨摩亚语、印第安各种土著语等世界其他国家或地区语言。在目前建成的数据库中, 选择语言种类最多的数据库分布在特拉华州馆、爱荷华州馆、俄勒冈州馆、加利福尼亚州馆、阿拉斯加州馆。其他州立图书馆特色数据库包括一种或几种其他语言, 如路易斯安那州有法语、德语、西班牙语资源, 缅因州有法语、德语、西班牙语、葡萄牙语、汉语、俄语、古希腊语、意大利语、拉丁语、阿拉伯语、希伯来语资源, 伊利诺伊州可以访问英语、法语、德语、西班牙语、葡萄牙语、俄语、意大利语、塔加拉族语、查莫罗语、拉丁语、挪威语、萨摩亚语、瑞典语、古希腊语和现代希腊语资源。也有图书馆的特色数据库仅有英语资源, 如康涅狄格州馆。州立图书馆使用的语种越多, 可传播的范围就越广, 就可以为更多语言和地区的人口创造访问图书馆特色数据库的机会和可能。

2 美国州立图书馆特色数据库的建设模式

调查结果表明,美国州立图书馆的特色数据库内容丰富、主题多样。各州馆在建设特色数据库的过程中,有选择地采集资源,吸收新成员参与资源创建或加入其他文献机构的数据库创建工作,扩大资源采集范围,深化服务内容,规范建设标准,注重检索效率,为读者提供多层次服务。

2.1 建库类型

美国各州馆特色数据库建设存在独立建库和合作建库两种类型。其中独立建库有112个,占所有数据库的61.88%;合作建库有69个,占比38.12%。数据表明,各州馆特色数据库的建库类型以独立建库为主、合作建库为辅。独立建库主要采集本馆文献资源,也包括捐赠、转让和公开的资源,便于管理组织人、财、物和数字资源,调动本馆职员的主观能动性。合作建库是资源共建共享的主要内容,将更大范围内的资源汇聚在一个集成平台上,开展更丰富便利的资源服务,在各方协商实施的理想框架下,建库成本较低、效益很高,是州立图书馆建设特色库的发展趋势。合作建库的方式,一种在资源层面,其他组织机构或个人将资源提交、转让、捐赠或共享给州馆;另一种在建设层面,图书馆与其他组织机构合作管理资源,共同开发网络平台、创建数据库结构等。在州立图书馆的众多合作者中,各类档案馆、图书馆和历史协会是首选部门;博物馆是深入合作者,为图书馆提供了大量特色资源,有人员技术和建库经验;州政府机构在不同层次上与州立图书馆密切合作,还为图书馆解决版权授权问题;州立图书馆也加入联邦政府机构、国会图书馆发起的重大项目;州图书馆委员会、本州研究类协会、州委员会、联邦存储库等在资源选择、建库标准、政策资金等方面给予各州馆重要支持;公司和个人也是州立图书馆日益重要的合作对象。

2.2 资源采集

美国数据库的建设要求数字资源集合真实完整,解释信息言简意赅。数字资源的选择标准主要包括但不限于:覆盖范围、更新频率、内容质量、权威性、可靠性、用户友好性、许可限制、兼容性、成本效益、磁盘空间等。州立图书馆制定了具体的采集政策。北卡罗来纳州按数字优先级采集资源:全面收集通过信息交换程序收集的州政府机构创建或委托的出版物;广泛收集州政府信息汇编,州政府网站发布的公民、教育、传记或家谱信息等;基本收集某些机构或个人提交的现有信息,包括州政府制作的音视频、地方文件、在线发布的报纸内容;部分收集州政府创建提交的事件告示、学生报纸、静态公开信息、内部通讯、开放书目等资源;额外收集州政府会议内容、机密文件、内部培训资料、程序手册、报告和草案、州代理合同、政府备忘录、预算申请、招聘公告、新闻稿和调查报告等。印第安纳州馆遵循一次捕获、多次使用的采集原则,许多原材料可能磨损、晒伤或变色,图书馆尽可能保证采集保存的材料能忠实再现原材料。在实际中,使用副本和缩微材料能避免原材料在复制过程中再次受损,尤其是大型合订本材料,缩微扫描复制的效益较高。几乎所有州立图书馆都有反馈机制和指示性说明,提供联系邮箱、电话或传真等。各州馆通过多种方式了解用户的多样化信息需求,及时采集补充或整理组织数字资源,提高了特色数据库的建设质量。

2.3 技术标准

标准化是建设高质量特色数据库的根本保证,有利于实现真正意义上的资源共享。在建库过程中,应尽可能采用国内外通用的数据著录标准、数据格式标准、数据标引标准、规范控制标准及协议进行系统化、逻辑化组织。

各州馆主要参考使用现有的元数据建设标准,一般采用都柏林核心集标准,包括标题、创建者、主题、描述、缩略图、语言、出版者、日期、类型、数字格式、标识符、文件大小、权利归属、集合、位置等著录内容,也参考英美编目规则。图像资源标准要求满足规定的尺寸范围,格式等细节。扫描分辨率过高会使得数字图像增加不必要的细节,造成文件过大,因此很多特色数据库使用缩略图。为确保图像色彩能被多种设备识别,很多图书馆选择国际色彩协会(ICC)规定的成像装置配置机制,成本低、效果好。也有图书馆使用专业分析软件,更准确,但成本高。音视频标准包括大小范围、格式、编码标准、像素比例、比特率、采样率、颜色参数等,各州馆一般根据原始资源,设置主副本、访问副本、缩略对象等对应的数据特征,包括文档格式,比特长度,分辨率,空间维度。结构化的质量控制程序,是一个数字化项目成功的关键。有效的控制程序能充分结合客观标准(图像分辨率、文件大小、尺寸和位深度等)与手动检查的主观标准,保证扫描图像的色彩保真度。

2.4 检索系统

判断数据库检索系统的好坏,要看其检索界面是否具有友好性、专业性,检索技术和方法是否完善,检索结果的处理效果和检索效率是否令人满意。各州馆检索系统的开发主体分两类,一类是图书馆组织技术人员自行开发,如华盛顿州、伊利诺伊州和印第安纳州;一类是图书馆委托专业公司研发,如纽约州、德克萨斯州和佛罗里达州。

事实型、数值型、文摘型数据库的检索界面一般简洁友好,检索点多为关键词、人员/作者/创建者、地名、号码之类。书目型、全文型、图片型、音视频型数据库的检索系统设计稍复杂,界面专业,检索点一般有题名、作者、主题、系列、出版者、日期等,更全面的还有格式、语言、索书号、国会图书馆主题、杜威十进制主题等。简单检索、高级检索主要通过关键词检索,很多数据库针对标题、索书号、课程、作者、作者/标题、国会图书馆主题、地名等设计了专门的检索界面。部分数据库为特定人群开辟检索入口,满足不同读者群的检索需求和使用习惯。除了运用检索逻辑,高级检索还通过选择文档获取方式、资源集合、学科主题、时间范围等进一步缩小检索范围。

结果通常包含题名、创建者、关键词、机构/地名等和结果条目数量,更详细的包括交替题名、第一作者、其他作者、出版者、系列、出版日期、索书号、时间、格式、项目ID、代理人、描述、备注、代码、图像等信息。结果呈现有简单视图、表格视图、列表视图和明细等。不同的结果呈现,检索结果的响应时间也不同。

2.5 服务对象

州立图书馆特色库的主要服务对象是州内居民,可以为州以外甚至其他国家和地区的读者提供查询利用。大部分特色数据库提供开放访问(有些特色库的访问需要账号)。部分特色数据库会判断资源的适合读者群,并在条目中标引目标读者类型,如怀俄明州新目录数据库按年龄标注了成人、青少年和年轻成人阅读等级,田纳西州电子资源数据库为学生读者按受教育水平标注了小学、中学、高中阅读等级。佛蒙特州特殊服务数据库将年龄和受教育水平并行考虑,详细划分了10个阅读等级:2-4、3-6、4-7、5-8、6-9、成人、初中、高中、学前教育、幼儿园。南达科他数字资源根据读者职业设置了图书馆员、研究人员和系谱学家阅读等级。

3 美国州立图书馆特色数据库的版权和隐私保护问题

知识自由是美国公民的法定权利,在《图书馆权利法案》、《阅读自由声明》、《浏览自由声明》、《IFLA图书馆与知识自由宣言》、《ALA职业道德准则》、《美国的公共信息准则》中都有体现。公民的知识自由要求公民能随时随地公开阅读所需资源, 这就牵涉到著作权和用户隐私权。笔者对州立图书馆特色库的版权和隐私内容分别加以分析。

3.1 版权问题

美国重视数字资源的版权问题, 1995年发布《知识产权与国家信息基础设施报告》, 1997年颁布《网络版权责任限制法案》及《数字版权和科技教育法案》, 1998年颁布《数字千年版权法》等。《美国国家信息基础设施》明确规定, 将版权人原有作品数字化的行为属复制行为。

大部分州立图书馆声明数据库资源受版权法保护, 因研究、教学和私人学习需要, 可复制使用未经许可的材料, 但须标明源网站的标题、时间、源数据库和网址等内容。在网址指南库中, 数据库仅提供获取资源的链接, 版权责任归源网站。被授予部分使用权的数字资源在复制时须获得使用许可。康涅狄格州还制定了办理捐赠或转让事宜的合同。数据库元数据条目都包含版权和使用说明, 读者如发现信息有误, 可向馆方反馈。美国有专门的版权结算机构, 简化授权流程, 支持知识创造者的授权服务, 向印刷材料和在线资源的使用者和作者、出版者提供集中的复制许可和使用付费业务, 如俄克拉荷马州版权结算中心为州图书馆处理论文资源版权。

3.2 隐私问题

各州馆一般规定, 用户访问数据库时, 图书馆一般不记录任何私人信息。在用户自愿提供的情况下, 数据库会进行记录。使用邮件服务和订阅服务时, 馆方需得到用户的联系信息。各州馆遵守州和联邦法, 保护公民非授权访问和利用过程中的信息不被泄漏, 也不会出售、租赁任何用户信息。爱达荷州、印第安纳州、缅因州、犹他州、威斯康星州还对13岁以下儿童的使用做了规定。爱达荷州馆、印第安纳州馆规定, 经父母或监护人授权后, 图书馆才能收集儿童信息, 家长可要求馆方收集儿童信息并进行查看。如果被家长要求禁止再利用儿童信息, 图书馆不会把信息提供给第三方。缅因州还专门设计了儿童用户的注册页面, 以防止儿童信息遭到泄漏, 成人经图书馆核实确为监护人后, 方可查看监护儿童的相关信息, 数据库自动删除13岁以下注册儿童的搜索信息。

4 美国州立图书馆特色数据库建设的特点

通过对美国州立图书馆特色数据库建设现状、建设模式、版权和隐私保护方面的调查研究, 总结了各州馆特色数据库建设的如下特点。

4.1 建库类型重点化

特色数据库的建设重点类型是事实数据库、书目数据库、全文数据库和图片数据库。事实数据库数量最多, 书目数据库分布范围最广。选择重要的或有重要意义的资源建立全文数据库、图片数据库、事实数据库进行重点保存, 提供全文下载和信息查看服务; 书目数据库著录内容较为详细, 为读者提供具体的结果信息, 包括存储机构地址和全文下载链接。这些特色数据库信息资源丰富, 数据量庞大, 建设管理成本高。视频数据库资源文件过大, 需要足够大的存储空间, 管理不便, 图书馆一般通过建立网址链接到其他视频数据库来简化管理。题录数据库和文摘数据库著录字段较少, 组织管理方便, 建设成本低, 信息量也少, 但不利于读者查询和开展知识产权保护工作。通过多层次、有重点地建设数据库, 既满足了读者的阅读学习和研究教学需要, 又保证了州立图书馆的建设成本和经济效益。

4.2　内容主题广博化

州立图书馆采集的数字资源内容丰富，主题多样，建设的数据库既有专题数据库，又有综合数据库。虽然主题划分层次和内容深度上存在差异，但专题数据库和综合数据库的资源内容各具特色。专题特色数据库主题设置简单，包括大量区域内的具体数据信息，目前有9类专题，重点是军事和战争、法律法规、文化娱乐类内容，为读者提供针对特定学科、专业、部门和地区的信息，方便读者针对某一专题开展深入的研究学习。综合特色库内容众多，在各州都得到了重视，建设重点集中在政治与政府、历史、商业和教育方面，通过统一的平台，提供给读者全方位多系统的资源，为州居民提供多样化便捷的信息服务。

4.3　资源类型多样化

州立图书馆特色数据库囊括了图、文、声、像、物等资源，涉及政治、商业、法律、文化、教育等方面，可谓种类多、范围广，为读者查询各类信息提供了服务的可能。资源类型的多样化与州立图书馆的职能和地位有很大关系。州立图书馆借助其政府机构属性，与各方组织机构加强联系，密切合作，同时依托自有资源，保证了建立多种特色数据库的可能。通过广泛的渠道，州立图书馆获得诸多行业内部资源、私人收藏和政府灰色文献等，甚至包括账簿报表、请愿书、票据记录、登记广告、媒介设备、教学材料、模型等资源，这在国内图书馆中并不多见，值得参考借鉴。

4.4　时间选择灵活化

各州馆特色数据库的时间跨度往往与各州历史及选择的资源相关。大多数州的历史与殖民历史有关，数据库时间从殖民时期开始；部分州发展历史悠久，数据库时间跨度大；很多专题资源产生时间晚，数据库时间跨度小。特色数据库每年、每月或每天都有更新，部分数据库存在滞后现象，有些数据库因资源不再产生而停止更新。数据库的时间跨度反映了数据库资源的生命周期长短和潜在价值高低；数据库的更新时间和频次反映了数据库资源的发展活力和实用价值，也反映了图书馆的管理能力。图书馆应考虑资源本身的发展状态和目标读者的信息需求，确定本馆特色数据库的时间跨度和更新频次。

4.5　语种选择国际化

各州馆特色数据库的通用语言是英语，但很多特色数据库使用了一种或几种语言，语种涉及世界多个国家和地区，传播范围相当广泛。特色数据库的语种选择跟采集的原始资源语种、数据库目标用户的研究需要和语言水平以及图书馆建库语种标准有关。特色数据库资源语种越多，可传播的人口和地区范围就越大，越利于世界更多的国家和地区访问，相应地，对特色数据库的建设与管理就提出了更高要求。国内公共图书馆的外文数据库比较少见，不利于与其他国家或地区的文献资源机构和个人开展合作交流。

4.6　合作对象广泛化

州立图书馆作为州图书馆事业的领导者和州政府机构之一，与州政府关系密切，很多州立图书馆就设在州政府机构内。州立图书馆在本州图书馆立法、行政工作中有一定的话语权，有利于为发展本州图书馆事业做好战略规划，并大力推进实施。州立图书馆可利用自身优势，加强与各级图书馆、档案馆、博物馆、州政府机构、各种文化历史协会组织、联邦政府机构、公司企业及个人的合作，督促本州图书馆事业的发展。很多州立图书馆之间也合作建设数据库检索系统。这与国内公共图书馆各自为政，条块分割的现象存在差异。

4.7　读者服务层次化

州立图书馆特色数据库的服务对象是州居民和更多公众，但在很多特色数据库中，会区分筛选数字资源适合的读者群,在数据库条目中加以标注,从而针对不同读者开展深层次的信息服务。除了一般的特色数据库外,对部分专门为阅读障碍读者服务的特色数据库的数据库资源也进行了阅读水平的划分,如新墨西哥州盲人和身体残疾库、华盛顿州有声读物和盲文库。阅读水平的标引,便于读者判断选择适合阅读的数字资源,节省了读者时间,提高了图书馆的服务质量。

4.8 采集资源原则化

各州馆选择资源的标准既有国家层面的数字集合指导框架,也有各州的资源采集建设标准。州立图书馆采集资源的原则大致可分为四方面:内容是否真实完整,材料是否实用,技术条件是否具备,经济效果是否最佳。资源内容的真实完整,保证数字材料可靠有说服力,为读者提供学习研究指导;数字材料的实用性,考虑更多的是读者需求,确保数据库资源的利用率高;具备了特定的技术条件,才能满足特色数据库建设需要,才能保障数据库系统的高效运行;资源采集要受经济条件制约,在满足数据库建设目标的情况下,发挥各方优势,降低投入成本,达到效益最大化是图书馆数据库建设的经济目标。

图书馆通过建立积极的读者反馈机制,可形成信息双方的良好互动,改进数据库建设中的各种问题,提高读者的访问利用率,实现特色数据库的建设目标。

4.9 建设标准规范化

规范的数据库建设标准是保证特色数据库资源质量,满足用户需求,实现资源共享的前提。大多数州立图书馆都公布了自己的数据库建设标准,包括元数据著录、数据格式与标引、规范控制标准及协议等,涉及多种资源类型。图书馆确定建设标准以后,不同文化背景和技术水平的元数据记录创建者(编目员、策展人、档案管理员、图书管理员、网站开发人员、数据库管理员、志愿者、作者、编辑或有兴趣的人)都可以参与到特色数据库建设工作中,充分调动各方人群参与特色库建设,更加高效地创建数字资源,促进图书馆提高特色数据库管理能力。数据库建设也参考了国际标准,加速数据库建设发展速度,有利于开展国际间的馆际合作与对话交流。

4.10 检索系统层次化

各州馆根据数据库类型和资源内容,设计相应的检索系统,通过简单检索、高级检索以及标题检索、作者检索、关键词检索、地名检索、号码检索等方式,设置合理的检索点和结果显示方式,添加检索限制,灵活运用检索逻辑等,保证了查询的检准率和检全率,还为不同读者添加检索路径,提供特色全面的信息检索服务。数据库建设过程中,应综合考虑检索效果(检索的便捷性、有效性、系统响应时间)和投入成本(图书馆的技术/人力/管理和资金成本、读者的时间成本),从整体利益出发,做好全面的技术经济分析,在数据库建设符合标准规范的前提下,科学合理有层次地设计检索系统,更好地服务于州居民、研究者、学生、图书馆员等读者,达到特色数据库建设效益最大化。

4.11 权利保护平衡化

大部分特色库建设遵循版权法及著作权规章条例的相关规定,对数字资源版权和用户隐私保护做了公开具体的声明,选择公众有权查看或对已授权的资源进行数据库建设,合理使用已获得部分授权许可的资源。州立图书馆采取多种技术措施,规范管理流程,保证用户隐私信息不被泄露。图书馆获取使用读者信息,以及与读者的沟通互动过程,都会尊重读者隐私权,保证读者知情,获得读者许可后才加以使用。对儿童隐私信息的保护体现了相关图书馆对儿童读者的充分重视。美国图书馆协会驻华盛顿办公室主任Carol CHenderson说,图书馆是公共权利与版权人的交汇点，既是实现法律平衡的重要中介机构，也是法律规定的利益平衡所塑造的产物。图书馆在资源建设和开展服务中，应平衡著作权人和公民之间的关系，有效维护著作权、知识自由权和隐私权；各方利益又要求图书馆建设遵守相关法律法规，扩大资源采集范围，开展深层次服务，成为满足多方需求的文献信息服务机构。

　　总之，州立图书馆在美国图书馆系统中占据重要地位，是开展资源共建、共知和共享工作的重要机构。州立图书馆特色数据库建设取得了一定成就，但也存在不足，主要是地区发展不平衡，内容主题划分标准不统一，部分数据库更新缓慢，土著语文献保存不力等。在特色数据库建设过程中，既要学习美国建设特色数据库的先进经验，又要不拘泥于美国特色库的建设模式，发展我国图书馆特色数据库建设理论，有计划地开展特色数据库建设实践，推动我国公共图书馆事业发展。

参考文献

［1］刘丽. 国外图书馆特色数据库众包模式建设调查分析［J］. 图书馆工作与研究, 2015（12）: 23-26.

［2］刘青, 高波. 美国州立图书馆特色数据库建设研究［J］. 图书馆, 2017（3）: 72-80.

［3］冯冰. 我国公共图书馆自建数据库建设对策研究［J］. 新世纪图书馆, 2017（4）: 72-75.

［4］杨永健. 财经院校图书馆特色数据库共建共享分析［J］. 现代情报, 2015, 35（5）: 153-157.

［5］高芳. 党校图书馆特色数据库建设探究［J］. 图书馆工作与研究, 2015（9）: 46-48.

［6］张婧. 国内图书馆特色数字资源研究述评［J］. 科技管理研究, 2013（17）: 145-149.

［7］杨琳. 民族高校图书馆自建数据库建设现状及发展对策［J］. 情报探索, 2015（7）: 100-102.

［8］张弼, 徐霞. 农业特色数据库建设的实践与探讨［J］. 科技情报开发与经济, 2008, 18（5）: 48-49.

［9］顾东蕾, 杨苹, 马世平. 特色数据库资源采集中的侵权及规避［J］. 现代情报, 2013, 33（4）: 49-53.

［10］刘葵波. 特色数据库及其相关概念辨析［J］. 图书馆建设, 2015（4）: 14-17.

［11］金旭东. 21世纪美国大学图书馆运作的理论与实践［M］. 北京: 北京图书馆出版社, 2007.

［12］詹德优. 信息咨询理论与方法［M］. 武汉: 武汉大学出版社, 2010.